水资源保护与水生态修复技术

秦玉生　杨振甲　程　龙　主编

哈尔滨出版社
H.P.H
HARBIN PUBLISHING HOUSE

图书在版编目（CIP）数据

水资源保护与水生态修复技术 / 秦玉生, 杨振甲,
程龙主编. -- 哈尔滨 : 哈尔滨出版社, 2022.6
ISBN 978-7-5484-6572-0

Ⅰ.①水… Ⅱ.①秦… ②杨… ③程… Ⅲ.①水资源
保护—研究②水环境—生态恢复—研究 Ⅳ.①TV213.4
②X171.4

中国版本图书馆CIP数据核字(2022)第100237号

书　　名：水资源保护与水生态修复技术
SHUIZIYUAN BAOHU YU SHUISHENGTAI XIUFU JISHU

作　　者：秦玉生　杨振甲　程　龙　主编
责任编辑：王嘉欣
封面设计：文　亮

出版发行：哈尔滨出版社（Harbin Publishing House）
社　　址：哈尔滨市香坊区泰山路82-9 号　　邮编：150090
经　　销：全国新华书店
印　　刷：北京宝莲鸿图科技有限公司
网　　址：www.hrbcbs.com
E – mail：hrbcbs@yeah.net
编辑版权热线：（0451）87900271　87900272

开　　本：787mm×1092mm　1/16　印张：13.25　字数：300千字
版　　次：2022年6月第1版
印　　次：2022年6月第1次印刷
书　　号：ISBN 978-7-5484-6572-0
定　　价：68.00元

前　言

由于综合国力的迅速增长，城市化进程快速提高，水生态环境遭到了一定程度的破坏，违背了我国经济的可持续发展战略。水生态系统是一个依赖水生存的多样群体，对维持全球物质循环和水分循环起着重要作用。我国范围内的水生态系统被严重改变或破坏，水资源被过度开发。随着人们用水量的持续增加，以及人们对水生态系统日益严重的干扰，水生态系统受损严重。保持、恢复良好的水生态环境已成为保护水资源、实现经济可持续发展的关键。修复受损的水生态环境是恢复水生态环境的有效途径。

水生态修复技术包含两个重要分支：生物修复技术和生态修复技术。生物修复技术是利用生物的新陈代谢对有机污染物及氮、磷营养物质的同化作用，对低浓度污染物进行富集转化，达到治理污染水体的目的。该类技术与所要修复水体之间的空间关系属于旁路装置或非紧密结合的状态。常见的技术包括：固定化细菌技术、河道曝气、结合高效微生物处理修复技术、生态浮床技术、卵石床生物膜技术、稳定塘技术、生物过滤技术、土地处理技术等。生态修复技术是恢复退化水生态系统结构中缺失的组分，重建水生态系统的良好结构，实现其功能的恢复，同时改善水质。该种技术包括：生物操纵技术、沉水植物重建技术等。其中，生物操纵技术包括引入滤食性鱼类来控制藻类生物量的富集。沉水植物重建是利用属于本地物种的沉水植物，选择合适的地带进行引种并使之成为水生态系统的有机组成部分。

本书在撰写过程中，参考和借鉴了一些知名学者的著作和论述，在此向他们表以诚挚的感谢。另外，著作中难免存在纰漏之处，恳请老师、同道们斧正。

目　录

第一章　水环境水资源概况

水是人类及一切生物赖以生存的不可缺少的重要物质，也是工农业生产、经济发展和环境改善不可替代的极为宝贵的自然资源。但目前水资源短缺、洪涝灾害、水环境污染等问题日益严重，这迫使人类必须重视水资源与水环境的保护与利用。

第一节　水环境的概念

一、水资源概述

水，是生命之源，是人类赖以生存和发展的不可缺少的一种宝贵资源，是自然环境的重要组成部分，是社会可持续发展的基础条件。百度百科给出水的定义为：水（化学式为 H_2O）是由氢、氧两种元素组成的无机物，在常温常压下为无色无味的透明液体。水，包括天然水（河流、湖泊、大气水、海水、地下水等）和人工制水（通过化学反应使氢氧原子结合得到水）。

地球上的水覆盖了地球71%以上的表面。地球上这么多的水是从哪儿来的？地球上本来就有水吗？关于地球上水的起源在学术界上存在很大的分歧，目前有几十种不同的水形成学说。有的观点认为在地球形成初期，原始大气中的氢、氧化合成水，水蒸气逐步凝结下来并形成海洋；有的观点认为，形成地球的星云物质中原先就存在水的成分；有的观点认为，原始地壳中硅酸盐等物质受火山影响而发生反应、析出水分；有的观点认为，被地球吸引的彗星和陨石是地球上水的主要来源，甚至地球上的水还在不停增加。

直到19世纪末期，人们虽然知道水、熟悉水，但并没有"水资源"的概念，而且水资源概念的内涵也在不断地丰富和发展，再加上由于研究领域不同或思考角度不同，国内外专家学者对水资源概念的理解和定义存在明显差异，目前关于"水资源"的定义有：

1. 联合国教科文组织和世界气象组织共同制定的《水资源评价：国家能力评估手册》：可以利用或有可能被利用的水源，具有足够的数量和可用的质量，并能在某一地点为满足某种用途而可被利用。

2.《中华人民共和国水法》：该法所称水资源，包括地表水和地下水。

3.《中国大百科全书》：在不同的卷册对水资源也给予了不同的解释，如在"大气科学、海洋科学、水文科学卷"中，水资源被定义为：地球表层可供人类利用的水，包括水量（水质）、水域和水能资源，一般每年可更新的水量资源；在"水利卷"中，水资源被定义为：自然界各种形态（气态、固态或液态）的天然水，并将可供人类利用的水资源作为供评价的水资源。

4.美国地质调查局：陆面地表水和地下水。

5.《不列颠百科全书》：全部自然界任何形态的水，包括气态水、液态水或固态水的总量。

6.英国《水资源法》：地球上具有足够数量的可用水。

7.张家诚：降水量中可以被利用的那一部分。

8.刘昌明：与人类生产和生活有关的天然水源。

9.曲耀光：可供国民经济利用的淡水资源，其数量为扣除降水期蒸发的总降水量。

10.贺伟程：与人类社会用水密切相关而又能不断更新的淡水，包括地表水、地下水和土壤水。

综上所述，国内外学者对水资源的概念有不尽一致的认识与理解，水资源的概念有广义和狭义之分。广义上的水资源，是指能够直接或间接使用的各种水和水中物质，对人类活动具有使用价值和经济价值的水均可称为水资源。狭义上的水资源，是指在一定经济技术条件下，人类可以直接利用的淡水。水资源是维持人类社会存在并发展的重要自然资源之一，它应当具有如下特性：能够被利用；能够不断更新；具有足够的水量；水质能够满足用水要求。

水资源作为自然资源的一种，具有许多自然资源的特性，同时具有许多独特的特性。为合理有效地利用水资源，充分发挥水资源的环境效益、经济效益和社会效益，需充分认识水资源的基本特点。

1. 循环性

地球上的水体受太阳能的作用，不断地进行相互转换和周期性的循环过程，而且循环过程是永无止境的、无限的。水资源在水循环过程中能够不断恢复、更新和再生，并在一定时空范围内保持动态平衡，循环过程的无限性使得水资源在一定开发利用状况下是取之不尽、用之不竭的。

2. 有限性

在一定区域和一定时段内，水资源的总量是有限的，更新和恢复的水资源量也是有限的，水资源的消耗量不应该超过水资源的补给量。以前，人们认为地球上的水是无限的，从而导致人类不合理开发利用水资源，引起水资源短缺、水环境破坏和地面沉降等一系列不良后果。

3. 不均匀性

水资源的不均匀性包括水资源在时间和空间两个方面上的不均匀性。由于受气候和地理条件的影响，不同地区水资源的分布有很大差别，例如我国总的来讲，东南多，西北少；沿海多，内陆少；山区多，平原少。水资源在时间上的不均匀性，主要表现在水资源的年际和年内变化幅度大，例如我国降水的年内分配和年际分配都极不均匀。汛期 4 个月的降水量占全年降水量的比率，南方约为 60%，北方则为 80%；最大年降雨量与最小年降雨量的比，南方为 2~4 倍，北方为 3~8 倍。水资源在时空分布上的不均匀性，给水资源的合理开发利用带来很大困难。

4. 多用途性

水资源作为一种重要的资源，在国民经济各部门中的用途是相当广泛的，不仅能够用于农业灌溉、工业用水和生活供水，还可以用于水力发电、航运、水产养殖、旅游娱乐和环境改造等。随着人们生活水平的提高和社会国民经济的发展，对水资源的需求量不断增加，很多地区出现了水资源短缺的现象。水资源在各个方面的竞争日趋激烈。如何解决水资源短缺问题，满足水资源在各方面的需求是急需解决的问题之一。

5. 不可代替性

水是生命的摇篮，是一切生物的命脉，如对于人来说，水是仅次于氧气的重要物质。成人体内，60% 的重量是水，儿童体内水的比重更大，可达 80%。水在维持人类生存、社会发展和生态环境等方面是其他资源无法代替的，水资源的短缺会严重制约社会经济的发展和人民生活的改善。

6. 两重性

水资源是一种宝贵的自然资源，水资源可被用于农业灌溉、工业供水、生活供水、水力发电、水产养殖等各个方面，推动社会经济的发展，提高人民的生活水平，改善人类生存环境，这是水资源有利的一面；同时，水量过多，容易造成洪水泛滥等自然灾害，水量过少，容易造成干旱等自然灾害，影响人类社会的发展，这是水资源有害的一面。

7. 公共性

水资源的用途十分广泛，各行各业都离不开水，这就使得水资源具有了公共性。《中华人民共和国水法》明确规定，水资源属于国家所有，水资源的所有权由国务院代表国家行使，国务院水行政主管部门负责全国水资源的统一管理和监督工作；任何单位和个人引水、截（蓄）水、排水，不得损害公共利益和他人的合法权益。

随着 1894 年美国地质调查局水资源处的成立，"水资源"一词正式出现并被广泛接纳。在经历了人类不同发展时期后，出现了多种对水资源的不同界定，其内涵也得到不断的充实和完善。在《不列颠百科全书》中，水资源被定义为"全部自然界任何形态的水，包括气态水、液态水和固态水"。这个定义为水资源赋予了极其广泛的内涵，却忽略了资源的使用价值。在 1963 年英国的《水资源法》中，水资源又被定义为"具有足够数量的可利用水资源"，在这里则强调了水资源的可利用性特点。1988 年，在联合国教科文组织（UNESCO）和世界气象组织（WMO）共同制定的《水资源评价：国家能力评估手册》中，水资源则更详细地被定义为"可以利用或有可能被利用的资源，具有足够数量和可用的质量，并在某一地点为满足某种用途而可被利用"。当然，这也不是对水资源的最终定义。一般来说，水资源的概念存在着广义和狭义之分。广义的水资源，是指人类能够直接或间接利用的地球上的各种水体，包括天上的降水、河湖中的地表水、浅层和深层的地下水（包括土壤水）、冰川、海水等。

狭义的水资源，是指与生态环境保护和人类生存与发展密切相关的、可以利用的，而又逐年能够得到恢复和更新的淡水，其补给来源为大气降水。该定义反映了水资源具有下列性质：水资源是生态环境存在的基本要素，是人类生存与发展不可替代的自然资源；水资源是在现有技术、经济条件下通过工程措施可以利用的水，且水质应符合人类利用的要求；水资源是大气降水补给的地表地下产水量；水资源是可以通过水循环得到恢复和更新的资源。

对于某一流域或局部地区而言，水资源的含义则更为具体。广义的水资源就是大气降水，地表水资源、土壤水资源和地下水资源是其三大主要组成部分。对于一个特定范围，水资源主要有两种转化途径：一是降水形成地表径流、壤中径流和地下径流并构成河川径流，通过水平方向排泄到区域外；二是以蒸发和散发的形式通过垂直方向回归到大气中。因为河川径流与人类的关系最为密切，故将它作为狭义水资源。这里所说的河川径流包括地表径流、壤中径流和地下径流。

二、世界水资源

水是一切生物赖以生存的必不可少的重要物质，是工农业生产、经济发展和环境改善不可替代的极为宝贵的自然资源。地球在地壳表层、表面和围绕气球的大气层中存在着各种形态，包括液态、气态和固态的水，形成地球的水圈。从表面上看，地球上的水量是非常丰富的。地球上水圈内海洋水、冰川与永久积雪、地下水、冰冻层中水、湖泊水、土壤水、大气水、沼泽水、河流水和生物水等全部水体的总储存量为 13.86 亿 km^3，其中海洋水量 13.38 亿 km^3，占地球总储存水量的 96.5%，这部分巨大的水体属于高盐量的咸水，除极少量水体被利用（作为冷却水、海水淡化）外绝大多数是不能被直接利用的。陆地上的水量仅有 0.48 亿 km^3，占地球总储存水量的 3.5%，就是在陆面这样有限的水体也并不全是淡水，淡水量仅有 0.35 亿 km^3，占陆地水储存量的 73%，其中 0.24 亿 km^3 的淡水量，分布于冰川积雪、两极和多年冻土中，以人类现有的技术条件很难利用。便于人类利用的水只有 0.1065 亿 km^3，占淡水总量的 30.4%，仅占地球总储存水量的 0.77%。因此，地球上的水量虽然非常丰富，然而可被人类利用的淡水资源量是很有限的。

地球上人类可以利用的淡水资源主要是指降水、地表水和地下水，其中降水资源量、地表水资源量和地下水资源量主要是指年平均降水量、多年平均年河川径流量和平均年地下水更新量（或可恢复量）。世界各地有的水资源量差别很大，欧洲、亚洲、非洲、北美洲、南美洲、澳洲及大洋洲、南极洲平均年降水量（体积）分别为 $8.29 \times 10^{12} \, m^3$、$2.20 \times 10^{12} \, m^3$、$22.30 \times 10^{12} \, m^3$、$18.30 \times 10^{12} \, m^3$、$28.40 \times 10^{12} \, m^3$、$7.08 \times 10^{12} \, m^3$、$2.31 \times 10^{12} \, m^3$，最大平均年降水量是最小平均年降水量的 13.94 倍；平均年江河径流量（体积）依次为 $3.21 \times 10^{12} \, m^3$、$14.41 \times 10^{12} \, m^3$、$4.57 \times 10^{12} \, m^3$、$8.20 \times 10^{12} \, m^3$、$11.76 \times 10^{12} \, m^3$、$2.39 \times 10^{12} \, m^3$、$2.31 \times 10^{12} \, m^3$，最大平均年江河径流量是最小平均年江河径流量值的 6.24 倍；平均年地下水更新量（体积）除南极洲外，最大平均年地下水更新量是最小平均年地下水更新量的 7 到 10 倍。

三、我国水资源

（一）我国水资源总量

我国地处北半球亚欧大陆的东南部，受热带、太平洋低纬度上空温暖而潮湿气团的影响，以及西南的印度洋和东北的鄂霍次克海的水蒸气的影响，东南地区、西南地区以及东北地区可获得充足的降水量，使我国成为世界上水资源相对比较丰富的国家之一。

我国水利部门在综合有关文献资料的基础上，对世界上 153 个国家的水资源总量和人均水资源总量进行了统计。在进行统计的 153 个国家中，水资源总量排在前 10 名的国家分别是巴西、俄罗斯、美国、印度尼西亚、加拿大、中国、孟加拉国、印度、委内瑞拉、哥伦比亚，用多年平均年河川径流量表示的水资源总量依次为 69500 亿 m³、42700 亿 m³、30560 亿 m³、2980 亿 m³、29010 亿 m³、27115 亿 m³、23570 亿 m³、20850 亿 m³、13170 亿 m³、10700 亿 m³，中国仅次于巴西、俄罗斯、美国、印度尼西亚、加拿大，排在第 6 位，水资源总量比较丰富。

（二）我国水资源特点

我国幅员辽阔，人口众多，地形、地貌、降水、气候条件等复杂多样，再加上耕地分布等因素的影响，使得我国水资源具有以下特点：

1. 总量相对丰富，人均拥有量少

我国多年平均年河川径流量为 27115 亿 m³，排在世界第 6 位。然而，我国人口众多，年人均水资源量仅为 2238.6 m³，排在世界第 21 位。1993 年"国际人口行动"提出的《可持续水——人口和可更新水的供给前景》报告提出下列划分标准：人均水资源量少于 1700 m³/a 则为用水紧张国家；人均水资源量少于 1000 m³/a，则为缺水国家；人均水资源量少于 500 m³/a，则为严重缺水国家。随着人口的增加，到 21 世纪中叶，我国人均水资源量将接近 1700 m³/a，届时我国将成为用水紧张的国家。随着人民生活水平的提高，社会经济的不断发展，水资源的供需矛盾将会更加突出。

2.水资源时空分布不均匀

我国水资源在空间上的分布很不均匀，南多北少，且与人口、耕地和经济的分布不相适应，使得有些地区水资源供给有余，有些地区水资源供给不足。据统计，南方面积、耕地面积、人口分别占全国总面积、耕地总面积、总人口的36.5%、36.0%、54.4%，但南方拥有的水资源总量却占全国水资源总量的81%，人均水资源量和亩均水资源量分别为41800m³/a和4130m³/a，约为全国人均水资源量和亩均水资源量的2倍和2.3倍。北方的辽河、海河、黄河、淮河四个流域片面积、耕地面积、人口分别占全国总面积、耕地总面积、总人口的18.7%、45.2%、38.4%，但上述四个流域拥有的水资源总量只相当于南方水资源总量的12%。我国水资源在空间分布上的不均匀性，是我国北方和西北许多地区出现资源性缺水的根本原因，而水资源的短缺是影响这些地区经济发展、人民生活水平提高和环境改善等的主要因素之一。

由于我国大部分地区受季风气候的影响，我国水资源在时间分配上也存在明显的年际和年内变化。在我国南方地区，最大年降水量一般是最小年降水量的2~4倍，北方地区为3~6倍；我国长江以南地区由南往北雨季为3—6月至4—7月，雨季降水量占全年降水量的50%~60%，长江以北地区雨季为6—9月，雨季降水量占全年降水量的70%~80%。我国水资源的年际和年内变化剧烈，是我国水旱灾害频繁的根本原因，这给我国水资源的开发利用和农业生产等方面带来很多困难。

第二节　不同水体环境条件

根据水流速度，水体环境可分为流动水体（如河流）和静水水体（如湖泊、水库、池、沼等）。

一、河流

河流具有如下特点：

1.河水的矿化度较其他天然水体低。

2.河水的化学成分受季节、水文和气象等影响变化剧烈。

3.河水的溶解性气体富裕，表层水与底层水的溶气量差别很小。

4.河水的表层水与底层水的温度比较一致，不存在分层现象。

5.河流的有机物质基本来自陆地和邻近的静水水体，河水初级生产力较低。

以下因素与河流水污染之间存在重要关系：

1.水深。当河流水深较浅时，污染物纵向易混合。

2. 宽窄。当河流较窄时，污染物排出不远后横向易完全混合；当河流较宽时，污染物排出后横向不易完全混合。

3. 流速。流速慢，某些污染物易于沉淀，延长了污染物降解作用时间，稀释扩散能力减慢；流速快，稀释扩散能力强，搅拌河底淤泥，沉淀作用小。

4. 底质。若河底淤积污染物质，在水流的冲刷下会再次溶出，造成二次污染。

二、湖泊

湖泊具有如下特点：

1. 湖水的矿化度较高，这是由于停留时间长，蒸发量大，一些矿物盐分浓度提高，甚至发生盐类结晶沉淀。

2. 湖泊中温度、溶解性气体和营养盐类等空间分布的特点引起湖水分层现象。

3. 湖泊按水中营养盐分（主要氮、磷）的多少划分为贫营养湖泊、中营养湖泊和富营养湖泊等。一般，贫营养湖泊的初级生产力比河流高；中营养湖泊的初级生产力和次级生产力都比河流高；富营养湖泊的初级生产力过剩，造成水体极度缺氧，对其他生物不利，使次级生产力极低。

4. 湖泊主要生产区是岸边浅水带和湖面透光层。

三、水库

水库是个半河、半湖的人工水体，其特点如下：

1. 水位不稳定、浑浊度大，以致生产力往往低于天然湖泊。

2. 库水交换频率高于湖水，使水质状况接近河。

3. 淹没区的植被沉入湖底，腐败分解，土壤的浸渍作用和岩石溶蚀作用使库水矿化度、溶解气体和营养物质逐渐接近湖水。

第三节　水资源的特征

水一直处于不停运动的状态，积极参与自然环境中一系列物理的、化学的和生物的作用过程，在改造自然的同时不断地改造自身。由此表现出水作为自然资源所独有的性质特征。水资源是一种特殊的自然资源，是具有自然属性和社会属性的综合体。

一、水资源的自然属性

1. 储量的有限性

全球淡水资源并非取之不尽、用之不竭的，它的储量十分有限。全球的淡水资源仅占全球总水量的 2.5%，这其中又有很大的部分储存在极地冰盖和冰川中而很难被利用，真正能够被人类直接利用的淡水资源非常少。

尽管水资源是可再生的，但在一定区域、一定时段内可利用的水资源总量总是有限的。以前人们错误地认为"世界上的水是无限的"而大肆开发利用水资源，事实说明，人类必须要有一个正确的认识，保护有限的水资源。

2. 资源的循环性

水资源是不断流动循环的。地表水、地下水、大气水之间通过水的这种循环，永无止境地进行着互相转化，没有开始也没有结束。

水循环系统是一个庞大的天然水资源系统，由于水资源这一不断循环、不断流动的特性，从而可以再生和恢复，为水资源的可持续利用奠定物质基础。

3. 可更新性

自然界中的水处于不断流动、不断循环的过程之中，使得水资源得以不断地更新，这就是水资源的可更新性，也称可再生性。水资源的可再生性是水资源可供永续开发利用的本质特性。源于两个方面：

第一，水资源在水量上损失（如蒸发、流失、取用等）后，通过大气降水可以得到恢复。

第二，水体被污染后，通过水体自净（或其他途径）得以更新。

不同水体更新一次所需要的时间不同，如大气水平均每 8d 可更新一次，而极地冰川的更新速度则更为缓慢，更替周期可长达万年。

4. 时空分布的不均匀性

水资源在自然界中具有一定的时间和空间分布。受气候和地理条件的影响，全球水资源的分布表现为极不均匀性，最高的和最低的相差数倍或数十倍。

我国水资源在区域上分布不均匀这一特性也特别明显。由于受地形及季风气候的影响，总体上表现为东南多，西北少；沿海多，内陆少；山区多，平原少。在同一地区中，不同时间分布差异性很大，一般夏多冬少。

5. 多态性

自然界的水资源呈现出液态、气态和固态等不同的形态。它们之间是可以相互转化的，形成水循环的过程，也使得水出现了多种存在形式，在自然界中无处不在，最终在地表形成了一个大体连续的圈层——水圈。

6. 环境资源属性

自然界中的水并不是化学上的纯水，而是含有很多溶解性物质和非溶解性物质的一个极其复杂的综合体。这一综合体实质上就是一个完整的生态系统，使得水不仅可以满足生物生存及人类经济社会发展的需要，同时也为很多生物提供了赖以生存的环境，是一种不可或缺的环境资源。

二、水资源的社会属性

1. 用途的多样性

水资源是人类生产和生活不可缺少的，在工农业、生活，及发电、水运、水产、旅游和环境改造等方面都发挥着重要作用。用水目的不同，对水质的要求也表现出差异，使得水资源表现出一水多用的特征。

现如今，人们对水资源的依赖性逐渐增强，也越来越发现其用途的多样性。特别是在缺水地区，人们因为水而发生矛盾或冲突也不是稀奇的事情。对水资源一定要充分地开发利用，尽量减少浪费，满足人类对水资源的各种需求，又不会对水资源造成严重的破坏和影响。

2. 公共性

水是自然界赋予人类的一种宝贵资源，它不是属于任何一个国家或个人的，而是属于全人类的。水资源养活了人类，推动着人类社会的进步、经济的发展。获得水的权利是人的一项基本权利，表现出水资源具有的公共性。

3. 利、害的两重性

水资源具有两重性，它既可造福于人类，又会危害人类生存。

这也就是为什么人们常说，水是一把双刃剑，比金珍贵，又凶猛于虎。

关于水资源给人类带来的利益这里不再多说，人类的生存、社会的发展、经济的进步就是最好的证明。下面说说人类在开发利用水资源的过程中受到的危害。如垮坝事故、土壤次生盐碱化、洪水泛滥、干旱等。这些人们并不陌生，正是水资源利用开发不当造成的。它会制约国民经济发展，破坏人类的生存环境。

既然知道水的利、害两重性，在利用的过程中就要多加注意。要注意适量开采地下水，满足生产、生活需求。反之，如果无节制、不合理地抽取地下水，往往引起水位持续下降、水质恶化、水量减少、地面沉降。不仅影响生产发展，而且严重威胁人类生存。

4. 商品性

长久以来，人们都错误地认为水是无穷无尽的而大肆地开采浪费。但是，人口的增多，经济社会的不断发展，使得人们对水资源的需求日益增加，水对人类生存、经济发展的制约作用逐渐显露出来。水成了一种商品，人们在使用时需要支付一定的费用。水资源在一定情况下表现出了消费的竞争性和排他性（如生产用水），具有私人商品的特性。但是当水资源作为水源地、生态用水时，仍具有公共商品的特点，所以它是一种混合商品。

三、水资源的用途

水资源是人类社会进步和经济发展的基本物质保证，人类的生产活动和生活活动都离不开水资源的支撑，水资源在许多方面都具有使用价值，水资源的用途主要有农业用水、工业用水、生活用水、生态环境用水、发电用水、航运用水、旅游用水、养殖用水等。

1. 农业用水

农业用水包括农田灌溉和林牧渔畜用水。农业用水是我国用水大户，农业用水量占总用水量的比例最大，在农业用水中，农田灌溉用水是农业用水的主要用水和耗水对象，采取有效节水措施，提高农田水资源利用效率，是缓解水资源供求矛盾的一个主要措施。

2. 工业用水

根据《工业用水分类及定义》（CJ40－1999），工业用水是指，工、矿企业的各部门，在工业生产过程（或期间）中，制造、加工、冷却、空调、洗涤、锅炉等处使用的水及厂内职工生活用水的总称。工业用水是水资源利用的一个重要组成部分，由于工业用水组成十分复杂，工业用水的多少受工业类别、生产方式、用水工艺和水平以及工业化水平等因素的影响。

3. 生活用水

生活用水包括城市生活用水和农村生活用水两个方面，其中城市生活用水包括城市居民住宅用水、市政用水、公共建筑用水、消防用水、供热用水、环境景观用水和娱乐用水等；农村生活用水包括农村日常生活用水和家养禽畜用水等。

4. 生态环境用水

生态环境用水是指为达到某种生态水平，并维持这种生态平衡所需要的用水量。生态环境用水有一个阈值范围。用于生态环境用水的水量超过这个阈值范围，就会导致生态环境的破坏。许多水资源短缺的地区，在开发利用水资源时，往往不考虑生态环境用水，产生许多生态环境问题。因此，进行水资源规划时，充分考虑生态环境用水是这些地区修复生态环境问题的前提。

5. 发电用水

地球表面各种水体（河川、湖泊、海洋）中蕴藏的能量，称为水能资源或水力资源。水力发电是利用水能资源生产电能。

6. 其他用途

水资源除了在上述的农业、工业、生活、生态环境和发电方面具有重要使用价值，而得到广泛应用外，水资源还可用于发展航运事业、渔业养殖和旅游事业等。在上述水资源的用途中，农业用水、工业水和生活用水的比例称为用水结构，用水结构能够反映出一个国家的工农发展水平和城市建设发展水平。

美国、日本和中国的农业用水量、工业用水量和生活用水量有显著差别。在美国，工业用水量最大，其次为农业用水量，再次为生活用水量；在日本，农业用水量最大，除个别年份外，工业用水量和生活用水量相差不大；在中国，农业用水量最大，其次为工业用水量，最后为生活用水量。

水资源的用途不同时，对水资源本身产生的影响就不同，对水资源的要求也不尽相同。如水资源用于农业用水、生活用水和工业用水等部门时，这些用水部门会把水资源当作物质加以消耗。此外，这些用水部门对水资源的水质要求也不相同，当水资源用于水力发电、航运和旅游等部门时，被利用的水资源一般不会发生明显的变化。水资源具有多种用途，开发利用水资源时，要考虑水源的综合利用，不同用水部门对水资源的要求不同，这为水资源的综合利用提供了可能，但同时也要妥善解决不同用水部门对水资源要求不同而产生的矛盾。

第四节　全球水资源概况

一、全球水资源现状

1. 水资源短缺

地球上的江、河、湖、海、冰川等都是水资源，而且储量相当之大。那么我们为何总强调水资源短缺，强调对水资源的保护的重要性，这里就涉及广义的水资源与狭义的水资源之分。广义的水资源，是指地球上水的总体，包括大气中的降水、河湖中的地表水、浅层和深层的地下水、冰川、海水等。狭义的水资源，是指与生态系统保护和人类生存与发展密切相关的、可以利用的、而又逐年能够得到恢复和更新的淡水，其补给来源为大气降水。

地球虽拥有丰富的淡水资源，但它们远非取之不尽、用之不竭，其时空分布也不均。现在工业、农业以及人对水的需求大幅增长，淡水资源短缺和水质恶化严重困扰着人类的生存和发展。地球上水储存量虽丰富，但只有 2.5% 是淡水，大部分淡水以永久性冰雪的形式封存于南极，能被人类所利用的水资源很有限，主要是湖泊、河流、土壤湿气和埋藏相对浅的地下水。大部分能够利用的水位于远离人类的地方，使水的利用成为一个很复杂的问题。

2.水资源的分配问题

水资源的特点有流动性、有限性、可再生性等等。水资源的众多特点决定了水资源分布的不均匀性，总的来说包括时间分布不均、空间分布不均。我国南北方水量差别及雨量季节的差别充分体现了水资源的不均匀性。全球有三分之一的人生活在中度和高度缺水的地区，人类对水资源的需求仍在增加，而农业方面也需要大量的水，在社会经济发展中农业利用的水相当之多。为了解决水资源分布不均匀的问题，各国也建筑河坝，从而协调灌溉用水、水力发电和生活用水等。我们通过对河流进行筑坝、引流等工程方式为人类的确带来了很大好处，但同时对单水生态系统也造成了很大的影响。当然这些工程建筑的造价也非常大，并改变了当地河流的形状，使当地人口被迫迁移，导致邻近的生态系统发生不可逆转的变化。

3.水质污染

水资源污染物的主要来源有工业废水、生活污水、农田退水等。水资源受到污染会产生物理性危害、化学性危害、生物性危害等。但水污染问题通过水文循环过程会得到缓解，污染物随水体的运动不停地发生变化，自然地减少消失或无害化的过程，也就是水体自净作用。无论是发达国家还是发展中国家都有水污染问题，有的水污染是自然因素，但大部分水资源的污染是人为因素。城市和工业排出的污水污染着河流和地下水。农业开发在解决世界食物问题方面取得了重大进展，但也造成了水污染。比如在中国，全国600多个大小城市中，有一半城市都缺水。世界上仅城市地区一年排出的工业和生活废水就多达500立方公里，而每一滴污水将污染数倍的水体。

水环境污染是一个非常严峻的水问题。随着经济社会的发展、城市化进程的加快，排放到环境中的污水、废水量日益增多。大量的含有各种污染物质的废水进入天然水体，造成了水环境质量的急剧恶化。一方面，会给人们的身体健康和工农业利用带来不利影响；另一方面，有雨水资源被污染，原本可以利用的水资源失去了利用价值，使得可利用的水资源量越来越少，造成水质性缺水，加剧了水资源短缺的矛盾。

二、水资源保护

认识到了水问题的严重性，就要加强对水资源的保护，有效地对水资源进行管理、分配。目前，人们保护水资源的意识还比较薄弱，还有许多人仍不知道怎样去保护。水问题已非常严重，保护水资源是我们每个人的责任，我们必须学会保护水资源。要在可持续发展的前提下，改善水的管理，使所有人可以得到干净的饮用水。当我们能用到足够干净的水时，我们应该知道还有很多人用着受到污染的水甚至用不到水。一个人的力量是微小的，但如果大家都能节约用水，也许节省下来的水可以拯救成千上万的人。另外我们不仅要严格要求自己，也要带领身边的人一起来保护水资源，从而带动整个社会。我们要从两个方面来保护水资源。第一，我们要有惜水意识。长期以来，人们普遍认为水资源是"取之不尽，用之不竭"的，不知道爱惜水资源，有的甚至将水白白浪费。第二，不污染水资源。现在生活中污染水资源的情况还是频频发生，如农药、化学物质、重金属污染等等。如果社会上每个人都能履行这些责任，整个环境下就会有非常大的改观，也许就改变了水资源紧缺及污染的问题。

水资源保护的目标是，在水量方面必须要保证生态用水，不能因为经济社会用水量的增加而引起生态退化、环境恶化以及其他负面影响；在水质方面，要根据水体的水环境容量，来规划污染物的排放量，不能因为污染物超标排放而导致饮用水源地受到污染或危及其他用水的正常供应。

水资源是基础自然资源。水资源为人类社会的进步和社会经济的发展提供了基本的物质保证，由于水资源的固有属性（如有限性和分布不均匀性等）、气候条件的变化和人类的不合理开发利用，在水资源的开发利用过程中，产生了许多水问题，如水资源短缺、水污染严重、洪涝灾害频繁、地下水过度开发、水资源开发管理不善、水资源浪费严重和水资源开发利用不够合理等。这些问题限制了水资源的可持续发展，也阻碍了社会经济的可持续发展和人民生活水平的不断提高。因此，进行水资源的保护与管理是人类社会可持续发展的重要保障。

1. 缓解和解决各类水问题

进行水资源保护与管理，有助于缓解或解决水资源开发利用过程中出现的各类水问题，比如通过采取高效节水灌溉技术，减少农田灌溉用水的浪费，提高灌溉水利用效率；通过提高工业生产用水的重复利用率，减少工业用水的浪费；通过建立合理的水费体制减少生活用水的浪费；通过采取一些蓄水和引水等措施，缓解一些地区的水资源短缺问题；通过对污染物进行达标排放与总量控制，以及提高水体环境容量等措施，改善水体水质，减少和杜绝水污染现象的发生；通过合理调配农业用水、工业用水、生活用水和生态环境用水之间的比例，改善生态环境，防止生态环境问题的发生；通过对供水、灌溉、水力发电、航运、渔业、旅游等用水部门进行水资源的优化调配，解决各用水部门之间的矛盾，减少不应有的损失；通过进一步加强地下水开发利用的监督与管理工作，完善地下水和地质环境监测系统，有效控制地下水的过度开发；通过采取工程措施和非工程措施改变水资源在空间分布和时间分布上的不均匀性，减轻洪涝灾害的影响。

2. 提高人们的水资源管理和保护意识

水资源开采利用过程中产生的许多水问题，都是人类不合理利用以及缺乏保护意识造成的。让更多的人参与水资源的保护与管理，加强水资源保护与管理教育，以及普及水资源知识，进而增强人们的水治意识和水资源观念，提高人们的水资源管理和保护意识，自觉地珍惜水，合理地用水，从而为水资源的保护与管理创造一个良好的社会环境与氛围。

3. 保证人类社会的可持续发展

水是生命之源，是社会发展的基础，进行水资源保护与管理研究，建立科学合理的水资源保护与管理模式，实现水资源的可持续开发利用，能够确保人类生存、生活和生产，以及生态环境等用水的长期需求，从而为人类社会的可持续发展提供坚实的基础。

三、人类与水资源的关系及人类面对的挑战

水已成为一个深刻的社会危机。淡水资源危机严重制约了可持续发展。水资源与人类的关系非常密切，人类把水作为维持生活的源泉，人类在历史发展中总是向有水的地方聚集，并开展经济活动。随着社会的发展、技术的进步，人类对水的依赖程度越来越大。水，已成为一个深刻的社会危机。淡水资源危机严重制约了可持续发展，许多国家的用水速度已超过了水的再生速度；人类过度用水、水污染和引进外来物种造成湖泊、河流、湿地和地下含水层的淡水系统被破坏或消失；很多国家的淡水管理政策与当地实际情况脱节等问题导致水资源的日益匮乏。人类面临着严峻的危机和挑战。

全球水资源状况不容乐观，人类面临着严峻的挑战。面对水资源危机，全球范围内保护水资源的浪潮已经掀起，并取得重大成就。虽不尽如人意，但相信通过国际社会以及全人类的努力，人类会解决好淡水资源问题。

第五节　我国水资源特点与问题

一、我国水资源总量多、均值少，供需矛盾突出

水资源短缺是当今和未来面临的主要水问题之一。2016 年全国供用水总量为 6040.2 亿 m^3，较 2015 年减少 63.0 亿 m^3。其中，地表水源供水量 4912.4 亿 m^3，占供水总量的 81.3%；地下水源供水量 1057.0 亿 m^3，占供水总量的 17.5%；其他水源供水量 70.8 亿 m^3，占供水总量的 1.2%。与 2015 年相比，地表水源供水量减少 57.1 亿 m^3，地下水源供水量减少 12.2 亿 m^3，其他水源供水量增加 6.3 亿 m^3。

但我国人口众多，耕地面积不少，按 2016 年统计，我国的人均水资源量只有 2300 m^3，仅为世界平均水平的 1/4，是全球人均水资源最贫乏的国家之一。目前，我国水资源供需矛盾日益突出。

由此可见，我国水资源供需面临非常严峻的形势，如果在水资源开发利用上没有大的突破，在管理上不能适应这种残酷的现实，水资源很难支持国民经济迅速发展的需求。水资源危机将成为所有资源问题中最为严重的问题。

二、地下水分布广泛，是北方地区重要的供水水源

由于地下水分布相对比地表水均匀且相对稳定，年际和季节变化较小，水质较好，不易污染，在北方地表水资源相对贫乏的地区，地下水对工业、农业和城镇供水有着重要的意义。在有些地方，地下水甚至成为唯一的供水水源。北方平原区地下水资源比较丰富且容易开发利用，往往成为大型水源地。东北诸河、海河、淮河和山东半岛、内陆诸河等地区的地下水开采量，约占总供水量的1/3。其中，海河地下水开采量占全流域供水量的53%。许多城镇供水全部开采地下水。

三、空间分布不均，水土资源不相匹配

我国的年降水量和年径流深受海陆分布、水汽来源、地形地貌等因素的影响，年降水量由东南向西北递减造成的东部地区湿润多雨、西北部地区干旱少雨的降水分布特征，对地下水资源的分布起到重要的控制作用。

地形、降水分布的地域差异性，使我国不仅在地表水资源上表现为南多北少的局面，而且地下水资源仍具有南方丰富、北方贫乏的特征。占全国总面积60%的北方地区，水资源总量只占全国水资源总量的19%，不足南方的1/4。北方地区地下水天然资源量约占全国地下水天然资源量的30%，不足南方的1/2。特别是占全国约1/3面积的西北地区，水资源量仅占全国的4.6%，地下水天然资源量占全国地下水天然资源量的9.5%。而东南及中南地区，面积仅占全国的11%，但水资源量占全国的28%，地下水天然资源量约占全国地下水天然资源量的24.3%。南、北地区在地下水资源量上的差异是十分明显的。

上述表明，我国地下水资源量总的分布特点是南方高于北方，地下水资源的丰富程度由东南向西北逐渐减少，另外，由于我国各地区之间社会经济发达程度不一，各地人口密集程度、耕地发展情况均不相同，不同地区人均、单位耕地面积所占有的地下水资源量具有较大的差异。一定要在科学指导下，合理开发利用水土资源，支持发展的需要。

四、时间分布变化大，水旱灾害频繁

我国的水资源不仅在地域上分布很不均匀，而且在时间分配上也很不均匀，无论年际或年内分配都是如此。

我国位于世界著名的东亚季风区，季风气候地区的降水具有夏秋降水多、冬春降水少、年际降水变化大的特征。这些特点很容易造成水旱灾害频繁、农业生产不稳定。许多河流发生过3~8年的连丰、连枯期，如黄河在1922年—1932年连续11年枯水，1943年—1951年连续9年丰水。我国最大年降水量与最小年降水量之间相差悬殊。我国南部地区最大年降水量一般是最小年降水量的2~4倍，北部地区则达3~6倍。

降水量的年内分配也很不均匀。我国长江以南地区由南往北雨季为 3 月—6 月至 4 月—7 月，降水量占全年的 50%~60%。长江以北地区雨季为 6 月—9 月，降水量占全年的 70%~80%。

旱灾对农业生产的威胁极大，全国各地几乎都有可能发生旱灾，但灾情差别大。全国有 5 个主要旱灾区，即自北向南为松辽平原、黄淮海平原、黄土高原、四川盆地东部和北部、云贵高原至广东湛江一带。全国有 70% 以上的受旱面积是在这些地区，其中以黄淮海平原受旱最严重，受旱面积占全国受旱面积的一半以上。洪涝灾害主要发生在黄河、海河、淮河、长江、珠江、松花江和辽河 7 大江河的中下游平原地区。这些地区耕地广布，防洪形势非常严峻。

五、水土流失，河流泥沙含量大

根据自然资源部、水利部和生态环境部的统计，我国水土流失面积达 356 万 km²，占国土面积的 37%，每年 50 亿 t 土壤遭侵蚀（2010 年）。长江、黄河、淮河、海河、珠江、松花江、辽河、钱塘江、闽江、塔里木河和黑河 11 条河流多年平均输沙 16 亿 t。

六、废水排放量增加，水环境恶化

伴随着水资源需求量不断增加，废水的排放量也相应增加，水质也受到一定程度的影响。据 2013 年对全国 20.8 万 km 评价河长的水质监测资料显示，黄河片、松花江片、辽河片、淮河片水质较差，其符合和优于 Ⅱ 类水的河长分别占 58.1%、55.7%、45.5%、59.6%。此外，还存在水土流失、河流干枯断流、湖泊萎缩、草原退化、土地沙化湿地干涸、灌区次生盐渍化、部分地区地下水超量开采等问题，造成局部地区水环境恶化，生态失衡。

随着人口的增加和经济社会的发展，水资源问题在短时间内不会得到解决，甚至有可能会更加突出，从而使人类社会的可持续发展受到阻碍。水资源问题不仅是中国的问题，更是一个世界性的问题。人类不合理的开发、利用是出现水资源问题的最主要原因。这就需要人类共同的努力，加强对水资源的开发、利用、治理、配置、节约和保护等工作，实现水资源的可持续利用

第六节　水环境水资源保护的意义与内容

水资源是基础自然资源，为人类社会的进步和社会经济的发展提供了基本的物质保证。由于水资源的固有属性（如有限性和分布不均匀性等）、气候条件的变化和人类的不合理开发利用，在水资源的开发利用过程中，产生了许多水问题，如水资源短缺、水污染严重、

洪涝灾害频繁、地下水过度开发、水资源开发管理不善、水资源浪费严重和水资源开发利用不够合理等。这些问题限制了水资源的可持续发展，也阻碍了社会经济的可持续发展和人民生活水平的不断提高。因此，进行水资源的保护与管理是人类社会可持续发展的重要保障。

一、水环境水资源保护的意义

1. 提高人们的水资源管理和保护意识

水资源开采利用过程中产生的许多水问题，都是人类不合理利用以及缺乏保护意识造成的。让更多的人参与水资源的保护与管理，加强水资源保护与管理教育，以及普及水资源知识，进而增强人们的水法制意识和水资源观念，提高人们的水资源管理和保护意识，自觉地珍惜水，合理地用水，从而可为水资源的保护与管理创造一个良好的社会环境与氛围。

2. 缓解和解决各类水问题

进行水资源保护与管理，有助于缓解或解决水资源开发利用过程中出现的各类水问题，比如通过采取高效节水灌溉技术，减少农田灌溉用水的浪费，提高灌溉水利用率；通过提高工业生产用水的重复利用率，减少工业用水的浪费；通过建立合理的水费体制，减少生活用水的浪费；通过采取一些蓄水和引水等措施，缓解一些地区的水资源短缺问题；通过对污染物进行达标排放与总量控制，以及提高水体环境容量等措施，改善水体水质，减少和杜绝水污染现象的发生；通过合理调配农业用水、工业用水、生活用水和生态环境用水之间的比例，改善生态环境，防止生态环境问题的发生；通过对供水、灌溉、水力发电、航运、渔业、旅游等用水部门进行水资源的优化调配，解决各用水部门之间的矛盾，减少不应有的损失；通过进一步加强地下水开发利用的监督与管理工作，完善地下水和地质环境监测系统，有效控制地下水的过度开发；通过采取工程措施和非工程措施，改变水资源在空间分布和时间分布上的不均匀性，减轻洪涝灾害的影响。

3. 保证人类社会的可持续发展

水是生命之源，是社会发展的基础，进行水资源保护与管理研究，建立科学合理的水资源保护与管理模式，实现水资源的可持续开发利用，能够确保人类生存、生活和生产，以及生态环境等用水的长期需求，从而为人类社会的可持续发展提供坚实的基础。

二、水环境水资源保护的内容

水资源保护与管理的主要研究内容如下：

1. 水资源含义及特点。

2. 水资源开发与利用：水资源开发利用形式，需水量预测，可供水量预测，水资源供需平衡计算与分析。

3. 水资源保护：水资源保护的概念，天然水的组成与性质，水体污染，水质模型，水环境标准，水质监测与评价，水资源保护措施。

4. 水资源优化配置：水资源优化配置内涵，水资源优化配置基本原则，水资源优化配置内容与模型，面向可持续发展的水资源优化配置。

5. 水灾害及其防治：水灾害属性，水灾害类型及其成因，水灾害危害，水灾害防治措施。

6. 节水理论与技术：节水内涵，生活节水，工业节水，农业节水，城市污水回用。

7. 水资源管理：水资源管理的概念，水资源管理的目标，水资源管理的原则，水资源管理的内容，国外水资源管理概况及经验，水资源法律管理，水资源水量与水质管理，水价管理，水资源管理信息系统。

第二章　水资源与人类生存

第一节　全球水资源分布不均

一、水资源的特征

水资源是天然资源，具有再生性、有限性、分布的不均匀性和使用上的不可替代性。

（一）再生性和有限性

水资源是参与水循环的水量，因此具有再生性。如果合理开发利用、认真保护，它是能为社会持续发展服务的。

水资源是有限的。观江水滔滔奔流不息，听泉水淙淙声声不断。这些向人们传递了一个错误的信息，自然界的水似乎是"取之不尽，用之不竭"的。地球上各种水体（海水、大气水、湖水、河水、土壤水、地下水以及生物体中的水）在数量上保持不变，即各水体保持均衡。为保持各种水体均衡，水参与自然界水循环的量是固定的，因此地球上的水资源是有限的。但是日益严重的温室效应，引起北极和高山部分冰雪融化消失，海平面上升。这将打破地球各种水体的均衡，引起水循环变化，破坏地球上水资源的分配，危害现存的生态环境，其后果非常严重。

（二）分布的不均匀性

受地理环境的影响，全球水资源在空间分布上差异很大，分布极不均匀。全球水资源中的65%集中在10个国家里，而占人口40%的80个国家却严重缺水。我国南方水资源较丰富，北方贫乏。南方水资源总量近22000亿立方米，为全国总量的81%，人均水量3350立方米，耕地亩均水量4120立方米。北方水资源总量5200亿立方米，只占全国总量的19%，人均水量1130立方米，只有南方的1/3，耕地亩均水量590立方米，只是南方的14%。

水资源在时间分布上也不均。以11年为一个气象周期，丰水年和干旱年交替出现。

一年之中有雨季与旱季之分。全国大部分地区雨季 4 个月的降水量约占全年降水总量的 70%。雨季暴雨、大雨往往造成洪水灾害，大量的洪水得不到充分利用而很快泄入海洋；旱季降水量很少，常出现旱灾。

（三）使用上的不可替代性

工农业生产和生活需用大量自然资源，如矿物资源、能源、水资源等。能源有许多选择，可用煤、石油、天然气、核能、水力和风力等。而工农业生产和生活都需用大量的水，且只能用水，别无选择，水资源是不可替代的。因此，与其他天然资源相比较，水资源更为珍贵。

1972 年联合国人类环境会议和 1977 年联合国水事会议曾向全世界发出警告："水不久将成为一项严重的社会危机，石油危机之后的下一个危机就是水。"如果石油危机可使灯火熄灭，那么水资源危机熄灭的将是生命之火。联合国的预言正一步一步逼向现实。

2009 年 1 月在达沃斯举行的世界经济论坛发表的报告指出，全球将在 20 年内陷入"水资源破产"的困境。除了将加剧水源争夺战，还会失去数量相当于印度和美国谷类收成总和的作物，造成粮价暴涨，水变得比石油更有投资价值。水资源争夺战预计会在未来变得更为激烈。

全球水资源形势令人忧虑：人口激增，人均水资源占有量越来越少；世界各地约 70 条主要河流的水源目前已几乎完全耗尽，约有 90 个国家、40% 的人口出现缺水危机；由于水污染严重，约有 1/5 的人无法获得安全卫生的饮用水，每年有 300 万~400 万人死于与水有关的疾病；水生态环境恶化，造成 1/5 的淡水鱼种群灭绝或濒临灭绝。

水资源危机的发生有水本身固有特性的原因，那就是水时空分布上的不均匀性和水使用上的不可替代性。但是，水资源危机的发生更多的是人类本身的罪过：一是人们并不真正知道水、认识水，因而不爱护水、不珍惜水，以至任意践踏水、浪费水和污染水；二是温室效应正加速改变气候环境，使得一些地区干旱成灾；三是正如联合国《世界水发展报告》中指出的，目前全球出现水资源危机的主要原因是管理不善；四是水资源的有限性和人口孕育的无节制性，人均水资源占有量越来越少；五是人类追求物质享受欲望的无止境性，加重了水资源消耗和污染。

水是人类赖以生存和发展的珍贵资源。地球上虽然"三分陆地七分水"，水资源总量达 14 亿立方千米，储水量是很丰富的，但海洋咸水占 97.2%，淡水仅占 2.8%，储量仅 3.9 亿亿立方米，其中绝大部分蕴藏在南极冰原和北极冰山中，人类生产和生活能利用的地表淡水仅为 105 万亿立方米。因此，对人类的需求而言，可利用的淡水资源极其有限。除了总量稀少之外，全球淡水资源的分布极不均衡，大约 65% 的水资源集中在十多个国家。拥有水资源量超过 1 万亿立方米的国家如表 2-1 所示。

表 2-1 世界上水资源量超过 1 万亿立方米的国家

国家	水资源总量 / 万亿立方米	人均占有量 /[立方米 /（年·人）]
巴西	6.95	43709
俄罗斯	4.50	30298
加拿大	2.90	98667
中国	2.81	2300
印度尼	2.53	12813
美国	2.48	9277
孟加拉	2.36	19936
印度	2.09	2244
委内瑞拉	1.32	60291
缅甸	1.08	23988
哥伦比亚	1.07	29877
刚果（金）	1.02	22419
阿根廷	1.02	28590

表 2-1 显示加拿大和我国均为水资源总量丰富的国家，但由于我国人口约为加拿大人口的 40 倍，因此加拿大年人均拥有的水资源量为我国的 43 倍。我国年人均水资源量仅为 2300 立方米 /（年·人），这一数字仅相当于世界平均值的 1/4。这充分说明一个国家水资源总量并不是评判该国缺水程度的唯一标准，更重要的是看其年人均水资源占有量。

以年人均拥有的水资源量作为评价标准，水资源短缺程度可分为：轻度缺水 1700~3000 立方米 /（年·人）；中度缺水 1000-1700 立方米 /（年·人）；高度缺水 500~1000 立方米 /（年·人）；极度缺水 < 500 立方米 /（年·人）。从全球范围来看，严重缺水的国家多集中在中东和北非干旱地区，如表 2-2 所示。

表 2-2 年人均水资源量低于 500 立方米的国家

国家	年人均水资源量 / 立方米
埃及	47
阿联酋	59
马耳他	82
卡塔尔	91
科威特	95
利比亚	111
约旦	158
巴林	162
毛里塔尼亚	171
巴巴多斯	192
新加坡	197
摩尔多瓦	231
沙特阿拉伯	249
也门	260

续表

国家	年人均水资源量／立方米
尼日尔	375
以色列	385
突尼斯	434
阿曼	456
阿尔及利亚	483
叙利亚	483

在水文循环运动中，全球水资源总量上百年中保持基本不变，但在过去的一个世纪里，全球人口增长了 3 倍，经济增长了 20 倍，用水量增长了 10 倍。在 20 世纪中叶，全球年人均水资源量还有 16800 立方米，而到 2010 年，这一数字已降至 7300 立方米，预测到 2025 年，将会降到 4800 立方米。随着全球化、城市化和工业化的进一步升级，水资源危机正越演越烈。据统计，目前世界上有 1/5 的人口得不到清洁饮用水，1/2 的人口难以得到卫生用水，每年大约有 2.5 亿人患上与水污染有关的疾病，其中至少有 1500 万人因此而死亡，因缺水而产生的环境难民已多达 2500 万人，超过了 2200 万的战争难民。如果不能更有效地利用淡水资源、控制江河湖泊的污染和更多地利用净化后的废水，到 2025 年，全球面临中高度到高度缺水压力的人口将会从现在的 1/5 上升到 1/3，环境难民将多达 1 亿人。

更令人担忧的是，地球上数量极其有限的淡水还正越来越多地受到污染。人类的活动会使大量的工业、农业和生活废弃物排入江河中，使水受到污染。近年来，全世界每年有 4200 多亿立方米的污水排入江河湖海，污染了 5.5 万亿立方米的淡水，这相当于全球径流总量的 14% 以上，并且还在增加、扩展和累积，由此造成世界淡水资源日渐短缺，污染日益严重，水、旱灾害越演越烈，使地球生态系统的平衡和稳定遭到破坏，并直接威胁着人类的生存和发展。

二、水资源的形成

水循环是地球上最重要、最活跃的物质循环之一。它实现了地球系统水量、能量和地球生物化学物质的迁移与转换，构成了全球性的连续有序的动态大系统。水循环把海陆有机地连接起来，塑造着地表形态，制约着地生态环境的平衡与协调，不断提供再生的淡水资源。因此，水循环对于地球表层结构的演化和人类可持续发展都具有重大意义。

在水循环过程中，海陆之间的水汽交换以及大气水、地表水、地下水之间的相互转换，形成了陆上的地表径流和地下径流。地表径流和地下径流的特殊运动，塑造了陆地的一种特殊形态——河流与流域。一个流域或特定区域的地表径流和地下径流的时空分布既与降水的时空分布有关，亦与流域的形态特征、自然地理特征有关。因此，不同流域或区域的地表水资源和地下水资源具有不同的形成过程及时空分布特性。

（一）地表水资源的形成与特点

地表水分为广义地表水和狭义地表水，前者指以液态或固态形式覆盖在地球表面上、暴露在大气中的自然水体，包括河流、湖泊、水库、沼泽、海洋、冰川和永久积雪等；后者则是陆地上各种液态、固态水体的总称，包括静态水和动态水，主要有河流、湖泊、水库、沼泽、冰川和永久积雪等。其中，动态水指河流径流量和冰川径流量，静态水指各种水体的储水量。地表水资源是指在人们生产生活中具有实用价值和经济价值的地表水，包括冰雪水、河川水和湖沼水等，一般用河川径流量表示。

在多年平均情况下，水资源量的收支项主要为降水、蒸发和径流。水量平衡时，收支在数量上是相等的。降水作为水资源的收入项，决定着地表水资源的数量、时空分布和可开发利用程度。由于地表水资源所能利用的是河流径流量，所以在讨论地表水资源的形成与分布时，重点讨论构成地表水资源的河流资源的形成与分布问题。

降水、径流和蒸发是决定区域水资源状态的三要素，三者数量及其可利用量之间的变化关系决定着区域水资源的数量和可利用量。

1. 降水

（1）降雨的形成

降水是指液态或固态的水汽凝结物从云中落到地表的现象，如雨、雪、雾、雹、露、霜等，其中以雨、雪为主。我国大部分地区，一年内降水以雨水为主，雪仅占少部分。所以，通常说的降水主要指降雨。

当水平方向温度、湿度比较均匀的大块空气即气团受到某种外力的作用向上升时，气压降低，空气膨胀，为克服分子间引力需消耗自身的能量，在上升过程中发生动力冷却，使气团降温。当温度下降到使原来未饱和的空气达到了过饱和状态时，大量多余的水汽便凝结成云。云中水滴不断增大，直到不能被上气流所托时，便在重力作用下形成降雨。因此空气的垂直上升运动和空气中水汽含量超过饱和水汽含量是产生降雨的基本条件。

（2）降雨的分类

按空气上升的原因，降雨可分为锋面雨、地形雨、对流雨和气旋雨。

1）锋面雨：冷暖气团相遇，其交界面叫锋面，锋面与地面的相交地带叫锋线，锋面随冷暖气团的移动而移动。锋面上的暖气团被抬升到冷气团上面去。在抬升的过程中，空气中的水汽冷却凝结，形成的降水叫锋面雨。

根据冷、暖气团运动情况，锋面雨又可分为冷锋雨和暖锋雨。当冷气团向暖气团推进时，因冷空气较重，冷气团楔进暖气团下方，把暖气团挤向上方，发生动力冷却而致雨，称为冷锋雨。当暖气团向冷气团移动时，由于地面的摩擦作用，上层移动较快，底层较慢，使锋面坡度较小，暖空气沿着这个平缓的坡面在冷气团上爬升，在锋面上冷却致雨，称为暖锋雨。我国大部分地区在温带，属南北气流交汇区域，因此，锋面雨的影响很大，常造成河流的洪水，我国夏季受季风影响，东南地区多暖锋雨，如长江中下游的梅雨；北方地区多冷锋雨。

2）地形雨：暖湿气流在运移过程中，遇到丘陵、高原、山脉等阻挡而沿坡面上升而冷却致雨，称为地形雨。地形雨大部分降落在山地的迎风坡。在背风坡，气流下降增温，且大部分水汽已在迎风坡降落，故降雨稀少。

3）对流雨：当暖湿空气笼罩一个地区时，因下垫面局部受热增温，与上层温度较低的空气产生强烈对流作用，使暖空气上升冷却致雨，称为对流雨。对流雨一般强度大，但雨区小，历时也较短，并常伴有雷电，又称雷阵雨。

4）气旋雨：气旋是中心气压低于四周的大气涡旋。涡旋运动引起暖湿气团大规模的上升运动，水汽因动力冷却而致雨，称为气旋雨。按热力学性质分类，气旋可分为温带气旋和热带气旋。我国气象部门把中心地区附近地面最大风速达到 12 级的热带气旋称为台风。

（3）降雨的特征

降雨特征常用降水量、降水历时、降水强度、降水面积及暴雨中心等基本因素表示。降水量是指在一定时段内降落在某一点或某一面积上的总水量，用深度表示，以 mm 计。降水量一般分为 7 级。降水的持续时间称为降水历时，以 min、h、d 计。降水笼罩的平面面积称为降水面积，以 km² 计。暴雨集中的较小局部地区，称为暴雨中心。降水历时和降水强度反映了降水的时程分配，降水面积和暴雨中心反映了降水的空间分配。

2. 径流

径流是指由降水所形成的，沿着流域地表和地下向河川、湖泊、水库、洼地等流动的水流。其中，沿着地面流动的水流称为地表径流；沿着土壤岩石孔隙流动的水流称为地下径流；汇集到河流后，在重力作用下沿河床流动的水流称为河川径流。径流因降水形式和补给来源的不同，可分为降雨径流和融雪径流，我国大部分以降雨径流为主。

径流过程是地球上水循环中重要的一环。在水循环过程中，陆地上的降水 34% 转化为地表径流和地下径流汇入海洋。径流过程又是一个复杂多变的过程，与水资源的开发利用、水环境保护、人类同洪旱灾害的斗争等生产经济活动密切相关。

（1）径流形成过程及影响因素

由降水到达地面时起，到水流流经出口断面的整个过程，称为径流形成过程。降水的形式不同，径流的形成过程也各不相同。大气降水的多变性和流域自然地理条件的复杂性决定了径流形成过程是一个错综复杂的物理过程。降水落到流域面上后，首先向土壤内下渗，一部分水以壤中流形式汇入沟渠，形成上层壤中流；一部分水继续下渗，补给地下水；还有一部分以土壤水形式保持在土壤内，其中一部分消耗蒸发。当土壤含水量达到饱和或降水强度大于入渗强度时，降水扣除入渗后还有剩余，余水开始流动充填坑洼，继而形成坡面流汇入河槽和壤中流一起形成出口流量过程。故整个径流形成过程往往涉及大气降水、土壤下渗、壤中流、地下水、蒸发、填洼、坡面流和河槽汇流，是气象因素和流域自然地理条件综合作用的过程，难以用数学模型描述。为便于分析，一般把它概化为产流阶段和汇流阶段。产流是降水扣除损失后的净雨产生径流的过程。汇流，指净雨沿坡面从地面和地下汇入河网，然后再沿着河网汇集到流域出口断面的过程。前者称为坡地汇流，后者称为河网汇流，两部分过程合称为流域汇流过程。

影响径流形成的因素有气候因素、地理因素和人类活动因素。

1）气候因素：气候因素主要是降水和蒸发。降水是径流形成的必要条件，是决定区域地表水资源丰富程度、时空分布及可利用程度与数量的最重要的因素。其他条件相同时，降雨强度大、历时长、降雨笼罩面积大，则产生的径流也大。同一流域，雨型不同，形成的径流过程也不同。蒸发直接影响径流量的大小。蒸发量大，降水损失量就大，形成的径流量就小。对于一次暴雨形成的径流来说，虽然在径流形成的过程中蒸发量的数值相对不大，甚至可忽略不计，但流域在降雨开始时土壤含水量直接影响着本次降雨的损失量，即影响着径流量，而土壤含水量与流域蒸发有密切关系。

2）地理因素：地理因素包括流域地形、流域的大小和形状、河道特性、土壤、岩石和地质构造、植被、湖泊和沼泽等。

流域地形特征包括地面高程、坡面倾斜方向及流域坡度等。流域地形通过影响气候因素间接影响径流的特性，如山地迎风坡降雨量较大，背风坡降雨量小；地面高程较高时，气温低，蒸发量小，降雨损失量小。流域地形还直接影响汇流条件，从而影响径流过程。如地形陡峭，河道比降大，则水流速度快，河槽汇流时间较短，洪水陡涨陡落，流量过程线多呈尖瘦形；反之，则较平缓。

流域大小不同，对调节径流的作用也不同。流域面积越大，地表与地下蓄水容积越大，调节能力也越强。流域面积较大的河流，河槽下切较深，得到的地下水补给就较多。流域面积小的河流，河槽下切往往较浅，因此，地下水补给也较少。

流域长度决定了径流到达出口断面所需要的汇流时间。汇流时间越长，流量过程线越平缓。流域形状与河系排列有密切关系。扇形排列的河系，各支流洪水较集中地汇入干流，流量过程线往往较陡峻；羽形排列的河系各支流洪水可顺序而下，流量过程线较矮平；平行状排列的河系，其流量过程线与扇形排列的河系类似。

河道特性包括：河道长度、坡度和糙率。河道短、坡度大、糙率小，则水流流速大，河道输送水流能力大，流量过程线尖瘦；反之，则较平缓。

流域土壤、岩石性质和地质构造与下渗量的大小有直接关系，从而影响产流量和径流过程特性，以及地表径流和地下径流的产流比例关系。

植被能阻滞地表水流，增加下渗。森林地区表层土壤容易透水，有利于雨水渗入地下从而增大地下径流，减少地表径流，使径流趋于均匀。对于融雪补给的河流，由于森林内温度较低，能延长融雪时间，使春汛径流历时增长。

湖泊（包括水库和沼泽）对径流有一定的调节作用，能拦蓄洪水、削减洪峰，使径流过程变得平缓。因水面蒸发较陆面蒸发大，湖泊、沼泽增加了蒸发量，使径流量减少。

3）人类活动因素：影响径流的人类活动是指人们为了开发利用和保护水资源，达到除害兴利的目的而修建的水利工程及采用农林措施等。这些工程和措施改变了流域的自然面貌，从而也就改变了径流的形成和变化条件，影响了蒸发量、径流量及其时空分布、地表和地下径流的比例、水体水质等。例如，蓄、引水工程改变了径流时空分布；水土保持措施能增加下渗水量，改变地表和地下水的比例及径流时程分布，影响蒸发；水库和灌溉设施增加了蒸发，减少了径流。

（2）河流径流补给

河流径流补给又称河流水源补给。河流补给的类型及其变化决定着河流的水文特性。我国大多数河流的补给主要是流域上的降水。根据降水形式及其向河流运动的路径，河流的补给可分为雨水补给、地下水补给、冰雪融水补给以及湖泊、沼泽水补给等。

1）雨水补给：雨水是我国河流补给的最主要水源。当降雨强度大于土壤入渗强度后产生地表径流，雨水汇入溪流和江河之中从而使河水径流得以补充。以雨水补给为主的河流的水情特点是水位与流量变化快，在时程上与降雨有较好的对应关系，河流径流的年内分配不均匀，年际变化大，丰、枯悬殊。

2）地下水补给：地下水补给是我国河流补给的一种普遍形式。特别是在冬季和少雨无雨季节，大部分河流水量基本上来自地下水。地下水是雨水和冰雪融水渗入地下转化而成的，它的基本来源仍然是降水，因其经地下"水库"的调节，对河流径流量及其在时间上的变化产生影响。以地下水补给为主的河流，其年内分配和年际变化都较均匀。

3）冰雪融水补给：冬季在流域表面的积雪、冰川，至次年春季随着气候的变暖而融化成液态的水，补给河流而形成春汛。此种补给类型在全国河流中所占比例不大，水量有限但冰雪融水补给主要发生在春季，这时正是我国农业生产上需水的季节，因此，对于我国北方地区春季农业用水有着重要的意义。冰雪融水补给具有明显的日变化和年变化，补给水量的年际变化幅度要小于雨水补给。这是因为融水量主要与太阳辐射、气温变化一致，而气温的年际变化比降雨量年际变化小。

4）湖泊、沼泽水补给：流域内山地的湖泊常成为河流的源头。位于河流中下游地区的湖泊，接纳湖区河流来水，又转而补给干流水量。这类湖泊由于湖面广阔、深度较大，对河流径流有调节作用。河流流量较大时，部分洪水流进大湖内，削减了洪峰流量；河流流量较小时，湖水流入下流，补充径流量，使河流水量年内变化趋于均匀。沼泽水补给量小，对河流径流调节作用不明显。

我国河流主要靠降雨补给。在华北、西北及东北的河流虽也有冰雪融水补给，但仍以降雨补给为主，为混合补给。只有新疆、青海等地的部分河流是靠冰川、积雪融水补给，该地区的其他河流仍然是混合补给。由于各地气候条件的差异，上述四种补给在不同地区的河流中所占比例差别较大。

（3）径流时空分布

1）径流的区域分布：受降水量影响，以及地形地质条件的综合影响，年径流区域分布既有地域性的变化，又有局部的变化，我国年径流深度分布的总体趋势与降水量分布一样由东南向西北递减。

2）径流的年际变化：径流的年际变化包括径流的年际变化幅度和径流的多年变化过程两方面。年际变化幅度常用年径流变差系数和年径流极值比表示。

年径流变差系数大，年径流的年际变化就大，不利于水资源的开发利用，也容易发生洪涝灾害；反之，年径流的年际变化小，有利于水资源的开发利用。

影响年径流变差系数的主要因素是年降水量、径流补给类型和流域面积。降水量丰富地区，其降水量的年际变化小，植被茂盛、蒸发稳定、地表径流较丰沛，因此年径流变差系数小；反之，则年径流变差系数大。相比较而言，降水补给的年径流变差系数大于冰川、积雪融水和降水混合补给的年径流变差系数，而后者又大于地下水补给的年径流变差系数。流域面积越大，径流成分越复杂，各支流、干支流之间的径流丰枯变化可以互相调节；另外，面积越大，因河床切割很深，地下水的补给越丰富而稳定。因此，流域面积越大，其年径流变差系数越小。

年径流的极值比是指最大径流量与最小径流量的比值。极值比越大，径流的年际变化越大；反之，年际变化越小。极值比的大小变化规律与变差系数同步。我国河流年际极值比最大的是淮河蚌埠站，为23.7；最小的是怒江道街坝站，为1.4。

径流的年际变化过程是指径流具有丰枯交替、出现连续丰水和连续枯水的周期变化，但周期的长度和变幅存在随机性。如黄河出现过1922—1932年连续11年的枯水期，也出现过1943—1951年连续9年的丰水期。

3）径流的季节变化：河流径流一年内有规律的变化，叫作径流的季节变化，取决于河流径流补给来源的类型及变化规律。以雨水补给为主的河流，主要随降雨量的季节变化而变化。以冰雪融水补给为主的河流，则随气温的变化而变化。径流季节变化大的河流，容易发生干旱和洪涝灾害。

我国绝大部分地区为季风区，雨量主要集中在夏季，径流也是如此。而西部内陆河流主要靠冰雪融水补给，夏季气温高，径流集中在夏季，形成我国绝大部分地区夏季径流占优势的基本布局。

3. 蒸发

蒸发是地表或地下的水由液态或固态转化为水汽，并进入大气的物理过程，是水文循环中的基本环节之一，也是重要的水量平衡要素，对径流有直接影响。蒸发主要取决于暴露表面的水的面积与状况，与温度、阳光辐射、风、大气压力和水中的杂质质量有关，其大小可用蒸发量或蒸发率表示。蒸发量是指某一时段如日、月、年内总蒸发掉的水层深度，以mm计；蒸发率是指单位时间内的蒸发量，以mm/min或mm/h计。流域或区域上的蒸发包括水面蒸发和陆面蒸发，后者包括：土壤蒸发和植物蒸腾。

（1）水面蒸发

水面蒸发是指江、河、湖泊、水库和沼泽等地表水体水面上的蒸发现象。水面蒸发是最简单的蒸发方式，属饱和蒸发。影响水面蒸发的主要因素是温度、湿度、辐射、风速和气压等气象条件。因此，在地域分布上，冷湿地区水面蒸发量小，干燥、气温高的地区水面蒸发量大；高山地区水面蒸发量小，平原区水面蒸发量大。

水面蒸发的地区分布呈现出如下特点：1）低温湿润地区水面蒸发量小，高温干燥地区水面蒸发量大；2）蒸发低值区一般多在山区，而高值区多在平原区和高原区，平原区的水面蒸发大于山区；3）水面蒸发的年内分配与气温、降水有关，年际变化不大。

我国多年平均水面蒸发量最低值为 400 mm，最高可达 2600 mm，相差悬殊。暴雨中心地区水面蒸发可能是低值中心，例如四川雅安天漏暴雨区，其水面蒸发为长江流域最小地区，其中荥经站的年水面蒸发量仅 564 mm。

（2）陆面蒸发

1）土壤蒸发：土壤蒸发是指水分从土壤中以水汽形式逸出地面的现象。它比水面蒸发要复杂得多，除了受上述气象条件的影响外，还与土壤性质、土壤结构、土壤含水量、地下水位的高低、地势和植被状况等因素密切相关。

对于完全饱和、无后继水量加入的土壤，其蒸发过程大体上可分为三个阶段：第一阶段，土壤完全饱和，供水充分，蒸发在表层土壤进行，此时的蒸发率等于或接近于土壤蒸发能力，蒸发量大而稳定；第二阶段，由于水分逐渐蒸发消耗，土壤含水量转化为非饱和状态，局部表土开始干化，土壤蒸发一部分仍在地表进行，另一部分发生在土壤内部。此阶段中，随着土壤含水量的减少，供水条件越来越差，故其蒸发率随时间逐渐减小；第三阶段表层土壤干涸，向深层扩展，土壤水分蒸发主要发生在土壤内部。蒸发形成的水汽由分子扩散作用通过表面干涸层逸入大气，其速度极为缓慢、蒸发量小而稳定，直至基本终止。由此可见，土壤蒸发影响土壤含水量的变化，是土壤失水的干化过程，是水文循环的重要环节。

2）植物蒸腾：土壤中水分经植物根系吸收，输送到叶面，散发到大气中去，称为植物蒸腾或植物散发。由于植物本身参与了这个过程，并能利用叶面气孔进行调节，故是一种生物物理过程，比水面蒸发和土壤蒸发更为复杂，它与土壤环境、植物的生理结构以及大气状况有密切的关系。由于植物生长于土壤中，故植物蒸腾与植物覆盖下土壤的蒸发实际上是并存的。因此，研究植物蒸腾往往和土壤蒸发合并进行。

目前陆面蒸发量一般采用水量平衡法估算，对多年平均陆面蒸发来讲，它由流域内年降水量减去年径流量而得，陆面蒸发等值线即以此方法绘制而得；除此，陆面蒸发量还可以利用经验公式来估算。

我国根据蒸发量为 300 mm 的等值线自东北向西南将中国陆地蒸发量分布划分为两个区：

①陆面蒸发量低值区（300 mm 等值线以西）：一般属于干旱半干旱地区，雨量少、温度低，如塔里木盆地、柴达木盆地，其多年平均陆面蒸发量小于 25 mm。

②陆面蒸发量高值区（300 mm 等值线以东）：一般属于湿润与半湿润地区，我国广大的南方湿润地区雨量大，蒸发能力可以充分发挥。海南省东部多年平均陆面蒸发量可达 1000 mm 以上。

说明陆面蒸发量的大小不仅取决于热能条件，还取决于陆面蒸发能力和陆面供水条件。陆面蒸发能力可近似地由实测水面蒸发量综合反映，而陆面供水条件则与降水量大小及其分配是否均匀有关。我国蒸发量的地区分布与降水、径流的地区分布有着密切关系，由东南向西北有明显递减趋势，供水条件是陆面蒸发的主要制约因素。

一般说来，降水量年内分配比较均匀的湿润地区，陆面蒸发量与陆面蒸发能力相差不大，如长江中下游地区，供水条件充分，陆面蒸发量的地区变化和年际变化都不是很大，年陆面蒸发量仅在 550~750 mm 变化，陆面蒸发量主要由热能条件控制。但在干旱地区陆面蒸发量则远小于陆面蒸发能力，其陆面蒸发量的大小主要取决于供水条件。

（3）流域总蒸发

流域总蒸发是流域内所有的水面蒸发、土壤蒸发和植物蒸腾的总和。因为流域内气象条件和下垫面条件复杂，要直接测出流域的总蒸发几乎不可能，实用的方法是先对流域进行综合研究，再用水量平衡法或模型计算方法求出流域的总蒸发。

（二）地下水资源的形成与特点

地下水是指存在于地表以下岩石和土壤的孔隙、裂隙、溶洞中的各种状态的水体，由渗透和凝结作用形成，主要来源为大气水。广义的地下水是指赋存于地面以下岩土孔隙中的水，包括包气带及饱水带中的孔隙水。狭义的地下水则指赋存于饱水带岩土孔隙中的水。地下水资源是指能被人类利用、逐年可以恢复更新的各种状态的地下水。地下水由于水量稳定、水质较好，是工农业生产和人们生活的重要水源。

1. 岩石孔隙中水的存在形式

岩石孔隙中水的存在形式主要为气态水、结合水、重力水、毛细水和固态水。

（1）气态水：以水蒸气状态储存和运动于未饱和的岩石孔隙之中，来源于地表大气中的水汽移入或岩石中其他水分蒸发，气态水可以随空气的流动而运动。空气不运动时，气态水也可以由绝对湿度大的地方向绝对湿度小的地方运动。当岩石孔隙中水汽增多达到饱和时或是当周围温度降低至露点时，气态水开始凝结成液态水而补给地下水。由于气态水的凝结不一定在蒸发地区进行，因此会影响地下水的重新分布。气态水本身不能直接开采利用，也不能被植物吸收。

（2）结合水：松散岩石颗粒表面和坚硬岩石孔隙壁面，因分子引力和静电引力作用产生使水分子被牢固地吸附在岩石颗粒表面，并在颗粒周围形成很薄的第一层水膜，称为吸着水。吸着水被牢牢地吸附在颗粒表面，其吸附力达 1000 atm（标准大气压），不能在重力作用下运动，故又称为强结合水。其特征为：不能流动，但可转化为气态水而移动；

冰点降低至 -78℃以下；不能溶解盐类，无导电性；具有极大的黏滞性和弹性；平均密度为 $2g/m^3$。

吸着水的外层，还有许多水分子亦受到岩石颗粒引力的影响，吸附着第二层水膜，称为薄膜水。薄膜水的水分子距颗粒表面较远，吸引力较弱，故又称为弱结合水。薄膜水的特点是：因引力不等，两个质点的薄膜水可以相互移动，由薄膜厚的地方向薄处转移；薄膜水的密度虽与普通水差不多，但黏滞性仍然较大；有较低的溶解盐的能力。吸着水与薄膜水统称为结合水，都是受颗粒表面的静电引力作用而被吸附在颗粒表面。它们的含水量主要取决于岩石颗粒的表面积大小，与表面积大小成正比。在包气带中，因结合水的分布是不连续的，所以不能传递静水压力；而处在地下水面以下的饱水带时，当外力大于结合水的抗剪强度时，则结合水便能传递静水压力。

（3）重力水：岩石颗粒表面的水分子增厚到一定程度，水分子的重力大于颗粒表面，会产生向下的自由运动，在孔隙中形成重力水。重力水具有液态水的一般特性，能传递静水压力，有冲刷、侵蚀和溶解能力。从井中吸出或从泉中流出的水都是重力水。重力才是研究的主要对象。

（4）毛细水：地下水面以上岩石细小孔隙中具有毛细现象，形成一定上升高度的毛细水带。毛细水不受固体表面静电引力的作用，而受表面张力和重力的作用，称为半自由水。当两力作用达到平衡时，便保持一定高度滞留在毛细管孔隙或小裂隙中，在地下水面以上形成毛细水带。由地下水面支撑的毛细水带，称为支持毛细水。其毛细管水面可以随着地下水位的升降和补给、蒸发作用而发生变化，但其毛细管上升高度保持不变，它只能进行垂直运动，可以传递静水压力。

（5）固态水：以固态形式存在于岩石孔隙中的水称为固态水，在多年冻结区或季节性冻结区可以见到这种水。

2. 地下水形成的条件

（1）岩层中有地下水的储存空间

岩层的空隙性是构成具有储水与给水功能的含水层的先决条件。岩层要构成含水层，首先要有能储存地下水的孔隙、裂隙或溶隙等空间，使外部的水能进入岩层形成含水层。然而，有空隙存在不一定就能构成含水层，如黏土层的孔隙度可达 50% 以上，但其空隙几乎全被结合水或毛细水所占据，重力水很少，所以它是隔水层。透水性好的砾石层、砂石层的空隙度较大，孔隙也大，水在重力作用下可以自由出入，所以往往形成储存重力水的含水层。坚硬的岩石，只有存在未被填充的张性裂隙、张扭性裂隙和溶隙时，才可能构成含水层。

孔隙的多少、大小、形状、连通情况与分布规律，对地下水的分布与运动有着重要影响。按孔隙特性可将其分类为：松散岩石中的孔隙、坚硬岩石中的裂隙和可溶岩石中的溶隙，分别用孔隙度、裂隙度和溶隙度表示空隙的大小，依次定义为岩石孔隙体积与岩石体体积之比、岩石裂隙体积与岩石总体积之比、可溶岩石孔隙体积与可溶岩石总体积之比。

（2）岩层中有储存、聚集地下水的地质条件

含水层的构成还必须具有一定的地质条件，才能使具有空隙的岩层含水，并把地下水储存起来。有利于储存和聚集地下水的地质条件虽有各种形式，但概括起来不外乎是：空隙岩层下有隔水层，使水不能向下渗漏；水平方向有隔水层阻挡，以免水全部流空。只有这样的地质条件才能使运动在岩层空隙中的地下水长期储存下来，并充满岩层空隙而形成含水层。如果岩层只具有空隙而无有利于储存地下水的构造条件，这样的岩层就只能作为过水通道而构成透水层。

（3）有足够的补给来源

当岩层空隙性好，并具有储存、聚集地下水的地质条件时，还必须有充足的补给来源才能使岩层充满重力水而构成含水层。

地下水补给量的变化，能使含水层与透水层之间相互转化。在补给来源不足、消耗量大的枯水季节里，地下水在含水层中可能被疏干，这样含水层就变成了透水层；而在补给充足的丰水季节，岩层的空隙又被地下水充满，重新构成含水层。由此可见，补给来源不仅是形成含水层的一个重要条件，而且是决定水层水量多少和保证程度的一个主要因素。

综上所述，只有当岩层具有地下水自由出入的空间，适当的地质构造条件和充足的补给来源时，才能构成含水层。这三个条件缺一不可，但有利于储水的地质构造条件是主要的。

因为空隙岩层存在于该地质构造中，岩层空隙的发生、发展及分布都脱离不开这样的地质环境，特别是坚硬岩层的空隙，受构造控制更为明显；岩层空隙的储水和补给过程也取决于地质构造条件。

3. 地下水的类型

按埋藏条件，地下水可划分为四个基本类型：土壤水（包气带水）、上层滞水、潜水和承压水。

土壤水是指吸附于土壤颗粒表面和存在于土壤空隙中的水。

上层滞水是指包气带中局部隔水层或弱透水层上积聚的具有自由水面的重力水，是在大气降水或地表水下渗时，受包气带中局部隔水层的阻托滞留聚集而成。上层滞水埋藏的共同特点是：在透水性较好的岩层中央有不透水岩层。上层滞水因完全靠大气降水或地表水体直接入渗补给，水量受季节控制特别显著，一些范围较小的上层滞水旱季往往干枯无水，当隔水层分布较广时可作为小型生活水源和季节性水源。上层滞水的矿化度一般较低，因接近地表，水质易受到污染。

潜水是指饱水带中第一个具有自由表面含水层中的水。潜水的埋藏条件决定了潜水具有以下特征。

（1）具有自由表面。由于潜水的上部没有连续完整的隔水顶板，因此具有自由水面，称为潜水面。有时潜水面上有局部的隔水层，且潜水充满两隔水层之间，在此范围内的潜

水将承受静水压力，呈现局部承压现象。

（2）潜水通过包气带与地表相连通，大气降水、凝结水、地表水通过包气带的空隙通道直接渗入补给潜水，所以在一般情况下，潜水的分布区与补给区是一致的。

（3）潜水在重力作用下，由潜水位较高处向较低处流动，其流速取决于含水层的渗透性能和水力坡度。潜水向排泄处流动时，其水位逐渐下降，形成曲线形表面。

（4）潜水的水量、水位和化学成分随时间的变化而变化，受气候影响大，具有明显的季节性变化特征。

（5）潜水较易受到污染。潜水水质变化较大，在气候湿润、补给量充足及地下水流畅通地区，往往形成矿化度低的淡水；在气候干旱与地形低洼地带或补给量贫乏及地下水径流缓慢地区，往往形成矿化度很高的咸水。

潜水分布范围大，埋藏较浅，易被人工开采。当潜水补给充足，特别是河谷地带和山间盆地中的潜水，水量比较丰富，可作为工业、农业生产和生活用水的良好水源。

承压水是指充满于上下两个稳定隔水层之间的含水层中的重力水。承压水的主要特点是有稳定的隔水顶板存在，没有自由水面，水体承受静水压力，与有压管道中的水流相似。承压水的上部隔水层称为隔水顶板，下部隔水层称为隔水底板；两隔水层之间的含水层称为承压含水层；隔水顶板到底板的垂直距离称为含水层厚度。

承压水由于有稳定的隔水顶板和底板，因而与外界联系较差，与地表的直接联系大部分被隔绝，所以其埋藏区与补给区不一致。承压含水层在出露地表部分可以接受大气降水及地表水补给，上部潜水也可越流补给承压含水层。承压水的排泄方式多种多样，可以通过标高较低的含水层出露区或断裂带排泄到地表水、潜水含水层或另外的承压含水层，也可直接排泄到地表成为上升泉。承压含水层的埋藏深度一般都较潜水大，在水位、水量、水温、水质等方面受水文气象因素、人为因素及季节变化的影响较小，因此富水性较好的承压含水层是理想的供水水源。虽然承压含水层的埋藏深度较大，但其稳定水位都常常接近或高于地表，这为开采利用创造了有利条件。

4. 地下水循环

地下水循环是指地下水的补给、径流和排泄过程，是自然界水循环的重要组成部分，不论是全球的大循环还是陆地的小循环，地下水的补给、径流、排泄都是其中的一部分。大气降水或地表水渗入地下补给地下水，地下水在地下形成径流，又通过潜水蒸发、流入地表水体及泉水涌出等形式排泄。这种补给、径流、排泄无限往复的过程即地下水的循环。

（1）地下水补给

含水层自外界获得水量的过程称为补给。地下水的补给来源主要有大气降水、地表水、凝结水、其他含水层的补给及人工补给等。

1）大气降水入渗补给：当大气降水降落到地表后，一部分蒸发重新回到大气，一部分变为地表径流,剩余一部分达到地面以后,向岩石、土壤的空隙渗入,如果降雨以前土层湿度不大,则入渗的降水首先形成薄膜水。达到最大薄膜水量之后,继续入渗的水则充填颗粒之间的毛细孔隙,形成毛细水。当包气层的毛细孔隙完全被水充满时,形成重力水的连续下渗而不断地补给地下水。

在很多情况下,大气降水是地下水的主要补给方式。大气降水补给地下水的水量受到很多因素的影响,与降水强度、降水形式、植被、包气带岩性、地下水埋深等有关。一般当降水量大、降水过程长、地形平坦、植被茂盛、上部岩层透水性好、地下水埋藏深度不大时大气降水才能大量入渗补给地下水。

2)地表水入渗补给:地表水和大气降水一样,也是地下水的主要补给来源,但时空分布特点不同。在空间分布上,大气降水入渗补给地下水呈面状补给,范围广且较均匀;而地表入渗补给一般为线状补给或呈点状补给,补给范围仅限地表水体周边。在时间分布上,大气降水补给的时间有限,具有随机性,而地表水补给的持续时间一般较长,甚至是经常性的。

地表水对地下水的补给强度主要受岩层透水性的影响,还与地表水水位与地下水水位的高差、洪水延续时间、河水流量、河水含沙量、地表水体与地下水联系范围的大小等因素有关。

3)凝结水入渗补给:凝结水的补给是指大气中过饱和水分凝结成液态水渗入地下补给地下水。沙漠地区和干旱地区昼夜温差大,白天气温较高,空气中含水量一般不足,但夜间温度下降,空气中的水蒸气含量过于饱和,便会凝结于地表,然后入渗补给地下水。在沙漠地区及干旱地区,大气降水和地表水很少,补给地下水的部分微乎其微,因此凝结水的补给就成为这些地区地下水的主要补给来源。

4)含水层之间的补给:两个含水层之间具有联系通道、存在水头差并有水力联系时,水头较高的含水层将水补给水头较低的含水层。其补给途径可以通过含水层之间的"天窗"发生水力联系,也可以通过含水层之间的越流方式补给。

5)人工补给:地下水的人工补给是借助某些工程措施,人为地使地表水自流或用压力将其引入含水层,以增加地下水的渗入量。人工补给地下水具有占地少、造价低、管理易、蒸发少等优点,不仅可以增加地下水资源,还可以改善地下水水质,调节地下水温度,阻拦海水入侵,减小地面沉降。

(2)地下水径流

地下水在岩石空隙中流动的过程称为径流。地下水径流过程是整个地球水循环的一部分。大气降水或地表水通过包气带向下渗漏,补给含水层成为地下水,地下水又在重力作用下,由水位高处向水位低处流动,最后在地形低洼处以泉的形式排出地表或直接排入地表水体,如此反复循环过程就是地下水的径流过程。天然状态(除了某些盆地外)和开采状态下的地下水都是流动的。

影响地下水径流的方向、速度、类型、径流量的主要因素有:含水层的空隙特性、地下水的埋藏条件、补给量、地形状况、地下水的化学成分、人类活动等。

（3）地下水排泄

含水层失去水量的作用过程称为地下的排泄。在排泄过程中，地下水水量、水质及水位都会随之发生变化。

地下水通过泉（点状排泄）、向河流泄流（线状排泄）及蒸发（面状排泄）等形式向外界排泄。此外，一个含水层中的水可向另一个含水层排泄，也可以由人工进行排泄，如用井开发地下水，或用钻孔、渠道排泄地下水等。人工开采是地下水排泄的最主要途径之一。当过量开采地下水，使地下水排泄量远大于补给量时，地下水的均衡就遭到破坏，造成地下水水位长期下降。只有合理开采地下水，即开采量小于或等于地下水总补给量与总排泄量之差时，才能保证地下水的动态平衡，使地下水一直处于良性循环状态。

在地下水的排泄方式中，蒸发排泄仅耗失水量，盐分仍留在地下水中。其他类型的排泄属于径流排泄，盐分随水分同时排走。

地下水的循环可以促使地下水与地表水的相互转化。天然状态下的河流在枯水期的水位低于地下水位，河道成为地下水排泄通道，地下水转化成地表水；在洪水期的水位高于地下水位，河道中的地表水渗入地下补给地下水。平原区浅层地下水通过蒸发并入大气，再降水形成地表水，并渗入地下形成地下水。在人类活动影响下，这种转化往往会更加频繁和深入。从多年平均来看，地下水循环具有较强调节能力，存在着一排一补的周期变化。只要不超量开采地下水，在枯水年可以允许地下水有较大幅度的下降，待到丰水年地下水可得到补充，恢复到原来的平衡状态。这体现了地下水资源的可恢复性。

三、水循环的概念

水循环是指各种水体受太阳能的作用，不断地进行相互转换和周期性的循环过程。水循环一般包括降水、径流、蒸发三个阶段。降水包括雨、雪、雾、雹等形式；径流是指沿地面和地下流动着的水流，包括地面径流和地下径流；蒸发包括水面蒸发、植物蒸腾、土壤蒸发等。

自然界水循环的发生和形成应具有三个方面的主要作用因素：一是水的相变特性和气液相的流动性决定了水分空间循环的可能性；二是地球引力和太阳辐射热对水的重力和热力效应是水循环发生的原动力；三是大气流动方式、方向和强度，如水汽流的传输、降水的分布及其特征、地表水流的下渗及地表和地下水径流的特征等。这些因素的综合作用，形成了自然界错综复杂、气象万千的水文现象和水循环过程。

在各种自然因素的作用下，自然界的水循环主要通过以下几种方式进行：

1. 蒸发作用

在太阳热力的作用下，各种自然水体及土壤和生物体中的水分汽化进入大气层中的过程统称为蒸发作用，它是海陆循环和陆地淡水形成的主要途径。海洋水的蒸发作用为陆地降水的源泉。

2. 水汽流动

太阳热力作用的变化将产生大区域的空气动风，风的作用和大气层中水汽压力的差异，是水汽流动的两个主要动力。湿润的海风将海水蒸发形成的水分源源不断地运往大陆，是自然水分大循环的关键环节。

3. 凝结与降水过程

大气中的水汽在水分增加或温度降低时将逐步达到饱和，之后便以大气中的各种颗粒物质或尘粒为凝结核而产生凝结作用，以雹、雾、霜、雪、雨、露等各种形式的水团降落地表而形成降水。

4. 地表径流、水的下渗及地下径流

降水过程中，除了降水的蒸散作用外，降水的一部分渗入岩土层中形成各种类型的地下水，参与地下径流过程，另一部分来不及入渗，从而形成地表径流。陆地径流在重力作用下不断向低处汇流，最终复归大海完成水的一个大循环过程。在自然界复杂多变的气候、地形、水文、地质、生物及人类活动等因素的综合影响下，水分的循环与转化过程是极其复杂的。

四、地球上的水循环

地球上的水储量只是在某一瞬间储存在地球上不同空间位置上水的体积，以此来衡量不同类型水体之间量的多少。在自然界中，水体并非静止不动，而是处在不断的运动过程中，不断地循环、交替与更新。因此，在衡量地球上水储量时，要注意其时空性和变动性。地球上水的循环体现为在太阳辐射能的作用下，从海洋及陆地的江、河、湖和土壤表面及植物叶面蒸发成水蒸气上升到空中，并随大气运行至各处，在水蒸气上升和运移过程中遇冷凝结而以降水的形式又回到陆地或水体。降到地面的水，除被植物吸收和蒸发外，一部分渗入地表以下成为地下径流，另一部分沿地表流动成为地面径流，并通过江河流回大海。然后又继续蒸发、运移、凝结形成降水。这种水的蒸发→降水→径流的过程周而复始、不停地进行着。通常把自然界的这种运动称为自然界的水文循环。

自然界的水文循环，根据其循环途径分为大循环和小循环。

大循环是指水在大气圈、水圈、岩石圈之间的循环过程。具体表现为：海洋中的水蒸发到大气中以后，一部分飘移到大陆上空形成积云，然后以降水的形式降落到地面。降落到地面的水，其中一部分形成地表径流，通过江河汇入海洋；另一部分则渗入地下形成地下水，又以地下径流或泉流的形式慢慢地注入江河或海洋。

小循环是指陆地或者海洋本身的水单独进行循环的过程。陆地上的水，通过蒸发作用（包括江、河、湖、水库等水面蒸发、潜水蒸发、陆面蒸发及植物蒸腾等）上升到大气中形成积云，然后以降水的形式降落到陆地表面形成径流。海洋本身的水循环主要是海水通

过蒸发形成水蒸气而上升，然后再以降水的方式降落到海洋中。

　　水循环是地球上最主要的物质循环之一。通过形态的变化，水在地球上起到输送热量和调节气候的作用，对于地球环境的形成、演化和人类生存都有着重大的作用和影响。水的不断循环和更新为淡水资源的不断再生提供条件，为人类和生物的生存提供基本的物质基础。根据联合国 1978 年的统计资料，参与全球动态平衡的循环水量为 $0.0577 \times 10^3 km^3$，仅占全球水储量的 0.049%。参与全球水循环的水量中，地球海洋部分的比例大于地球陆地部分，且海洋部分的蒸发量大于降雨量。

　　参与循环的水，无论从地球表面到大气、从海洋到陆地或从陆地到海洋，都在经常不断地更替和净化自身。地球上各类水体由于其储存条件的差异，更替周期具有很大的差别。

　　所谓更替周期是指在补给停止的条件下，各类水从水体中排干所需要的时间。

　　冰川、深层地下水和海洋水的更替周期很长，一般都在千年以上。河水更替周期较短，平均为 16 d 左右。在各种水体中，以大水、河川水和土壤水最为活跃。因此在开发利用水资源过程中，应该充分考虑不同水体的更替周期和活跃程度，合理开发，以防止由于更替周期长或补给不及时，造成水资源的枯竭。

　　自然界的水文循环除受到太阳辐射能作用，从大循环或小循环方式不停运动之外，由于人类生产与生活活动的作用与影响不同程度地发生"人为水循环"，可以发现，自然界的水循环在叠加人为循环后，是十分复杂的循环过程。

　　自然界水循环的径流部分除主要参与自然界的循环外，还参与人为水循环。水资源的人为循环过程中不能复原水与回归水之间的比例关系，以及回归水的水质状况局部改变了自然界水循环的途径与强度，使其径流条件局部发生重大或根本性改变，主要表现在对径流量和径流水质的改变。回归水（包括工业生产与生活污水处理排放、农田灌溉回归）的质量状况直接或间接对水循环水质产生影响，如区域河流与地下水污染。人为循环对水量的影响尤为突出，河流、湖泊来水量大幅度减少，甚至干涸，地下水水位大面积下降，径流条件发生重大改变。不可复原水量所占比例越大，对自然水文循环的扰动越剧烈，天然径流量的降低将十分显著，引起一系列的环境与生态灾害。

五、我国水循环途径

　　我国地处西伯利亚干冷气团和太平洋暖湿气团进退交锋地区，一年内水汽输送和降水量的变化主要取决于太平洋暖湿气团进退的早晚和西伯利亚干冷气团强弱的变化，以及 7~8 月间太平洋西部的台风情况。

　　我国的水汽主要来自东南海洋，并向西北方向移运，首先在东南沿海地区形成较多的降水，越向西北，水汽量越少。来自西南方向的水汽输入也是我国水汽的重要来源，主要是由于印度洋的大量水汽随着西南季风进入我国西南，因而引起降水，但由于崇山峻岭阻隔，水汽不能深入内陆腹地。西北边疆地区，水汽来源于西风环流带来的大西洋水汽。此外，北冰洋的水汽，借强盛的北风，经西伯利亚、蒙古进入我国西北，因风力较大而稳定，有时甚至可直接通过两湖盆地而达珠江三角洲，但所含水汽量少，引起的降水量并不多。我国东北方的鄂霍次克海的水汽随东北风来到东北地区，对该地区降水起着相当大的作用。

综上所述，我国水汽主要从东南和西南方向输入，水汽输出口主要是东部沿海，输入的水汽，在一定条件下凝结、降水成为径流。其中大部分经东北的黑龙江、图们江、绥芬河、鸭绿江、辽河、华北的滦河、海河、黄河，中部的长江、淮河，东南沿海的钱塘江、闽江，华南的珠江，西南的元江、澜沧江以及中国台湾省各河注入太平洋；少部分经怒江、雅鲁藏布江等流入印度洋；还有很少一部分经额尔齐斯河注入北冰洋。

一个地区的河流，其径流量的大小及其变化取决于所在的地理位置，及水循环线中外来水汽输送量的大小和季节变化，也受当地水汽蒸发多少的控制。因此，要认识一条河流的径流情势，不仅要研究本地区的气候及自然地理条件，也要研究它在大区域内水分循环途径中所处的地位。

第二节　全球面临水资源危机

水资源短缺是当今世界面临的重大课题。为此，联合国人类环境和世界水会议已发出警告：人类在石油危机之后，下一个危机就是水。因此，保护和更合理有效地利用水资源，是世界各国政府面临的一项紧迫任务。从环境角度来说，最完善的措施是拦水和调水，改变水资源的时空分布，充分利用水资源。同时应注重节约用水，提高水资源利用率：工业方面提倡节水产业、控制污染物的排放，加强废水处理；农业方面应采用先进的灌溉方式（喷灌、滴灌）等。水是生命的基础，它不仅关系到人类生活的质量，还影响到人类的生存能力。我们必须增强水的危机意识，珍惜水、节约水、保护水资源。

随着人口的增长和经济的发展，人类对水的需求的增长也越来越快，许多国家陷入缺水困境，经济发展也受到制约。然而，水资源开发的多部门性使得各部门在水资源开发与管理方面政出多门，阻碍了水资源的综合利用，使水资源供需矛盾加剧。

此外，人们并未普遍认识到人类活动对水资源破坏的严重程度。为推动对水资源进行综合性统筹规划和管理，加强对水资源的保护，解决日益严重的水问题，不仅要有技术上的措施，而且必须要注重社会宣传教育。除了在政策、法律和管理体制方面加强对水资源管理，还要大力开展宣传教育以提高公众的节水意识。

一、南美洲拥有全球 1/4 水资源

南美洲拥有全球 1/4 的水资源，而南美大陆的人口仅占世界人口的 1/6。但南美森林

面积一直在缩小，水资源因此受到严重威胁，加上南美经济的发展也增加了用水量，所以，在保护水资源方面，南美绝对没到高枕无忧的地步。

二、欧洲1亿人缺乏安全饮用水

联合国欧洲经济委员会发表公报说，欧洲仍有1亿多人缺乏安全饮用水。欧洲及全球其他地区必须对水问题予以高度重视。

三、非洲1/3人口缺乏饮用水

由于受到全球气候变暖的影响，非洲的河流面临着极大的威胁，这将导致1/4的非洲大陆会在21世纪末处于严重的缺水状态。该报告发现，非洲大陆的河道对降水量的变化高度敏感。在非洲西部，即使是少量的降水量下降都将致使河流减少80%的流量，这一切会导致被科学家们称作的"水难民"情况发生。

四、大洋洲提出响亮口号"环境是合法用水户"

即便在地广人稀的澳大利亚，水也是一种稀缺的资源。澳大利亚2002年经历了百年一遇的干旱，此后旱情有所缓解，但从2006年开始，干旱再次光顾。受旱灾影响最严重的是墨累-达令盆地。有顶尖研究人员对澳大利亚气候变化的分析表明，降水减少很可能与全球变暖有关。为确保生态环境的可持续发展，澳大利亚政府采取措施，建立水分配与水权综合管理体系，并明确提出一句响亮的口号："环境是合法用水户"。

五、亚洲恒河被列入污染最严重的河流之列

水污染、洪灾和旱灾已成为南亚面临的三大与水有关的灾害。印度的生活用水质量在全球被评估的122个国家中排名倒数第三，每天有200多万吨工业废水直接排入恒河。当地居民饮用和在烹饪时使用受污染的地下水已经导致了许多健康问题。水污染严重影响百姓的健康。流经印度北方的主要河流——恒河已被列入世界污染最严重的河流之列。

第三节 我国面临水资源危机

近年来，城市人口激增、工业发展加速促使我国水资源需求不断增加。同时，我国水资源管理效率不高、利用率偏低且污染严重。我国正面临越来越严重的水资源危机压力。

一、水资源供需矛盾非常突出

按目前的正常需要和不超采地下水，全国正常年份缺水量近 400 亿立方米。预计到 2030 年前后我国人口将达到 16 亿，用水总量达到 8000 亿立方米左右，接近全国可能利用水资源量的极限。我国实际可能利用的水资源量年均为 8000 亿 ~9500 亿立方米。如果不采取有力措施，我国相当一部分地区有可能在未来出现严重的水资源危机。

二、水污染现象严重

改革开放带来了前所未有的经济腾飞，但同时水质恶化的趋势也尤为严重。根据 2010 年对全国 17.2 万千米河流水质的评价结果，水质符合和优于 II 类水的河长占总评价河长的 62.1%。在部分流域和地区，水污染已呈现从支流向干流延伸，从城市向农村蔓延，从地表向地下渗透，从陆域向海域发展的趋势。水污染不仅加剧了水资源短缺，而且直接威胁饮用水安全和人民健康，影响到工农业生产和农作物安全。

三、旱涝灾害频发

水旱灾害方面，2010 年，全国有 30 个省（自治区、直辖市）和新疆生产建设兵团发生了不同程度的洪涝灾害，属重灾年份。全国农作物受灾面积为 17.866 万公顷，成灾面积为 8.727 万公顷，受灾人口为 2.1 亿，因灾死亡 3222 人、失踪 1003 人，倒塌房屋 227 万间，县级以上城市受淹 258 个，直接经济总损失为 3745 亿元，其中水利设施直接经济损失为 691.68 亿元。江西、福建、四川、湖南、湖北、吉林、辽宁、陕西、甘肃等省受灾较重。全国山洪灾害频发，西南地区尤为突出。

四、跨界水资源纠纷逐步显现

我国国际河流众多，总共有 42 条，主要分布在东北、西南、西北三个方向。东北水域国境线长达 5000 千米以上，主要国际河流是黑龙江、鸭绿江、图们江、绥芬河；西北主要国际河流有额尔齐斯河（鄂毕河）、伊犁河、塔里木河；西南主要国际河流是伊洛瓦底江、怒江（萨尔温江）、澜沧江（湄公河）、珠江、雅鲁藏布江（布拉马普特拉河）、巴吉拉提河（恒河）、森格藏布（印度河）、元江（红河）。它们均处于陆地边陲，与俄罗斯、蒙古、朝鲜、哈萨克斯坦、越南、老挝、缅甸、不丹、印度等十多个国家相邻。这些国际河流的公平合理利用和协调管理，直接影响中国近 1/3 国土的可持续发展，也影响中国与 15 个毗邻国关系的稳定与睦邻友好，以及 30 个跨境民族、2.2 万多千米陆地边界的维护与管理，其综合影响几乎涉及亚洲大陆的所有国家和世界近 1/2 的人口。

五、虚拟水损耗严重

虚拟水是指生产商品和服务所需要的水资源数量。例如，生产 1 千克粮食需要用 1000 升水来灌溉，生产 1 千克牛肉需要消耗 1.3 万升水，生产 2 克的 32 兆计算机芯片需要消耗 32 升水。由于虚拟水贸易克服了进口真实水费用高昂、缺乏生态安全等缺点，可以实现水资源的二次调配。因此，虚拟水贸易被认为是贫水国家和地区通过进口丰水国家和地区的水密集型产品来保证其水资源安全的一种有效贸易战略。自从伦敦大学亚非研究院 Tony Allan 教授提出虚拟水概念以来，虚拟水贸易战略正越来越多地受到各国政府和学术界的重视。我国学者朱启荣等对 2002—2007 年进出口贸易虚拟水含量进行了研究。数据表明，2002 年我国出口贸易额为 26947.9 亿元，2007 年增长到 81301.2 亿元，是原来的 3.01 倍，而 2002 年我国出口贸易向国外输出虚拟水量为 575.7646 亿立方米，2007 年上升到 1799.4 亿立方米，是原来的 3.13 倍；同期，我国进口贸易额从 24430.3 亿元，增长到 63799.7 亿元，是原来的 2.61 倍，而进口贸易从国外输入的虚拟水量从 2002 年的 474.2 亿立方米，上升到 2007 年的 1185.8 亿立方米，是原来的 2.5 倍。数据还显示，我国向国外净出口的虚拟水量贸易顺差扩大呈现迅速增长趋势，从 2002 年的 101.6 亿立方米增长到 2007 年的 613.6 亿立方米。这说明，进出口贸易增长过程中我国虚拟水损失严重。

六、水灾害及其防护

（一）水灾害属性

灾害是一种自然与社会综合体，是自然系统与人类物质文化系统相互作用的产物，具有自然和社会的双重属性。

1. 自然属性

地球表层由各种固体、液体和气体组成，形成了岩石圈（土壤圈）、水圈、气圈和生物圈，在地球和天体的作用和影响下，时时刻刻都在不停地运动变化，发生物理、化学、生物变化，并且相互作用和影响。大部分灾害都在这些圈层的物理、化学、生物作用下形成的。水灾害是以气圈、水圈、土壤圈为主发生的灾害，如洪灾、涝灾、旱灾、泥石流等。

水灾害产生的自然因素及其作用机制很复杂，不同的灾害有不同的因素，是多种因素综合作用的产物。

水灾害是相对人类而言的，在人类生存的地区，均有可能发生水灾害，这就是灾害的普遍性。

致灾原因：自然因素占主导地位，从宇宙系统看，太阳、月亮、地球的活动与水灾害都有关，与地球相关的因素包括地形、地势、地质、地理位置、大气运动、植被分布等。

西北太平洋是全球热带气旋发生次数最多的海域，我国不仅地处西北太平洋的西北方，而且地势向海洋倾斜，没有屏障，成为世界上台风袭击次数最多的国家之一。

我国国土辽阔，降水量时空分布极不均匀，在一个地区形成洪涝灾害的同时，另一个地区可能受旱灾的影响。

2. 社会属性

人类是生物圈中的主宰，不仅要靠自身，而且还利用整个自然界壮大自身的能量，改变自然界，创造人为世界，人类可以改变自然界的面貌，却无法改变自然界的运行规律。如果人类改造和干预自然界的行为存在盲目性，违反了自然规律，激发了自然界内部的矛盾和自然界同人类的矛盾，将会对人类自身产生危害。

盲目砍伐森林、不合理的筑坝拦水、跨流域调水、引水灌溉、开采地下水等都可能造成负面影响，如造成水土流失、生态环境恶化、河道淤积、地面沉降、海水入侵、河口生态环境恶化。

把国民经济增长、城市发展、人口控制与水土资源的利用协调起来，制定有利于区域水土资源可持续发展的最佳开发模式，无疑是防治水灾害的一项紧迫的任务。

（二）水灾害类型及其成因

1. 水灾害类型

水灾害危害最大、范围最广、持续时间较长。根据不同成因水灾害可以分为洪水、涝渍、风暴潮、灾害性海浪、泥石流、干旱、水生态环境灾害。

（1）洪水

洪水是指暴雨、冰雪急剧融化等自然因素或水库垮坝等人为因素引起的江河湖库水量迅速增加或水位急剧上涨，对人民生命财产造成危害的现象。山洪也是洪水的一类，特指发生在山区溪沟中的快速、强大的地表径流现象，特点是流速快、历时短、暴涨暴落、冲刷力与破坏力强，往往携带大量泥沙。

（2）涝

涝是指过多雨水受地形、地貌、土壤阻滞，造成大量积水和径流，淹没低洼地造成的水灾害。城市内涝是指由于强降水或连续性降水超过城市排水能力致使城市内产生积水灾害的现象。造成内涝的客观原因是降雨强度大，范围集中。降雨特别疾的地方可能形成积水，降雨强度比较大、时间比较长也有可能形成积水。

（3）渍

渍是指因地下水水位过高或连续阴雨致使土壤过湿而危害作物生长的灾害。涝渍是我国东部、南部湿润地带最常见的水灾害。涝渍分类：按涝渍灾害发生的季节可以分为春涝、夏涝、秋涝和连季涝；按地形地貌可划分为平原坡地涝、平原洼地涝、水网圩区涝、山区谷地涝、沼泽地涝、城市化地区涝；按我国的实际情况划分为涝渍型、潜渍型、盐渍型、水渍型4种渍害类型。

（4）风暴潮

风暴潮是由台,风和温带气旋在近海岸造成的严重海洋灾害。巨浪是指海上波浪高达6m以上引起灾害的海浪。对海洋工程、海岸工程、航海、渔业等造成危害。

（5）泥石流

泥石流是山区特有的一种自然地质现象。它是由于降水（暴雨、冰雪融化水）产生在沟谷或山坡上的一种携带大量泥沙、石块、巨砾等固体物质的特殊洪流，是高浓度的固体和液体的混合颗粒流。泥石流经常瞬间爆发，突发性强、来势凶猛、具有强大的能量、破坏性极大，是山区最严重的自然灾害。

按物质成分分类：由大量黏性土和粒径不等的砂粒、石块组成的叫泥石流；以黏性土为主，含少量砂粒、石块，黏度大，星稠泥状的叫泥流；由水和大小不等的砂粒、石块组成的称为水石流。泥石流按流域形态分类：标准型泥石流，为典型的泥石流，流域呈扇形，面积较大，能明显地划分出形成区、流通区和堆积区；河谷型泥石流，流域呈狭长条形，其形成区多为河流上游的沟谷，固体物质来源较分散，沟谷中有时常年有水，故水源较丰富，流通区与堆积区往往不能明显分出；山坡型泥石流，流域呈斗状，其面积一般小于1000m²，无明显流通区，形成区与堆积区直接相连。

泥石流按物质状态分成黏性泥石流和性泥石流。黏性泥石流是含大量黏性土的泥石流或泥流，其特征是黏性大，固体物质占40%~60%，最高达80%，其中的水不是搬运介质，而是组成物质，稠度大，石块呈悬浮状态，爆发突然，持续时间亦短，破坏力大。稀性泥石流以水为主要成分,黏性土含量少,固体物质占10%~40%,有很大分散性,水为搬运介质，石块以滚动或跃移方式前进，具有强烈的下切作用。

（6）干旱

大气运动异常造成长时期、大范围无水或降水偏少的自然现象。造成天气干旱、土壤缺水、江河断流、禾苗干枯、供水短缺等。干旱可以分为：气象干旱、水文干旱、农业干旱、社会经济干旱。

气象干旱是指由降水与蒸散发收支不平衡造成的异常水分短缺现象。由于降水是主要的收入项，且降水资料最易获得，因此，气象干旱通常主要以降水的短缺程度作为指标的标准。

水文干旱是指由降水与地表水、地下水收支不平衡造成的异常水分短缺现象。因此，水文干旱主要指的是由地表径流和地下水位造成的异常水分短缺现象。

农业干旱是指由外界环境因素造成作物体内水分失去平衡，发生水分亏缺，影响作物正常生长发育，进而导致减产或失收的一种农业气象灾害。

作物缺水的原因很多，按成因不同可将农业干旱分为土壤干旱、生理干旱、大气干旱、社会经济干旱。土壤干旱是指土壤中缺乏植物可吸收利用的水分，根系吸水不能满足植物正常蒸腾和生长发育的需要，严重时，土壤含水量降低至凋萎系数以下，造成植物永久凋萎而死亡；生理干旱是由于植物生理原因造成植物不能吸收土壤中水分而出现的干旱；大气干旱是指当气温高、相对湿度小、有时伴有干热风时，植物蒸腾急剧增加，吸水速度大大低于耗水速度，造成蒸腾失水和根系吸水的极不平衡而呈现植物萎蔫，严重影响植物的生长发育。社会经济干旱应当是水分总供给量少于总需求量的现象，应从自然界与人类社会系统的水分循环原理出发，用水分供需平衡模式来进行评价。

（7）水生态环境

水生态环境主要是指影响人类社会生存发展并以水为核心的各种天然的和经过人工改造的自然因素所形成的有机统一体。当水生态环境体系受到破坏时，水生态和水资源的社会、经济功能就会受到影响，从而造成灾害。

2. 水灾害成因

洪水现象是自然系统活动的结果，洪水灾害则是自然系统和社会经济系统共同作用形成的，是自然界的洪水作用于人类社会的产物，是自然与人之间关系的表现。产生洪水的自然因素是形成洪水灾害的主要根源，但洪水灾害不断加重却是社会经济发展的结果。因此应从自然因素和社会经济因素两个方面对我国洪水灾害的成因加以分析。

（1）影响洪灾的自然因素

我国各地洪水情况千差万别，比如有些地区洪水发生频繁、有些地区洪水很少，有些季节洪水严重、有些季节不发生洪水。主要从气候和地貌两个方面分析我国洪水形成的自然地理背景。

1）气候

我国气候的基本格局：东部广大地区属于季风气候；西北部深居内陆，属于干旱气候；青藏高原则属高寒气候。

影响洪水形成及洪水特性的气候要素中，最重要、最直接的是降水；对于冰凌洪水、融雪洪水、冰川洪水及冻土区洪水来说，气温也是重要因素。其他气候要素，如蒸发、风等也有一定影响。降水和气温情况，都深受季风的进退活动的影响。

①季风气候的特点。我国处于中纬度和大陆东岸，受到青藏高原的影响，季风气候异常发达。季风气候的特征主要表现为冬夏盛行风向有显著变化，随着季风的进退，降雨有明显季节变化。在我国冬季盛行来自大陆的偏北气流，气候干冷，降水很少，形成旱季；夏季与冬季相反，盛行来自海洋的偏南气流，气候湿润多雨，形成雨季。

随着季风进退，雨带出现和雨量的大小有明显季节变化。受季风控制的我国广大地区，当夏季风前缘到达某地时，这里的雨季也就开始，往往形成大的雨带，当夏季风南退，这一地区雨季也随之结束。

我国夏季风主要有东南季风和西南季风两类。大致以东经105°~110°为界，其以东主要受东南季风影响，以西主要受西南季风影响。

随着季风的进退，盛行的气团在不同季节中产生了各种天气现象，其中与洪水关系最密切的是梅雨和台风。

梅雨是指长江中下游地区和淮河流域每年6月上中旬至7月上中旬的大范围降水天气。一般是间有暴雨的连续性降水,形成持久的阴雨天气。梅雨开始与结束的早晚,降水多少,直接影响当年洪水的大小。某年,江淮流域在6—7月间基本没有出现雨季,或者雨期过短,成为"空梅",将造成严重干旱。

台风是热带气旋的一个类别。在气象学上,按世界气象组织定义,热带气旋中心持续风速达到12级称为飓风。飓风的名称使用在北大西洋及东太平洋;而北太平洋西部称为台风。每年6—10月,由我国东南低纬度海洋形成的热带气旋北移,携带大量水汽途径太湖地区,造成台风型暴雨。

②降水。降水是影响洪水的重要气候要素,尤其是暴雨和连续性降水。我国是一个暴雨洪水问题严重的国家。暴雨对于灾害性洪水的形成具有特殊重要的意义。

a.年降水量地区分布。形成大气降水的水汽主要来自海洋水面蒸发。我国境内降水的水汽主要来自印度洋和太平洋,夏季风(东南季风和西南季风)的强弱对我国降水量的地区分布和季节变化有着重要影响。

我国多年降水量地区分布的总趋势是从东南沿海向西北内陆递减。400 mm 等雨量线由大兴安岭西侧向西南延伸至我国和尼泊尔的边境。以此线为界,东部明显受季风影响降水量多,属于湿润地区;西部不受或受季风影响较小,降水稀少,属于干旱地区。在东部降水量又有随纬度的增高而递减的趋势。如东北和华北平原年降水量在 600 mm 左右,长江中下游干流以南年降水量在 1000 mm 以上。

我国是一个多山的国家,各地降水量多少受地形的影响也很显著,这主要是因为山地对气流的抬升和阻碍作用,使山地降水多于邻近平原、盆地,山岭多于谷底,迎风坡降水多于背风坡。如青藏高原的屏障作用尤为明显,它阻挡了西南季风从印度洋带来的湿润气流,造成高原北侧地区干旱少雨的气候。

b.降水的年内分配。各地降水年内各季节分配不均,绝大部分地区降水主要集中在夏季风盛行的雨季。各地雨季长短,因夏季风活动持续时间长短而异。

我国降水年内分配高度集中,是防洪任务紧张的一个重要原因。降水强度对洪水的形成和特性具有重要意义。我国各地大的降水一般发生在雨季,往往一个月的降水量可占全年降水量的1/2,甚至超过一半,而一个月的降水量又往往由几次或一次大的降水过程所决定。西北、华北等地这种情况尤为显著。东南沿海一带,最大强度的降水一般与台风影响有关。江淮梅雨期间,也常常出现暴雨和大暴雨。

③气温。气温对洪水的最明显的影响主要表现在融雪洪水、冰凌洪水和冰川洪水的形成、分布和特性方面。另外,气温对蒸发影响很大,间接影响着暴雨洪水的产流量。我国气温分布总的特点是:在东半部,自南向北气温逐渐降低;在西半部,地形影响超过了纬度影响,地势愈高气温愈低。气温的季节变化则深受季风进退活动的影响。

一般说,1月我国各地气温下降到最低值,可以代表我国冬季气温。1月平均0℃。等温线大致东起淮河下游,经秦岭沿四川盆地西缘向南至金沙江,折向西至西藏东南隅。

此线以北以西气温基本在0℃以下。

1月份以后气温开始逐渐上升，4月平均气温除大兴安岭、阿尔泰山、天山和青藏高原部分地区外，由南到北都已先后上升到0℃以上，融冰、融雪相继发生。

2）地貌

我国地貌十分复杂，地势多起伏，高原和山地面积比重很大，平原辽阔，对我国的气候特点、河流发育和江河洪水形成过程有着深刻的影响。我国的地势总轮廓是西高东低、东西相差悬殊。高山、高原和大型内陆盆地主要位于西部，丘陵、平原以及较低的山地多见于东部。因而向东流入太平洋的河流多，流路长且流量大。

自西向东逐层下降的趋势，表现为地形上的三个台阶，称作"三个阶梯"。最高一级是青藏高原；青藏高原的边缘至大兴安岭、太行山、巫山和雪峰山之间，为第二阶梯，主要是由内蒙古高原、黄土高原、云贵高原、四川盆地和以北的塔里木盆地、准噶尔盆地等广阔的大高原和大盆地组成；最低的第三阶梯是我国东部宽广的平原和丘陵地区，由东北平原、华北平原、长江中下游平原、山东低山丘陵等组成，是我国洪水泛滥危害最大的地区。三个地形阶梯之间的隆起地带，是我国外流河的三个主要发源地带和著名的暴雨中心地带。

我国是一个多山的国家，山地面积约占全国面积的33%，高原26%，丘陵10%，山间盆地19%，平原12%，平原是全国防洪的重点所在。除了上述宏观的地貌格局，影响我国洪水地区分布和形成过程的重要地貌特点还有黄土、岩溶、沙漠和冰川等。

黄土多而集中的地带，土层疏松、透水性强、抗蚀力差、植被缺乏、水流侵蚀严重、水土流失突出、洪水含沙量很高，甚至有些支流及沟道往往出现浓度很高的泥流，这是我国部分河流洪水的特点之一。

冰川是由积雪变质成冰并能缓慢运动的冰体。我国是世界上中纬度山岳冰川最发达的国家之一。冰川径流是我国西部干旱地区的一种宝贵水资源，但有时也会形成洪水灾害。

（2）影响洪灾的社会经济因素

洪水灾害的形成，自然条件是一个很重要的因素，但形成严重灾害则与社会经济条件密切相关。由于人口的急剧增长，水土资源过度的不合理开发，人类经济活动与洪水争夺空间的矛盾进一步突出，而管理工作相对薄弱，引起了许多新的问题，加剧了洪水灾害。

1）水土流失加剧，江河湖库淤积严重

森林植被具有截留降水、涵养水源、保持水土等功能。盲目砍伐森林，一方面导致暴雨之后不能蓄水于山上，使洪水峰高量大，增加了水灾的频率；另一方面增加了水土流失，使水库淤积，库容减少，也使下游河道淤积抬升，降低了调洪和排洪的能力。

据统计，1957年我国长江流域森林覆盖率为22%，水土流失面积为36.38万km²，占流域面积的20.2%，到1986年森林覆盖率减少了一半多，水土流失面积增加一倍。

2）围垦江湖滩地，湖泊天然蓄洪作用衰减

我国东部平原人口密集，人多地少矛盾突出，河湖滩地的围垦在所难免，虽然江湖滩地的围垦增加了耕地面积，但是任意扩大围垦使湖泊面积和数量急剧减少，降低了湖泊的天然调蓄作用。

3）人为设障阻碍河道行洪

随着人口增长和城乡经济发展，沿河城市、集镇、工矿企业不断增加和扩大，滥占行洪滩地，在行洪河道中修建码头、桥梁等各种阻水建筑物，一些工矿企业任意在河道内排灰排渣，严重阻碍河道正常行洪。目前，与河争地、人为设障等现象仍在继续。

4）城市集镇发展带来的问题

城市范围不断扩大，不透水地面持续增加，降雨后地表径流汇流速度加快，径流系数增大，峰现时间提前，洪峰流量成倍增长。与此同时，城市的"热岛效应"使城区的暴雨频率与强度提高，加大了洪水成灾的可能。此外，城市集镇的发展使洪水环境发生变化。城镇周边原有的湖泊、洼地、池塘、河不断被填平，对洪水的调蓄功能随之消失；城市集镇的发展，不断侵占泄洪河道、滩地，给河道设置层层卡口，行洪能力大为减弱，加剧了城市洪水灾害。城市人口密集、经济发达，洪水灾害的损失十分显著。

3. 山洪的成因

山洪按其成因可以分为暴雨山洪、冰雪山洪、溃水山洪。

（1）暴雨山洪：在强烈暴雨作用下，雨水迅速由坡面向沟谷汇集，形成强大的暴雨山洪冲出山谷。

（2）冰雪山洪：由于迅速融雪或冰川迅速融化而成的雪水直接向下游倾斜形成的山洪。

（3）溃水山洪：拦洪、蓄水设施或天然坝体突然溃决，所蓄水体破坝而出形成的山洪。

以上山洪的成因可能单独作用，也可能几种成因联合作用。在这三类山洪中，以暴雨山洪在我国分布最广、爆发频率最高、危害也最严重。这里主要阐述分析暴雨山洪。

（三）山洪的形成条件

山洪是一种地表径流水文现象，它同水文学相邻的地质学、地貌学、气象学、土壤学及植物学等均有密切的关系。但是山洪形成中最主要和最活跃的因素是水文因素。

山洪的形成条件可以分为自然因素和人为因素。

1. 自然因素

（1）水源条件。山洪的形成必须有快速、强烈的水源供给。暴雨山洪的水源是由暴雨降水直接供给的。

暴雨是指降雨急骤而且量大的降雨。定义"暴雨"时，不仅要考虑降水强度，还要考虑降水历时，一般以 24h 雨量来定。我国暴雨天气系统不同，暴雨强度的地理分布不均，暴雨出现的气候特征以及各地抗御暴雨山洪的自然条件不同，因此，暴雨的定义亦因地区不同而有所不同。

（2）下垫面条件

1）地形。我国地形复杂，山区广大，山地占33%，高原26%，丘陵10%。在广大的山区，每年均有不同程度的山洪发生。

陡峭的山坡坡度和沟道纵坡为山洪的发生提供了充分的流动条件。地形的起伏，对降雨的影响也极大，如降雨多发生在迎风坡；地形有抬升气流、加快气流上升速度的作用，因而山区的暴雨大于平原，也为山洪提供了更加充分的水源。

2）地质。影响主要表现在两个方面：一是为山洪提供固体物质，二是影响流域的产流与汇流。

山洪多发生在地质构造复杂，滑坡、崩塌、错落发育地区。这些不良的地质现象为山洪提供了丰富的固体物质来源。此外，物理、化学、生物作用形成的松散碎屑物以及雨滴对表层土壤的侵蚀及地表水流对坡面和沟道的侵蚀，也极大地增加了山洪中的固体物质含量。

岩石的透水性影响了流域的产流与汇流速度。透水性好，渗透好，地表径流小，对山洪的洪峰流量起消减作用；透水性差，速度快，有利于山洪形成。

地质变化过程决定了流域的地形，构成域的岩石性质，滑坡、崩塌等现象，为山洪提供物质来源，对于山洪破坏力的大小，起着极其重要的作用。但是山洪是否形成，或在什么时候形成，一般不取决于地质变化过程。换言之，地质变化过程只决定山洪中携带泥沙多少的可能性，并不决定山洪何时发生及其规模。因而尽管地质因素在山洪形成中起着十分重要的作用，但山洪仍是一种水文现象而不是一种地质现象。

3）土壤。一般来说，厚度越大，越有利于雨水的渗透与蓄积，减小和减缓地表径流，对山洪的形成有一定的抑制作用；反之暴雨很快集中并产生面蚀或沟蚀，夹带泥沙而形成山洪，对山洪有促进作用。

4）森林植被。一方面通过树冠截留降雨，枯枝落叶层吸收降雨，雨水在林区土壤中的入渗，消减和降低雨量和雨的强度。另一方森林植被增大了地表糙度，减缓了地表径流流速，增加了下渗水量，延长了地表产流与汇流时间。此外，森林植被还阻挡了雨滴对地表的冲蚀，减少了流域的产沙量。森林植被对山洪有显著的抑制作用。

2. 人为因素

山洪就其自然属性来讲，是山区水文气象条件和地质地貌因素共同作用的结果，是客观存在的一种自然现象。但随着经济建设的发展，人类活动对自然环境影响越来越大。人类活动不当可增加形成山洪的松散固体物质，减弱流域的水文效应，促进山洪的形成，增大洪流量，使山洪的活动性增强，规模增大，危害加重。

（1）森林不合理采伐。缺乏森林植被的地区在暴雨作用下，山洪极易形成。

（2）山区采矿弃渣，将松散固体物质堆积于坡面和沟道中。在缺乏防护措施情况下，一遇到暴雨，不仅会促进山洪的形成，而且会导致山洪规模的增大。

（3）陡坡垦殖扩大耕地面积，破坏山坡植被；改沟造田侵占沟道，压缩过流断面，致使排洪不畅，增大了山洪规模和扩大了危害范围。

（4）山区建设施工中，忽视环境保护及山坡的稳定性，造成边坡失稳，引起滑坡与崩塌；施工弃土不当，堵塞排洪径流，降低排洪能力。

（四）山洪形成的过程

山洪的形成必须有足够大的暴雨强度和降雨量，而由暴雨到山洪则有一个复杂的过程。

1. 产流过程

影响山洪产流的因素有降雨、下渗、蒸发及地下水等。

（1）降雨。降雨是山洪形成的最基本条件，暴雨的强度、数量、过程及其分布，对山洪的产流过程影响极大。降雨量必须大于损失量才能产生径流，而一次山洪总量的大小，又取决于暴雨总量。

（2）下渗。山洪一般是在短历时、强暴雨作用下发生的，形成山洪的主体是地表径流。要产生径流，必须满足降雨强度大于下渗率的条件，在不同的地区需要的降雨强度不一样。

（3）蒸发。蒸发是影响径流的重要因素之一。每年由降雨产生的水量中，很大一部分被蒸发。据统计，我国湿润地区年降水量的30%~50%和干旱地区的80%~90%耗于蒸发。但山洪的暴雨产流过程历时很短，其蒸发作用仅对前期土壤含水量有影响，雨间蒸发可忽略。

（4）地下水。在山区高强度暴雨条件下地表径流很大且汇流迅速，极易形成大的洪峰。而地下径流是由于重力下渗的水分经过地下渗流形成的，径流量小，出流慢，对山洪的形成作用不大。

2. 汇流过程

山洪的汇流过程是暴雨产生的水流由流域内坡面及沟道向出口处的汇集过程，该过程分为坡面汇流和沟道汇流。

（1）坡面汇流。水体在流域坡面上的运动，称为坡面汇流。坡面通常是由土壤、植被、岩石及松散风化层所构成。人类活动，如农业工作、水利工程、山区域镇建设主要是在坡面上进行。由于微地形的影响，坡面流一般是沟状流，降雨强度很大时，也可能是片状流。由于坡面表面粗糙度大，水流阻力很大，流速较小。坡面流程不长，仅100 m左右，因此坡面汇流历时较短，一般在十几分钟到几十分钟内。

（2）沟道汇流。经过坡面的水流进入沟道后的运动，称为沟道汇流或河网汇流。流域中的大小支沟组成及分布错综复杂，各支沟的出口相互之间具有不同程度的干扰作用，因此沟道汇流要比坡面汇流复杂。沟道汇流的流速比坡面汇流快。但由于沟道长度长于坡面，沟道汇流的时间比坡面汇流时间长。流域面积越大，沟道越长，越不利于山洪的形成。所以，山洪一般发生在较小的流域中，其汇流形式以坡面汇流为主。

3. 产沙过程

山洪中所挟带的泥石物质由剥蚀过程以及流域中所积累的历史山洪的携带物、冲积物和冰水沉积物所形成。剥蚀作用是指地球表面上岩石破坏过程及破坏产物从其形成地点往较低地点的搬运过程的总称。对于山洪而言，最重要的三种剥蚀过程作用为：风化作用、破坏产物沿坡面的移动（崩塌、滑坡等）和侵蚀作用。这些不仅能直接为山洪提供丰富的物质来源，而且为溃决型山洪的形成准备了有利条件。

（1）地质因素。地质构造复杂、断裂褶皱发育、新构造运动强烈、地震烈度大的地区，易导致地表岩层破碎、山崩、滑坡、崩塌等不良地质现象，为山洪提供丰富的物质来源。

山崩是山坡上的岩石、土壤快速、瞬间滑落的现象。泛指组成坡地的物质，受到重力吸引，而产生向下坡移动现象。暴雨、洪水或地震可以引起山崩。人为活动，例如伐木和破坏植被，路边陡峭的开凿，或漏水管道也能够引起山崩。有些山崩现象不是地震引发的，而是由于山石剥落受重力作用产生的。在雨后山石受润滑的情况下，也能引发山崩；而由于山崩，大地也会震动引起地震。

（2）风化作用。风化作用是指矿物和岩石长期处在地球表面，在物理、化学等外力条件下所产生的物理状态与化学成分的变化。风化作用包括物理、化学、生物风化作用。

1）物理风化作用。物理风化作用是指由于温度的变化，使岩石分散为形状与数量各不相同的许多碎块。在昼夜温差很大的地方，在大陆性气候地区，特别是干旱地区，这种现象非常显著。岩石矿物成分没有改变。

2）化学风化作用。由于空气中的氧、水、二氧化碳和各种水溶液的作用，引起岩石中化学成分发生变化的作用称为化学风化作用。不仅使岩石破坏，还使岩石矿物成分显著改变。

3）生物风化作用。生物风化作用是指生物在生长或活动过程中使岩石发生破坏的作用。

（3）泥石沿坡面的移动。由风化作用而产生的松散物质沿地表运动，移动的基本动力是重力，并通过某种介质（水、气）起作用。移动的方式有崩解、滑坡、剥落、土流、覆盖层崩塌等。

按照崩塌体的规模、范围、大小可以分为剥落、坠石和崩落等类型。剥落的块度较小，块度大于 0.5 m 者小于 25%，产生剥落的岩石山坡一般在 30°～40°；坠石的块度较大，块度大于 0.5 m 者占 50%~70%，山坡角在 30°～40° 范围内；崩落的块度更大，块度大于 0.5 m 者占 75% 以上，山坡角多大于 40°。

土流是一种松软岩土块体运移的现象。其特征是在一定的范围之内，土体或风化了的岩石顺着山坡运移，其底部大致为土流斜坡面，状似舌形。土体发生滑动运移时总体上没有旋转运动，但在附近的凹形崖上，常可看到在一系列崩滑块体中有小的原始转动。

松散物质在坡面上能停住不动的最大倾角（安息角或休止角），依物质的特性的不同而不同，在 25°~50° 变化。比如石块越大，则其外形越不规则，棱角越多，其安息角越大。

（4）侵蚀作用。侵蚀泛指在风和水的作用下，地表泥、沙、石块剥蚀并产生转运和沉积的整个过程。对于山洪，主要是水的作用，水蚀是雨蚀、冰（雪）水蚀、面蚀、沟蚀、浪蚀等侵蚀的总称。

1）雨蚀。一般谈及侵蚀作用时，重点常放在地表径流引起的侵蚀作用，不太注意雨滴的冲蚀作用。其实雨滴的冲蚀作用是十分巨大的，降雨侵蚀约有 80% 是雨滴剥离造成的，其余部分才是地表流水侵蚀造成的，所以侵蚀量很大程度上取决于暴雨的强度及冲击力。

雨滴冲击土壤的能量在这个坡地上大致是平均分布的，而径流冲刷土壤的能量则随着流速的增大自坡顶向坡脚增大。所以雨滴对土壤的侵蚀，以坡顶最为强烈，径流对土壤的冲刷则以坡脚最甚。

"土壤侵蚀"和"水土流失"在发生机理上有明显的差异，无土壤侵蚀，则无水土流失；反之，无水土流失，却仍有土壤侵蚀现象存在。

2）面蚀。即表面侵蚀，是指分散的地表径流从地表冲走表层的土粒。面蚀是径流的开始阶段，即坡面径流引起的，多发生在没有植被覆盖的荒地上或坡耕地上。仅带走表层土粒，对农业生产和山洪形成都有很大影响。

3）沟蚀。是指集中的水流侵蚀。沟蚀的影响面积不如面蚀大，但对土壤的破坏程度远比面蚀严重。对耕地面积的完整，桥梁、渠道等建筑物有很大危害。

沟蚀按其发展程度分为三种：浅沟侵蚀（一般深 0.5~1 m，宽约 1 m）、中沟侵蚀（沟宽达 2~10 m）、大沟侵蚀（沟宽在 10 以上，沟床下切在 1 m 以上，危害严重）。

4）其他侵蚀。主要有冰（雪）侵蚀、浪蚀和陷穴侵蚀。陷穴侵蚀多发生在我国黄土区，原因是黄土疏松多孔，有垂直节理，并含有很多的可溶性碳酸钙，降雨后雨水下渗，溶解并带走这些可溶性物质。日积月累，内部形成空洞，至下部不能负担上部重量时，即下陷形成陷穴。

（五）涝渍

涝和渍灾害在多数地区是共存的，有时难以区分开，故而统称为涝渍灾害。

涝灾：因暴雨产生的地面径流不能及时排除，使得低洼区淹水，造成国家、集体和个人财产损失，或使农田积水超过作物耐淹能力，造成农业减产的灾害，叫作涝灾。

渍害：也称为湿害，是连绵阴雨、地势低洼、排水不良、低温寡照，造成地下水位过高、土壤过湿、通气不良，植物根系活动层中土壤含水量较长期地超过植物能耐受的适宜含水量上限，致使植物的生态环境恶化，水、肥、气、热的关系失调，出现烂根死苗、花果霉烂、籽粒发霉发芽，甚至植株死亡，导致减产的现象。

涝渍灾害的主要成因：

1.自然因素

气象与天气条件降雨过量是发生涝灾的主要原因。灾害的严重程度往往与降雨强度、持续时间、一次降雨总量和分布范围有关。

2.土壤条件

农田渍害与土壤的质地、土层结构和水文地质条件有密切关系。

3.地形地貌

地势平缓，洼地积水，排水不畅，地下水位过高。

4.人类活动

盲目围垦和过度开发超采地下水，造成地面沉降；新建或规划排水系统不合理导致灌排失调；城市化的影响。

5.城市内涝成因

（1）地形地貌

地势比较高的地区不容易形成积水，例如苏州、无锡等老城虽然是水乡城市，但是因为老城都在地势比较高的地区，所以不怎么容易形成积水。而城市范围内地势比较低洼的地区，就容易形成内涝，城市建设用地选择什么样的地形地貌非常重要，如果选择在低洼地或是滞洪区，那降雨积水的可能性就非常大。

（2）排水系统

国内一些城市排水地下管网欠账比较多，管道老化，排水标准比较低。有的地方排水设施不健全，不完善，排水系统建设滞后是造成内涝的一个重要原因。另外，城市大量的硬质铺装，如柏油路、水泥路面，降雨时水渗透性不好，不容易入渗，也容易形成路面的积水。

（3）城市环境

由于城市中植被稀疏、水塘较少，无法储存雨水，出现"汇水"的现象形成积水。而且热岛效应的出现，导致暴雨出现的概率增加、降水集中。

（4）交通引起

尾气排放过多，导致空气中粉尘、颗粒物较多，容易产生凝结核，产生降水。

（六）风暴潮与灾害性海浪

1.天气系统

（1）台风

台风是引起沿海地区风暴潮和灾害性海浪的最主要天气系统之一。我国东临西北太平洋，受西北太平洋台风影响十分显著，西北太平洋的台风约35%在我国登陆，其中7~9月是登陆高峰，占全年登陆总数的80%。台风暴雨也随台风活动季节的变化及移动路径而变化。

热带气旋采用4位数字编号，前2位数字表示年份，后2位数字表示当年热带气旋的顺序号。若某一台风破坏力巨大，世界气象组织将不再继续使用这个名字，使其成为该次台风的专属名词。

（2）温带气旋

温带气旋又叫锋面气旋。温带气旋是造成我国近海风暴潮的另一种重要天气系统。温带气旋是出现在中高纬度地区一种近似椭圆形的空气涡旋，是影响大范围天气变化的重要天气系统之一。

（3）寒潮

寒潮是冬季的一种灾害性天气。寒潮主要出现在11月至翌年3月。随着寒潮中心的移动，各种灾害性天气相继出现。

2.海洋系统

（1）海洋潮汐

海洋潮汐是海水在天体（主要为月球和太阳）引潮力作用下产生的周期性涨落运动。风暴潮与天文大潮遭遇，最易形成较大的风暴潮灾害。

（2）河口潮汐

海洋潮汐传至河口引起河口水位的升降运动叫河口潮汐。河口潮汐除具有海洋潮汐的一般特性外，受河口形态、河床变化、河道上游下泄流量等因素的影响。

（3）海平面上升

近50年来，我国沿海海平面平均上升速率为2.5 mm/a，略高于全球海平面上升速率。加剧风暴潮灾害，引发海水入侵、土壤盐渍化、海岸侵蚀等。

（4）地理因素

1）沿海平原和三角洲

在国际上，一般认为海拔5 m以下的海岸区域为易受气候变化、海平面上升和风暴潮危害的危险区域。我国沿海这类低洼地区有14.39万 km^2。

2）海岸带地质环境

大致分为基岩海岸带和泥砂质海岸带。基岩海岸带是坚硬的石质，能够抵挡住风暴潮，泥砂质海岸带则比较松软，风暴潮及灾害性海浪袭来时就会致灾。

（5）人类活动

1）防潮工程

海堤没有达标，标准低。

2）地面沉降

3）经济发展

沿海地区和海洋经济的发展、沿海基础设施的增加，造成承灾体日趋庞大，使列入潮灾的次数增多。

4）过度开发

人类活动经常成为海岸侵蚀灾害的主要成因。沿岸采砂、不合理的海岸工程建设、过度开采地下水、采伐海岸红树林是常见的直接导致的海岸侵蚀的人类活动，造成沿海防潮减灾的脆弱性。

（七）泥石流

泥石流的形成需要三个基本条件：有陡峭便于集水集物的适当地形；上游堆积有丰富的松散固体物质；短期内有突然性的大量流水来源。

1.地形地貌条件

在地形上山高沟深、地形陡峻、沟床纵度降大、流域形状便于水流汇集。在地貌上，泥石流的地貌一般可分为形成区、流通区和堆积区三部分。上游形成区的地形多为三面环山，一面出口为瓢状或漏斗状，地形比较开阔、周围山高坡陡、山体破碎、植被生长不良，这样的地形有利于水和碎屑物质的集中；中游流通区的地形多为狭窄陡深的峡谷。沟床纵坡降大，使泥石流能迅猛直泻；下游堆积区的地形为开阔平坦的山前平原或河谷阶地，使堆积物有堆积场所。

2.松散物质来源条件

泥石流常发生于地质构造复杂、断裂褶皱发育、新构造活动强烈、地震烈度较高的地区。地表岩石破碎、崩塌、错落、滑坡等不良地质现象发育，为泥石流的形成提供了丰富的固体物质来源；另外，岩层结构松散、软弱、易于风化、节理发育或软硬相间成层的地区，因易受破坏，也能为泥石流提供丰富的碎屑物来源；一些人类工程活动，如滥伐森林造成水土流失、开山采矿等，往往也为泥石流提供大量的松散物质来源。

3.水源条件

水既是泥石流的重要组成部分，又是泥石流的激发条件和搬运介质（动力来源）。泥石流的水源，有暴雨、冰雪融水和水库溃决水体等形式。我国泥石流的水源主要是暴雨、长时间的连续降雨等。

（八）干旱

1.气象干旱成因

气象干旱也称大气干旱，是指某时段内，蒸发量和降水量的收支不平衡，水分支出大于水分收入而造成的水分短缺现象。气象干旱通常主要以降水的短缺作为指标。主要为长期少雨而空气干燥、土壤缺水引起的气候现象。

2. 水文干旱成因

水文干旱侧重地表或地下水水量的短缺，Linsley 等在 1975 年把水文干旱定义为："某一给定的水资源管理系统下，河川径流在一定时期内满足不了供水需要"。如果在一段时期内，流量持续低于某一特定的阈值，则认为发生了水文干旱，阈值的选择可以依据流量的变化特征，或者根据水的需求量。

3. 农业干旱成因

农业干旱是指在农作物生长发育过程中，降水不足、土壤含水量过低、作物得不到适时适量的灌溉，致使供水不能满足农作物的正常需水，进而造成农作物减产。体现干旱程度的主要因子有：降水、土壤含水量、土壤质地、气温、作物品种和产量，以及干旱发生的季节等。

4. 社会经济干旱成因

指由于经济、社会的发展需水量日益增加，以水分影响生产、消费活动等来描述的干旱。其指标常与一些经济商品的供需联系在一起，如粮食生产、发电量、航运、旅游效益以及生命财产损失等。

社会经济干旱指标：社会经济干旱指标主要评估干旱所造成的经济损失。通常拟用损失系数法，即认为航运、旅游、发电等损失系数与受旱时间、受旱天数、受旱强度等诸因素存在一种函数关系。虽然各类干旱指标可以相互借鉴引用，但其结果并不能全面反映各学科干旱问题，要根据研究的对象选择适当的指标。

（九）水生态环境恶化

1. 水生态系统

水生态系统是以水体作为主体的生态系统。水生态系统不仅包括水，还包括水中的悬浮物、溶解物质、底泥及水生生物等完整的生态系统。

河流最显著的特点是具有流动性，这对河流生态系统十分重要。湖泊水库面临的主要污染问题包括氮、磷等营养盐过量输入引起的水体富营养化。

2. 水环境承载力

水环境承载力是指在一定水域，其水体能够被继续使用并仍保持良好生态系统的条件下，所能容纳污水及污染物的最大能力。

3. 水污染类型

水体污染分为自然污染和人为污染两大类。污染物种类：耗氧污染物、致病性污染物、富营养性污染物、合成的有机化合物、无机有害物、放射性污染物、油污染、热污染。

4. 水污染的生态效应

污染物进入水生生态系统后，污染物与环境之间、污染物之间的相互作用，以及污染物在食物链间的流动，会产生错综复杂的生态效应。由于污染物种类的不同以及不同物种个体的差异，生态系统产生的机理具有多样性。根据污染物的作用机理，可分为以下几种形式：

物理机制：物理性质发生改变。

化学机制：污染物与水体生态系统的环境各要素之间发生化学作用，同时污染物之间也能相互作用，导致污染物的存在的形式不断发生变化，污染物的毒性及生态效应也随之改变。

生物学机制：污染物进入生物体后，对生物体的生长、新陈代谢、生化过程产生各种影响。根据污染物的机理，可分为生物体累积与富集机理，以及生物吸收、代谢、降解与转化机理。

综合机制：污染物进入生态系统产生污染生态效应，往往综合了物理、化学、生物学过程，并且是多种污染物共同作用，形成复合污染效应。复合污染效应的发生形式与作用机制具有多样性，包括协同效应、加和效应、拮抗效应、保护效应、抑制效应等。

（十）水灾害防治措施

1. 防洪抢险规划

（1）防洪规划概念

防洪规划是开发利用和保护水资源、防治水灾害所进行的各类水利规划中的一项专业规划。它是指在江河流域或区域内，着重就防治洪水灾害所专门制定的总体战略安排。防洪规划除了应该重点提出全局性工程措施方案外，还应提出包括管理、政策、立法等方面在内的非工程措施方案，必要时还应该提出农业耕作、林业、种植等非水利措施作为编制工程的各阶段技术文件、安排建设计划和进行防洪管理、防洪调度等各项水事活动的基本依据。

（2）防洪规划的指导思想和作用

1）防洪规划的指导思想

防洪规划必须以江河流域综合治理开发、国土整治以及国家社会经济发展需要为规划依据，从技术、经济、社会、环境等方面进行综合研究。

结合中国洪水灾害的特点，体现在规划的指导思想上，可以概括为正确处理八方面的关系。如正确处理改造自然与适应自然的关系，随着社会、经济的发展，防治洪水的要求越来越高，科技水平和经济实力的提高使我们有能力防御更恶劣的洪水灾害。但另一方面洪水的发生和变化是一种自然现象，有其自身的客观规律。如果违背自然界的必然规律，人类活动有时会成为加重洪水灾害的新因素。所以，防洪规划既要为各方面建设创造条件，也要考虑防治洪水的实际条件和可能。

2）防洪规划的作用

①江河流域综合规划的重要组成部分。防洪规划一般都和江河流域综合规划同时进行，使单项防洪规划成为拟定流域综合治理方案的依据，而拟定后的综合治理方案又对防洪规划进行必要调整。

②国土整治规划的重要组成部分。我国是一个洪水灾害比较严重的国家，防治洪水是国土整治规划中治理环境的一项重要的专项规划。它既以国土整治规划提出的任务要求为依据，又在一定程度上对国土整治规划安排，如拟定区域经济发展方向、城镇布局，起到约束作用。

③国家和地区安排水利建设的重要依据。为使规划能更好地为不同建设时期的计划服务，通常需要在规划中确定近期和远景水平年。一般以编制规划后 10~15 年为近期水平，以编制规划后 20~30 年为远景水平。水平年的划分应尽可能与国家发展规划的分期一致。

④防洪工程可行性研究和初步设计工作的基础。在规划过程中，一般要对近期可能实施的主要工程兴建的可行性，包括工程江河治理中的地位和作用、工程建设条件、大体规模、主要参数、基本运行方式和环境影响评价等进行初步论证，使以后阶段的工程可行性研究和初步设计有所遵循。

⑤进行水事活动的基本依据。江河河道及水域的管理、工程运行、防洪调度、非常时期特大洪水处理以及有关防洪水事纠纷等往往涉及不同地区、部门的权益和义务，只有通过规划，才能协调好各方面的关系。

（3）防洪标准

防洪标准是指通过采取各种措施后使防护对象达到的防洪能力，一般以防洪对象所能防御的一定重现期的洪水表示。

防洪标准的高低要考虑防护对象在国民经济中地位的重要性，如人口财富集中的特大城市。防洪标准的选定还取决于人们控制自然的可能性，包括工程技术的难易、所需投入的多少。防洪标准越高，投入越多，承担风险越小。

（4）防洪规划的内容

1）确定规划研究范围，一般以整个流域为规划单元。一个流域洪水组成有其内部联系和规律，只有把整个流域作为研究对象，才能全面治理洪水灾害。

2）分析研究江河流域的洪水灾害成因、特性和规律，调查掌握主要河道及现有防洪工程的状况和防洪、泄洪能力。

3）根据洪水灾害严重程度，不同地区的理条件、社会经济发展的重要性，确定不同的防护对象及相应的防洪标准。

4）根据流域上中下游的具体条件，统筹研究可能采取的蓄、滞、泄等各种措施；结合水资源的综合开发，选定防洪整体规划方案，特别是拟定起控制作用的骨干工程的重大部署。对重要防护地区、河段还应制定防御超标准洪水的对策措施。

5）综合评价规划方案实施后的可能影响，包括对经济、社会、环境等的有利与不利的影响。

6）研究主要措施的实施程序，根据需要与可能，分轻重缓急，提出分期实施建议提出不同实施阶段的工程管理、防洪调度和非工程措施的方案。

（5）防洪规划的编制方法和步骤

防洪规划的编制工作一般都分阶段进行。一般的编制程序包括问题识别、方案制定、影响评价和方案论证四个步骤。

1）问题识别

①确定规划范围和分析存在问题。在收集整理以往的水利调查、水利区划和有关防护林及其他水利规划成果的基础上，有针对性地进行广泛的调查研究，确定规划范围。收集整理有关自然地理、自然灾害、社会经济以及以往水利建设和防治洪水、水资源利用现状的资料，明确规划范围内存在的问题和各方面对规划的要求。

②做好预测。规划水平年，即实现规划特定目标的年份。水平年的划分一般要与国家发展规划的分期尽量一致。规划目标具体的规划目标必须要满足：一是具体的衡量标准即评价指标，以评价规划方案对规划目标的满足程度；二是结合规划地区的具体情况，以某些约束条件作为附加条件。如规划地区的特殊政策或有关社会习俗规定等。

2）方案制定

在规划目标的基础上，主要进行的工作有：

①根据不同地区洪水灾害的严重程度地理条件和社会经济发展的重要性，进行防护对象分区，并根据国家规定的各类防护对象的防洪标准幅度范围，结合规划的具体条件，通过技术论证，选定相应的防洪标准。

②拟定现状情况与延伸到不同水平年的可能情况，即无规划措施下的比较方案。

③研究各种可能采取的措施。

④拟定实现不同规划目标的措施组合。

⑤进行规划方案的初步筛选。

3）影响评价

对初步筛选出的几个可比方案要进行影响评估分析，预期各方案实施后可能产生的经济、社会、环境等方面的影响，进行鉴别、描述和衡量。社会和环境影响是规划中社会、环境目标体现，这两类大多难以采用货币衡量，只能针对特定问题的性质以某些方面的得失作为衡量标准。

4）方案论证

在各方案影响评价的基础上，对各个比较方案进行综合评价论证，提出规划意见，供决策参考。主要工作包括：

①评价规划方案对不同规划目标的实现程度。

②拟定评价准则，进行不同方案的综合评价。

③推荐规划方案和近期主要工程项目实施安排。近期工程选择原则上应能满足防护对

象迫切的要求，较好地解决流域内生存的主要问题，同时工程所需资金、劳力与现实国民经济水平相适应。

2. 山洪治理措施

防治山洪、减轻山洪灾害，主要是通过变产流、汇流条件，采取调洪、滞洪和排洪相结合的措施来实现。

（1）山洪防治工程措施

1）排洪道

控制山洪的一种有效方式是使沟槽断面有足够大的排洪能力，可以安全地排泄山洪洪峰流量，设计这样的沟槽的标准是山洪极大值。如加宽现有沟床、清理沟道内障碍物和淤积物、修建分洪道等措施都可增大沟槽宣泄能力。

2）排洪道的护砌

排洪道在弯道、凹岸、跌水、急流槽和排洪道内水流流速超过土壤最大容许流速的沟段上，或经过房屋周围和公路侧边的沟段及需要避免渗漏的沟段时，需要考虑护砌。

3）截洪沟

暴雨时，雨水挟带大量泥沙冲至山脚下，使山脚下或山坡上的建筑物受到危害。为此设置截洪沟以拦截山坡上的雨水径流，并引至安全地带的排洪道内。截洪沟可在山坡上地形平缓、地质条件好的地带设置，也可在坡脚修建。

4）跌水

在地形比较陡的地方，当跌差在1m以上时，为避免冲刷和减少排洪渠道的挖方量，在排洪道下游常修建跌水，即连接两段高程不同的渠道的阶梯式跌落建筑物。

5）谷坊

谷坊是在山谷沟道上游设置的梯级拦截低坝，高度一般为1~5 m，作用是：抬高沟底侵蚀基点，防止沟底下切和沟岸扩张，并使沟道坡度变缓；拦蓄泥沙，减少输入河川的固体径流量；减缓沟道水流速度，减轻下游山洪危害；坚固的永久性谷坊群能防治泥石流；使沟道逐段淤平，形成可利用的坝阶地。

6）防护堤

位于沟道两岸，可以增加两岸高度，提高沟道的泄流能力，保护沟道两岸不受山洪危害，同时也起到约束洪水、加大输沙能力和防止横向侵蚀、稳定沟床的作用。城镇、工矿企业、村庄等防护建筑物位于山区沟岸上，背山面水，常采用防护堤工程措施来防治山洪危害。

7）丁坝

丁坝是一种不与岸连接、从水流冲击的沟岸向水流中心伸出的一种建筑物。

8）其他防治工程措施

①水库。修建水库，把洪水的一部分水暂时加以容蓄，使洪峰强度得以控制在某一程

度内，是控制山洪行之有效方法之一。山区一般修建小型水库，并挖水塘以起到防治山洪的作用。

②田间工程。田间工程措施是山洪防治、水土保持的重要措施之一，也是发展山区农业生产的根本措施之一。田间工程措施多样，主要有梯田、培地埂、水簸箕等。修梯田是广泛使用的基本措施。

（2）山洪防治非工程措施

防御山洪灾害的非工程措施是在充分发挥工程防洪作用的前提下，通过法令、政策、行政管理、经济手段和其他非工程技术手段，达到减少山洪灾害损失的措施。

3. 涝灾的防治

（1）农业除涝系统

农田排水系统是除涝的主要工程措施，其作用是根据各类农作物的耐淹能力，以及排除农田中过多的地面水和地下水，减少淹水时间和淹水深度，控制土壤含水量，为农作物的正常生长创造一个良好的环境。按排水系统的功能可分为田间排水系统和主干排水系统。

1）田间排水系统

田间排水系统的功能是排除平原洼地的积水以防止内涝，或截留并排除坡面多余径流以避免冲刷，也可用于降低农田的地下水位以减少灾害。

①平地田间排水系统：地面坡度不超过2%，其排水能力相对较弱，在暴雨发生时易受涝成灾。平地的田间排水系统可采用明沟排水系统和暗沟排水系统。

②坡地排水系统：当地面坡度不超过2%可作为平地处理。从坡面上下泄的流量有可能造成下游农田的洪涝灾害。为了防止坡地的径流对下游平地的洪涝灾害，应在坡地的下部区域修建引水渠道或截洪沟，把水引入主干排水系统。

2）主干排水系统

主干排水系统的主要功能是收集来自田间排水系统的出流，迅速排至出口。

（2）城镇内涝治理

对于城镇地区排水，除建立管渠排水系统外，还需采用一些辅助性工程措施，包括把公园、停车场、运动场等地设计得比其他地方低一点，暴雨时把水暂时存在这里，就不会影响正常的交通，像北欧的挪威，市区修得不是很整齐，他们的做法是多在市区建设绿地，发挥绿地的渗水功能，进行雨水量平衡，实现防灾减灾的作用。

一些国家还建设一些暂时储水的调节池，等下完雨再进行二次排水。我们在实践方面还是有一定的差距，总是出现问题，受到关注，存在的问题才能得到解决。这是被动的应对措施，结果也是被动的。

需要建立多层监管体系：一是设计行业需依照规范做事，规范必须严谨且有前瞻性；二是加强市场监管，既要保障投资走向和可持续性，又要确定保险公司的责任；三是制定配套法律和有约束力的城市规划，落实财政投入，设定建设和改善的时间表，如此可以依法依规划行政问责，取得实效。

4.风暴潮及灾害性海浪防治措施

（1）加强沿海防护工程

1）海堤及防汛墙建设

多年来，国家采取了修筑防潮海堤、海塘、挡潮闸，准备蓄滞潮区，建立沿海防护林，加强海上工程及船舶的防浪设计等措施。

2）建立海岸带防护网

在适宜海岸地区建立海岸带生态防护网，在海滩种植红树林、水杉、水草等消浪植物。实行退耕还海政策，建立海岸带缓冲区，减缓风暴潮和灾害性海浪向沿海陆地推进的速度。利用洼地、河网等调蓄库容纳潮水，降低沿海高潮位，保护城市及重点保护区安全。减少人为破坏，限制沿岸地下水开采，调控河流入海泥沙等。

（2）加强海洋减灾科学研究，保持人与自然的和谐相处

海岸带和近岸海域是各种动力因素最复杂的地区，同时又是经济活动最为发达的地区，随着人类对海洋资源的不断开发和利用，海上工程建设如果考虑不当，将会在一定程度上引发海洋灾害。从目前看，人类对海洋资源的无节制索取和不正确利用，是造成海洋灾害日益增加的重要因素。因此，约束人类的行为，保护自然环境，科学合理地开发利用海洋，是当务之急。

（3）加强和完善海洋灾害的防御系统

1）加强对海洋灾害的立体监测

由于海洋灾害多数带有突发性特点，不可能把预报的时效提得很高，而只能靠快速的电信手段取得某些地区灾害警报的时效。必须采用各种先进技术，对各类海洋灾害，尤其是风暴潮和灾害性海浪的发生、发展、运移和消亡，以及影响它们的各种因素进行连续的观测和监视。

2）建立海洋灾害防治指挥系统

3）建立和完善海上及海岸紧急救助组织

建立一支装备精良、训练有素的现代海上救助专业队伍，以实现快速、机动、灵活的紧急救助，同时发展行业部门的自救能力，最大限度地减少人员伤亡和财产损失。

（4）减轻海洋灾害的行政性及法律性措施

总体来讲，现行法律、法规中的海洋减灾观念仍相当薄弱，更未能把减轻海洋灾害作为海洋、海岸带管理的出发点和归宿。今后，需把减灾观念纳入海洋管理的基本点，并借鉴国际上的经验，制定专门的海洋减灾法律、法规和制度等，以适应我国海洋减灾工作的发展。

（5）加强海洋减灾的教育和训练

5.泥石流防治措施

（1）泥石流的预报

根据泥石流形成条件和动态变化，预测、报告、发布泥石流灾害的地区、时间、强度，为防治泥石流灾害提供依据。泥石流预报通常是对一条泥石流沟进行的预报，有时是对一个地区或流域的预报。根据预报时间分为中长期预报、短期预报、临近预报（有时称为泥石流警报）。随着泥石流研究水平的不断提高，泥石流预报方法和手段越来越丰富和先进。常用的有：遥感技术、统计分析模型、仪器动态监测等。

（2）如何减轻泥石流灾害

1）利用泥石流普查成果，在城镇、公路、铁路及其他大型基础设施规划阶段，避开泥石流高发区。

2）对已经选定的建设区和线性工程地段开展地质环境评价工作，在工程设计建设阶段，采取必要的措施，避免现有的泥石流灾害，并预防新的泥石流灾害的产生。

3）对现有的泥石流沟开展泥石流监测，预警报和"群测、群防"工作，减少泥石流发生造成的人员伤亡。

4）对危害性较大、有治理条件和治理费的泥石流沟进行治理，或为处于泥石流危害区内的重要建筑物建设防护工程。

5）将处于泥石流规模大，又难以治理的泥石流危险区的人员和设施搬迁至安全的地方。

6）保护生态环境，预防新的泥石流灾害的发生。

（3）如何治理泥石流沟

泥石流沟治理一般采取综合治理方案，常用的治理措施包括工程措施和生物措施。

1）工程措施

泥石流治理的工程措施可简单概括为"稳、拦、排"。

稳：在主沟上游及支沟上建谷防群，防止沟道下切，稳定沟岸，减少固体物质来源。拦：在主沟中游建泥石流拦沙坝，拦截泥沙和漂木，削减泥石流规模和容重。堆积在拦沙坝上游的泥沙还可以反压坡脚，起到稳定作用。排：在沟道下游或堆积扇上建泥石流排导槽，将泥石流排泄到指定地点，防止保护对象遭受泥石流破坏。

在泥石流治理中，根据治理目标，可采取一种措施或多种措施综合运用。工程措施见效快，但投资大，并有一定的运行年限限制。

2）生物措施

泥石流治理的生物措施主要指保护、恢复森林植被和科学利用土地资源，减少水土流失，恢复流域内生态环境，改善地表汇流条件，进而抑制泥石流活动。大多数泥石流沟生态环境极度恶化，单纯采用生物措施难以见效，必须采取生物措施与工程措施相结合，方能取得较好的治理效果。对泥石流沟实行严格的封禁，禁止在流域内开荒种地、放牧、采石、采矿等一切有可能引起水土流失和山体失稳的人类活动。

因地制宜，植树种草，迅速恢复植被。如在流域上游营造水源涵养林，中游营造水土保持林，下游营造各种防护林。

调整农业生产结构，增加农民收入，解决农村能源问题。如陡坡退耕还林，坡改梯，不稳定的山体上水田改为旱地，大力发展经济林和薪炭林。

6. 抗旱措施

旱灾是我国主要的自然灾害之一，旱灾较其他灾害遍及的范围广，持续的时间长，对农业生产影响最大。严重的旱灾还影响工业生产、城乡生活和生态环境，给国民经济造成重大损失。

不论是解决农业缺水问题还是解决城市缺水问题，最根本的途径不外乎开源和节流两种。由于农业用水与城市用水在用水性上存在较大差异，分别讨论农业抗旱措施和城市抗旱措施。

（1）农业抗旱措施

1）开辟新水源措施

在水资源不足的地区，应千方百计开辟新的水源，以满足灌溉抗旱用水。这方面的途径有：修建蓄水工程、跨流域调水工程、人工增雨、咸水资源利用、污水利用、雨水利用。

2）节水灌溉技术

节约用水和科学用水，可以提高水资源的利用率，使有限的水资源发挥最大的经济效益。农田供水从水源到形成作物产量要经过三个环节：一是由水源输入农田转化为土壤水分；二是作物吸收土壤内的水分，将土壤水转化为作物水；三是通过作物复杂的生理生化过程，使作物水参与经济产量的形成。在农田水的三次转化中，每一环节都有水的损失，都存在节水潜力。

①渠道防渗和管道输水技术。

②地面灌溉改进技术。

③喷灌和微喷技术。

3）节水抗旱栽培措施

①深耕深松。

②选用抗旱品种。

③增施有机肥。

④覆盖保墒。

4）化学调控抗旱措施

①保水剂

②抗旱剂

（2）城市抗旱措施

上述修建蓄水工程、跨流域调水、人工增雨、咸水利用、污水回用、雨水利用等措施同样适用于城市抗旱。对沿海城市，海水也是一种很好的替代品（如冷却用水、洗涤用水、消防用水等，也可淡化处理后再使用）。我国城市应致力于节约用水、城市工业节水和生活节水，加大管理制度，提高民众思想意识，从根源上降低城市旱灾发生的可能性。

7. 水生态环境灾害防治措施

水域生态系统的退化与损害的主要原因是人类活动干扰的结果。水域生态系统具有一定抵御和调节自然和人类活动干扰的能力，只要干扰因素能得到控制并采取相应的改善措施，退化或受损的水域生态系统的正常结构与功能就会得到恢复。

（1）河流生态修复

1）缓冲区域的生态修复

河流缓冲区域指河水—陆地边界处的两边，直至河水影响消失为止的地带，包括湿地、湖泊、草地、灌木、森林等不同类型景观，呈现出明显的演替规律。

人为活动对河流缓冲区的干扰以及大中型水库的修建，使得河床刷深、改变了河道的自然形态等。河道内的浅滩和深塘组合的消失，使河流连续的能量储存和消能平衡失调，从而破坏了大型无脊椎动物、鱼类的栖息以及产卵场所。河岸两岸植被的破坏，使得水土流失严重，改变当地气候，增加了泥沙的入河量和入海量，同时，大量的水土流失以及水流对河岸的冲刷，使边坡和堤岸的稳定性和保护性变差。因此，河流缓冲区域的主要恢复措施包括稳定堤岸、恢复植被、改变河床形态，通过改变河流的水力学和生物学特征，实现河流生态系统的恢复。

2）河流水生生物群落恢复

河流生态系统的生物群落恢复包括水生植物、底栖动物、浮游生物、鱼类等的恢复。在河流水体污染得到有效控制以及水质得到改善后，河流生物群落的恢复就变得相对容易，可通过自然恢复或进行简单的人工强化，必要时采用人工重建措施。

3）河流曝气复氧

溶解氧在河水自净过程中起着非常重要的作用，并且水体的自净能力与曝气能力有关。河水中的溶解氧主要来源于大气复氧和水生植物的光合作用，其中大气复氧是水体溶解氧的主要来源。

曝气生态净化系统以水生生物为主体，辅以适当的人工曝气，建立人工模拟生态处理系统，降低水体中的污染负荷、改善水质，是人工净化与天然生态净化相结合的工艺。曝气生态系统中的氧气主要来源有人工曝气复氧、大气复氧和水生生物通过光合作用传输部分氧气三种途径。

（2）污染湖泊的修复技术

1）湖滨带生态修复

湖滨带是湖泊水域与流域陆地生态系统间生态过渡带，其特征由相邻生态系统之间相互作用的空间、时间及强度所决定。湖滨带是湖泊重要的天然屏障，不仅可以有效滞留陆源输入的污染物，同时还具有净化湖水水质的功能。湖滨带生态修复是湖泊修复的重要内容，其目的是恢复湖泊的完整性。湖滨带生态恢复是运用生态学的基本理论，通过环境物理条件改造、先锋植物培育、种群置换等手段，受损退化湖滨带重新获得健康，并成为有益于人类生存的生态系统。

2）污染湖泊的水生生态修复

湖泊水生植物系统一般由沉水植物群落、浮叶植物群落、漂浮植物群落、挺水植物群落及湿生植物群落共同组成。

沉水植物：生长于河川、湖泊等底且不露出水面的水生植物。

浮叶植物：根附着在底泥或其他基质上、叶片漂浮在水面的植物。繁殖器官有在空中、水中或漂浮水面的，如睡莲等。

漂浮植物：又称完全漂浮植物，是根不着生在底泥中，整个植物体漂浮在水面上的一类浮水植物。这类植物的根通常不发达，体内具有发达的通气组织，或具有膨大的叶柄（气囊），以保证与大气进行气体交换，如槐叶萍、浮萍、凤眼莲等。

挺水植物：植物的根、根茎生长在水的底泥之中，茎、叶挺出水面。常分布于0~1.5m的浅水处，其中有的种类生长于潮湿的岸边。这类植物在空气中的部分，具有陆生植物的特征；生长在水中的部分（根或地下茎），具有水生植物的特征。常见的有芦、蒲草、荸荠、莲、水芹、茭白笋、荷花、香蒲。

湿生植物：在潮湿环境中生长，不能忍受较长时间水分亏缺的植物。水生植物具有重要的生态功能。水生植物生长茂盛的湖泊通常水质清澈、生态稳定，而水生植物受损的湖泊则水质浑浊、湖泊生态脆弱。

污染负荷超过湖泊环境自净能力时，剩余营养盐导致湖泊生态系统变化为"藻型浊水状态"。大型水生植物的生态修复，就是要在"藻型浊水状态"的基础上，建立草型、清水型的湖泊生态系统。由湖泊多态理论可知，实现这一过程的前提是要削减外源营养盐负荷量，同时还要采取多种措施降低湖泊水体的营养水平。

3）生物操纵技术

生物操纵技术包括经典生物操纵法和非经典生物操纵法。"非经典"生物操纵与"经典"生物操纵不同之处在于，"非经典"方法的放养鱼类是食浮游植物的滤食性鱼类（鲢、鳙），通过鱼类的直接牧食减少藻类生物量，从而达到控制湖泊富营养化（藻华大面积爆发）的目的。其核心是控制过量繁殖的藻类，特别是控制蓝藻水华。该方法成功运用于武汉东湖。"经典的"生物操纵是依靠浮游植物（主要是大型枝角类）的牧食控制藻类生物量，某种意义上，营养盐只是从湖泊一个营养库暂时地转移到另一个营养库，而这些营养盐的一部分肯定将再循环而被光合作用利用。"非经典"生物操作中用于控制藻类的主要是营养层次低的鲢、鳙，这些鱼类生长周期短并且易于捕捞，通过捕捞可以从湖泊系统中移出营养盐。

（3）水生生态环境修复的生态指导原则

生态修复是把已经退化的生态系统恢复到与其原来的系统功能和结构相一致或近似一致的状态。因此，对于水域生态系统的恢复，需要从生态学的角度考虑以下问题。

1）现有湿地与湖泊生态系统的保存与保持。现有相对尚未遭到破坏的生态系统对于保存生物多样性至关重要。它可以为受损生态系统的恢复提供必要生物群和自然物质。

2）恢复生态完整性。生态恢复应该尽可能把已经退化的水生生物生态系统的生态完整性重新建立起来。生态完整性是指生态系统的状态，特别是其结构、组合和生物共性及环境的自然状态。

3）恢复或修复原有的结构和功能。适度地重新建立原有结构，在生态修复过程中，应优先考虑那些已不复存在或消耗了的生态功能。

4）兼顾流域内生态景观。生态恢复与生态工程应该有一个全流域的计划，而不能仅仅局限于水体退化最严重的部分。通常局部的生态修复工程无法改变全流域的退化问题。生态工程是指应用生态系统中物质循环原理，结合系统工程的最优化方法设计的分层多级，利用物质的生产工艺系统，将生物群落内不同物种共生、物质与能量多级利用、环境自净和物质循环再生等原理与系统工程的优化方法相结合，达到资源多层次和循环利用的目的。如利用多层结构的森林生态系统增大吸收光能的面积，利用植物吸附和富集某些微量重金属以及利用余热繁殖水生生物等。

5）生态恢复要制定明确、可行的目标。从生态学与效益角度看，应该是可能达到的，发挥区域自然潜能和公众支持。从经济学角度看，对于技术问题、资金来源、社会效益等各种因素必须综合考虑。

6）自然调整与生物工程技术相结合。水域生态的自然调整与恢复也是非常关键的一个环节，在对一个恢复区进行主动性改造之前，应首先确定采用被动修复的方法。例如减少或限制退化源的发生扩展并让其有时间恢复。生物工程，是20世纪70年代初开始兴起的一门新兴的综合性应用学科。所谓生物工程，一般认为是以生物学（特别是其中的微生物学、遗传学、生物化学和细胞学）的理论和技术为基础，结合化工、机械、电子计算机等现代工程技术，充分运用分子生物学的最新成就，自觉地操纵遗传物质，定向地改造生物或其功能，短期内创造出具有超远缘性状的新物种，再通过合适的生物反应器对这类"工程菌"或"工程细胞株"进行大规模的培养，以生产大量有用代谢产物或发挥它们独特生理功能的一门新兴技术。

第四节 "水政治"与"水战争"

从非传统安全视角观察，未来水资源危机发展为"水战争"的趋势主要有两种途径，即以跨界水资源争夺为表现的有形水战争和以虚拟水贸易博弈为表现的无形水战争。

一、有形水战争

据《联合国水资源开发报告》统计，在过去 50 年中，由水引发的冲突共 507 起，其中 37 起是跨国境的暴力纷争，21 起演变为军事冲突。水资源作为一种重要的经济和战略资源，已经和现代社会经济的发展及人类的生存密切相关。缺水不仅仅影响到经济的发展、社会的稳定、人民生活和生命的安全，严重时还会引起国家、地区间的争端甚至战争。

目前全球有 40% 的人口、145 个国家共享世界 263 条跨界河流、湖泊流域和 270 多个地下蓄水层。由于国际河流分隔或跨越两个以上国家，其同一水资源也由两国或多国共享，因此"公共池塘的悲剧"更易发生。跨界水资源的分配、利用和开发不再仅是一个国家的内部问题，一国处理不当极易引发区域或国家间的冲突。据亚洲发展银行预测，全世界有 70 多个热点地区有可能会因国际河流的水资源而引发冲突。表 2-3 显示了世界上存在水争端的主要跨界河流。

表 2-3 世界上存在水争端的主要跨界河流

河流名称	争执国家	主要问题
尼罗河	埃及、埃塞俄比亚、苏丹	水量分配、泥沙淤积
幼发拉底河、底格里斯河	伊拉克、叙利亚、土耳其	水量减少、盐碱化
印度河	印度、巴基斯坦	灌溉
恒河、布拉马普特拉河	印度、孟加拉	水流量、泥沙、洪水
怒江	缅甸、中国	泥沙淤积、洪水
澜沧江	中国、柬埔寨、老挝、泰国、越南	水流量、洪水
莱茵河	法国、德国、荷兰、瑞士	工业污染
多瑙河	匈牙利、罗马尼亚	工业污染
约旦河	以色列、约旦、叙利亚、黎巴嫩	流量与分水、河流改道

在中东，埃及只有 2% 的领土不是沙漠，降水量为 0~200 毫米，人口为 7000 万，取河水量 680 亿立方米，尼罗河流经 8 个国家中的最后一位。目前埃及缺水 30%，水的利用率为 75%。联合国前秘书长加利曾经说过："埃及再也不会和以色列有战争了，埃及的武装力量是为尼罗河而存在。"

约旦河长 320 千米，年平均流量 18 亿立方米，以色列取走 10 余亿立方米。1967 年占领 1600 平方千米的戈兰高地（约旦河主要补给区），以色列地下水开采的 65% 来自于占领区。约旦国王侯赛因曾经说过："约旦的战争，只有为约旦河而战。"

水资源特别是国际河流的开发利用对我国边疆地区粮食安全具有极其重要的意义。我国国际河流所在的边疆地区一般也是传统的经济发展落后区域，通常也是多民族聚居地，经济发展落后，生存条件差。改善农牧民的生存条件和维护正常的生态条件都有赖于水资源。因此，国际河流水资源开发利用是保障该地区人民基本生存权和发展权的必然要求。

而从安全角度分析，我国国际河流不但涉及因河流变道、领土增减引起的传统边界安全威胁，同时也涉及河流开发引起的水资源分配和生态环境破坏等非传统安全威胁。我国国际河流主要位于东北、西北、西南三个区块，其中东北国际河流（包括鸭绿江、图们江和黑龙江等）以界河为主，是我国与俄罗斯、朝鲜等国之间边界的组成部分，其主要存在边界纠纷的威胁；西北国际河流（包括伊犁河、额尔齐斯河等）安全威胁的核心问题是水资源权益分配；西南国际河流（包括澜沧江、雅鲁藏布江等）安全威胁主要涉及水能开发引起的生态环境影响纠纷。

但是从更长远角度来看，跨界水资源的潜在威胁不仅存在于众所周知的地表径流层面，目前联合国教科文组织等机构已开始实施地下共享水资源分配和法律的研究，这或将成为若干年之后跨界水资源研究的热点领域。跨界水资源是包括地表、地下、空中水（雨云等）三个层次，而由此引起的边界国之间的水资源博弈将形成"三位一体"的"水缘政治"关系。在严重缺水地区，边界国之间将很有可能在地下水及雨云等的分配和捕获上形成竞争关系，获得先进的技术和雄厚的资金将使该国具有博弈的优势。

地下共享水资源主权认定和合理分配远比地表跨界水资源复杂。地下含水层有五种典型的地理位置。第一种是地下含水层完全在一国境内；第二种是地下含水层位于垂直边境线上；第三种是地下含水层在一国境内，但补水区属于国际河流；第四种是地下含水层在一国境内，但补水区属于另一国含水层；第五种是地下含水层在一国境内，但补水区属于另一国河流。由此可见，地下含水层的主权认定和水资源分配亟待相关国际法律的完善和利益相关国家之间通过谈判达成协议，以解决可能的争议。

而未来对于极度缺水国家而言，是否有完整主权对飘过其上空的雨云进行技术捕获及实施人工降水在法律上也存在争议。因雨云在没有人工干预的情况下存在最终飘到邻国境内降水的可能。由于资源流动性更为突出和明显，无论从技术上还是政治解决途径上来看，跨界水资源的合理分配从地表到地下，从地下到空中，复杂程度也明显增加。

我国目前主要停留在针对地表径流即国际河流、湖泊的共享水资源研究层面，对地下共享水资源以及空中共享水资源方面亟待跟进和深入，以便在未来的可能争议中具有必要的信息储备和话语权。

二、无形水战争

无形水战争主要涉及国家或地区间通过产品和服务贸易的方式对虚拟水资源的争夺。虚拟水战略，是指贫水国家或地区通过贸易的方式从丰水国家或地区购买水密集型农产品（尤其是粮食），来获得水和粮食的安全。国家和地区之间的农产品贸易，实际上是以虚拟水的形式在进口或出口水资源。中东地区每年靠粮食补贴购买的虚拟水数量相当于整个尼罗河的年径流量。从虚拟水的概念可以看出，虚拟水以无形的形式寄存在其他的商品中，相对于实体水资源而言，其便于运输的特点使农产品贸易变成了一种缓解水资源短缺的有用工具和方式。

相对于某些国家甚至全世界范围而言，水资源的短缺通常只是局部现象。人口、粮食和贸易之间的特殊连接关系，为水资源短缺地方的决策者提供了在更大范围尺度上寻找缓解水资源短缺的新途径。当前世界上许多国家对粮食进口的补贴政策，实际上是补偿本地区水资源的不足。南部非洲和中东地区的一些国家的粮食进口贸易，是虚拟水战略非常典型的例子。

进入 21 世纪，我国出口贸易向国外输出的虚拟水量和进口贸易从国外输入虚拟水量都呈现迅速增长趋势，而且前者的增长速度明显快于后者，这使得我国对外贸易净输出水资源量迅速增长，进一步加剧国内的水资源短缺矛盾。同时，我国出口贸易中的高耗水产品所占的比重较大，而进口贸易中低耗水产品所占的比重较大，这种贸易结构不利于节约我国的水资源。

虽然从节约水资源的角度出发，进口越多、出口越少则越好。但是，从目前情况看，出口是推动我国经济增长的主要动力之一，所以，当前我国的出口规模还会不断增加。因此，提出以下策略，建议通过国内外贸易和生产结构的调整缓解我国水危机压力。

第一，减少外贸顺差。为缓解我国的水资源供给压力，应该采取积极措施，适度增加进口，以减少出口快速增长和外贸顺差不断扩大所造成水资源的大量外流，这对于水资源短缺问题严重的地区尤其重要。

第二，优化进出口产品部门结构。采取相应政策与措施（如制定差别性的出口退税政策，鼓励耗水少的产品出口，征收出口关税来限制高水耗产品的出口；同时，降低高水耗产品进口关税，鼓励高水耗产品进口），降低高水耗出口产品的比重，增加高水耗进口产品比重，则能够实现促进经济增长和节约水资源的双赢。

第三，在国内调整地区间贸易和生产结构，缓解水资源危机。荷兰学者阿尔杰恩·胡克斯特拉借鉴虚拟水理论于 2002 年提出了水足迹概念，认为人们在消费产品及服务的全过程耗费着看得见和看不见的水资源。从粮食水足迹的角度讲，中国北方虽然缺水，但是贸易结构表明，中国虚拟水的趋势是北方向南方流动的量更大。由于中国是一个幅员辽阔的大国，可以在国内利用虚拟水的原理来达到水资源合理利用的目的。

第五节　水与水资源危机

在日常生活中，人们天天都要与水打交道。可是在天天离不开水的人中，有许多人对水缺乏认识，因此任意浪费水、污染水。为了保护水资源，避免水资源危机的发生，人们首先要认识水。

人要知道地球上的水是"上苍"恩赐之物。据目前所知，太阳系中只有地球有水，且以气态、液态和固态形式存在，构成水循环。水的活性强，因此有生命，使世界生机盎然，而与地球相邻的火星则无此"幸运"，是一个无水（最新考察发现火星上有冰）、无生命的寂静荒漠。在浩瀚无边的宇宙中，有数不清的行星，到目前为止地球人还没有发现第二个有水、有生命的星体。生命诞生于水，其后在漫长的 35 亿年生命演化为人类的进程中，水为生命默默无闻、兢兢业业地奉献耕耘，人不能忘水之功。

人要知道水分子中氢氧结合十分牢固。在地球 46 亿年的历史中，其表面屡遭巨变，只有水十分稳定，地球、水、生命三者共存。水分子间氢键连接力较弱，是其固有的特殊性质，为生命生存和发展创造了物质条件和生存环境。生命因水而存在，人不能忘水之本。

人要知道，当重大灾难危及生命时，一杯水、一片面包就能拯救你的生命，而那时纵然身边有价值千金的钻石珠宝也不能替代。粮食是用水生产的，水对人生命最宝贵，人不能忘水之恩。

人要知道水污染容易，治理却很难，污染水就是忘恩负义。水能让社会得到报应，不但给国民经济造成巨大损失，而且还危害人体健康。水污染带来的报应还将由无辜的子孙后代承受，这是当代人的罪过。

人要知道地球上可用的水是有限的，在使用上是不可取代的。人应珍惜水、节约用水。如果人人都能真正知道水、认识水，那么就会像珍惜自己的生命那样去爱护水、感恩水，引起水资源危机的行为就不会发生，自然界的水就能保证社会持续发展。因此，保护水资源必须首先从宣传普及水的科学知识开始，让人人知道水、认识水。

一、温室效应与水资源危机

因为人无止境地追求物质享受，在短时期内过多、过快地消耗了以百万年计的地球历史长河中生成的化石燃料（煤、石油和天然气），使大气中二氧化碳增加很快。科学家在极地探钻冰芯，测定了不同深度中温室气体的含量，得到了历史时期大气中温室气体的含量。测定发现，在人类 1750 年开始工业化时，大气中二氧化碳的含量为 0.028%（体积比，下同），在历经了 247 年工业化进程后，由于大量燃烧煤、石油和天然气，到 1997 年大气中二氧化碳的含量升至 0.0363%，年均增长 0.0000336%；到 2005 年更跃升到 0.0379%，达到年均增长 0.0002%。近 8 年大气中二氧化碳的年均增加速度是前 247 年的 6 倍。按此增长速度，到 2050 年预计大气中二氧化碳的含量将增至 0.0469%。

如果人类还不觉悟，毫无节制地过多、过快取用化石能源，地球的温室效应还将加速发展。联合国有关组织认为，到 21 世纪末地表平均温度将升高 1.1~6.4℃。温室效应将使分布在南北极和高寒山区的冰雪加速融化，有的甚至很快消失。1978—1996 年北极海冰区域面积估计缩小了 6%，平均每年消失达 3.4 万多立方米。占世界冰雪储量 91% 的南极冰雪自 1998 年以来，冰雪总面积已消失了 1/7。高山的冰雪消融更快。科学家预计到 2100 年，全球 50% 以上的山地冰川将消失。如此巨大的自然水体减小或消失，将破坏地球现有的水均衡格局,引起自然界水循环的巨大变化,水资源分配将大洗牌,后果极其严重。科学家们还预计在未来 35 年间,素有"亚洲水塔"之称的喜马拉雅山的冰川面积将缩小 1/5,达到 1 万立方千米。如果喜马拉雅山的冰川全部消失,其南诸国将先饱受洪水之患,后临干旱之灾,我国也将会深受其害。

二、水资源管理与水资源危机

联合国在最新公布的《世界水资源开发报告》中认为,目前全球水资源危机的主要原因是管理不善。

同一流域各地的降水形成涓涓流水,再经溪涧支流汇入主流组成一个完整的不可分割的水系。我国现行的水资源管理模式是"垂直分级负责,横向多头管理"。这种人为把同一水系按行政区"肢解"为多片的分片管理模式很不科学,存在重大缺陷。不同片区各管各的,即使是同一片区调水、用水、水保护、水污染处理等水务工作归都不同部门管理,职责难分,互相推诿。

因此,根据国际经验,同一个水系应建立一个跨地区、跨部的流域管理机构,统一规划、调度、管理、保护水务工作,并联合流域上下游省市自治区,组织环保、水利、城建、林业、农业等部门开展联合监测和执法。

我国水资源管理还受到地方保护主义的干扰。一些地方为谋求当地经济发展速度,追求政绩,不顾环境大搞污染企业,甚至包庇企业排污、干扰执法。

我国水资源管理还受到有法不依、执法不严的影响。对违法排污企业处理太轻,导致其违法成本低,因而屡犯,排污得不到有效扼制,同时也存在对管理部门失职领导姑息迁就、处分过轻的现象。

三、人口激增与水资源危机

水资源与人口比较,水资源是有限的,是定值,视作分子;人口是个变数,视作分母。随着人口增加,人均水资源量减少,当减少到一定值,就出现水资源危机。国际公认,如果一个国家人均水资源低于 3000 立方米为轻度缺水;人均水资源低于 2000 立方米为中度缺水;人均水资源低于 1000 立方米为重度缺水;人均水资源低于 500 立方米为极度缺水。人均水资源在 2000 立方米以下,就是缺水国家;人均 1700 立方米就达到缺水警戒线。

全球水资源有 46.6 万亿立方米。1950 年世界人口 25.25 亿,世界人均水资源 18500 立方米。55 年后,2005 年世界人口增至 65 亿,人均水资源降到不足 7200 立方米,还不到 1950 年的 39%。预计到 2025 年世界人口将达到 83 亿,到时人均水资源只有 5600 立方米,只为 75 年前的 30%。在 1995 年,全球有 4 亿人生活面临水资源匮乏的压力,预期到 2025 年,这一数字将上升到 40 亿,由此将给各国社会稳定、食品安全、健康、整体经济状况乃至国与国的关系带来一系列影响。

根据 2011 年公布的最新数据，我国现有水资源 28412 亿立方米。占全球水资源的 6%，仅次于巴西、俄罗斯和加拿大，居世界第四位，但人均占有量只有 2200~2300 立方米，为世界平均水平的 1/4（2011 年世界人均水资源为 7600 立方米），为美国人均占有量的 1/6（2011 年美国人均水资源为 8200 立方米），在世界上名列第 121 位，是全球 13 个人均水资源最贫乏的国家之一。如果按照国际公认的标准，那么中国目前有 16 个区、市人均水资源量（不包括过境水）低于严重缺水线，有 6 个省、区（宁夏、河北、山东、河南、山西、江苏）人均水资源量低于 500 立方米。

我国水资源有 2.72 万亿立方米。新中国成立时人口 5.4 亿，我国人均占有水资源近 5000 立方米。其后 20 年中，由于卫生医疗条件改善、死亡率降低和不节制生育，导致人口猛增，虽然在 20 世纪 80 年代初国家开始严格推行计划生育政策，但到 1990 年全国第四次人口普查时人口仍然达到 11.327 亿，人均水资源降到 2400 立方米，只是世界人均值的 1/4。2005 年 1 月 6 日我国人口达到 13 亿，人均水资源再降到 2100 立方米，是 55 年前的 42%，2011 年我国人均水资源为 2163 立方米，缺水总量达 531 亿立方米；我国水资源可利用量为 8140 亿立方米，占水资源总量的 29%。

四、社会发展与水资源危机

社会发展对水的需求与日俱增。人口增加、发展工农业生产、提高社会物质文化生活水平和生态环境保护等都需要增加用水量。1975 年全世界用水量为 3 万亿立方米，2000 年达到 7 万亿立方米。有人分析，2030 年以后，世界水资源将供不应求。

新中国成立时，我国国内生产总值（GDP）不足 700 亿元（按可比价格计算，以下同），全国用水量 1030 亿立方米。到 2004 年全国总用水量 5550 亿立方米，其中生活用水 650 亿立方米，占 11.7%；工业用水 1230 亿立方米，占 22.2%；农业用水 3587 亿立方米，占 64.6%；生态用水（仅包括城镇环境用水和部分河湖、湿地补水）83 亿立方米，占 1.5%。到 2011 年全国总用水量 6107.2 亿立方米，其中生活用水 789.9 亿立方米，占总用水量的 12.9%；工业用水 1461.8 立方米，占总用水量的 23.9%；农业用水 3743.5 亿立方米，占总用水量的 61.3%；生态环境补水 111.9 亿立方米，占总用水量的 1.9%。

预计 2030 年我国社会发展水平：人口将达到 14.5 亿的高峰值，城市化率将达到 60%（目前不到 50%），城市人口将增加 4 亿，人均 GDP 估计为 8000 美元。据此社会发展前景，全国用水量将增加很多。专家预测 2030 年的用水总量可达 7800 亿~7900 亿立方米，缺水 400 亿~500 亿立方米，其中农业用水仍保持目前的水平，主要靠提高用水效率来满足 14.5 亿高峰人口对农产品的需要，要做到这点是极不容易的；工业用水增加到 2000 亿立方米；城乡生活用水将从现在的 789 亿立方米增加到 1000 亿立方米；生态用水将达到 700 亿立方米。

到 2030 年将全国用水量控制在上述计划的 7900 亿立方米以内的任务是十分艰难而繁

重的。为此必须投入大量资金，同时依靠高新科技对工农业生产技术进行全面改造，提高用水效率，全民节水。

五、用水浪费与水资源危机

我国是一个水资源大国，因人口众多，又是一个贫水大国。与水资源短缺的现实相比，我国水资源利用方式粗放，在工业、农业生产和生活领域都存在严重的浪费，因此我国又是一个用水浪费大国，我国水资源问题十分突出。

1997 年以来，全国用水量保持在 5500 亿立方米左右，与美国相当，然而我国的国民生产总值（GDP）仅为美国的八分之一。2003 年我国万元 GDP 用水量为 465 立方米，是世界平均水平的 4 倍，是日本、以色列、瑞士、法国的 10 倍。

为此我国实施了严格水资源管理制度，并取得了极大的成效。根据《2011 年中国水资源公报》，我国 2011 年全国万元 GDP 用水量减少到 129 立方平，按不变价计算，全国万元 GDP 用水量和万元工业增加值用水量分别比 2002 年减少 56% 和 52%。

我国农业是用水大户，用水量接近全国用水总量的 2/3。农业多采用"土渠输水，大水漫灌"的方式，用水浪费，灌溉用水的利用系数只为 0.4。我国每立方米水灌溉后增产粮食 0.5 千克，而发达国家可达 2 千克。因此我国农业节约用水尚有很大潜力。

我国工业用水占全国用水量的 20%。许多工业生产技术水平不高，用水量却很大，工业万元产值用水量 100 立方米，而美国是 8 立方米，日本只有 6 立方米，我国是发达国家的 10~20 倍。我国水的重复利用率仅为 40% 左右，而发达国家为 75%~85%。因此我国工业节约用水也尚有很大潜力。

由于城镇供水设备陈旧，全国城镇供水管网漏失率很高，每年漏失的自来水近 100 亿立方米。家庭生活用水浪费也很大。一个关不紧的水龙头一个月会流掉 1~6 立方米的水。卫生间用水量占家庭用水的 60%~70%，而抽水马桶水箱过大是造成用水量大的一个重要原因。生活中还有很多不良的用水习惯也导致用水浪费。

第六节　世界水日

每年的 3 月 22 日是世界水日（World Water Day）。世界水日是人类在 20 世纪末确定的一个节日。为满足人们日常生活、商业和农业对水资源的需求，联合国长期以来致力于解决因水资源需求上升而引起的全球性水危机。1977 年召开的联合国水事会议，向全世界发出严正警告：水不久将成为一个深刻的社会危机，继石油危机之后的下一个危机便是水。1993 年 1 月 18 日，第 47 届联合国大会做出决议，确定将每年的 3 月 22 日定为世界水日。

一、起因

水是一切生命赖以生存、社会经济发展不可缺少和不可替代的重要自然资源和环境要素。但是，现代社会的人口增长、工农业生产活动和城市化的急剧发展，对有限的水资源及水环境产生了巨大的冲击。在全球范围内，水质的污染、需水量的迅速增加以及竞争性开发所导致的不合理利用，使水资源进一步短缺，水环境更加恶化，严重地影响了社会经济的发展，威胁着人类的福祉。

二、目的

为了唤起公众的水意识，建立一种更为全面的可持续利用水资源的体制和相应的运行机制，1993 年 1 月 18 日，第 47 届联合国大会根据联合国环境与发展大会制定的《21 世纪议程》中提出的建议，通过了第 193 号决议，确定自 1993 年起，将每年的 3 月 22 日定为"世界水日"，以推动对水资源进行综合性统筹规划和管理，加强水资源保护，解决日益严峻的缺水问题。同时，通过开展广泛的宣传教育活动，增强公众对开发和保护水资源的意识。让我们节约用水，不要让最后一滴水成为我们的眼泪！

三、最终宗旨

1. 应对与饮水供应有关的问题。
2. 增进公众对保护水资源和饮用水供应的重要性的认识。
3. 通过组织世界水日活动加强各国政府、国际组织、非政府机构和私营的参与和合作。

四、历届主题

20 世纪 90 年代

1994 年的主题："关心水资源是每个人的责任"（Caring for Our Water Resources Is Everyone' s Business）；

1995 年的主题："女性和水"（Women and Water）；

1996 年的主题："为干渴的城市供水"（Water for Thirsty Cities）；

1997 年的主题："水的短缺"（Water shortage）；

1998 年的主题："地下水——正在不知不觉衰减的资源"（Groundwater-The Invisible Resource）；

1999 年的主题："我们（人类）永远生活在缺水状态之中"（Everyone Lives Downstream）；

21 世纪

2000 年的主题："卫生用水"（Water and Health-taking Charge）；

2001 年的主题："21 世纪的水"（Water for the 21st Century）；

2002 年的主题："水与发展"（Water for Development）；

2003 年的主题："水——人类的未来"（Water for the Future）；

2004 年的主题："水与灾害"（Water and Disasters）；

2005 年的主题："生命之水"（Water for Life）；

2006 年的主题："水与文化"（Water and Culture）；

2007 年的主题："应对水短缺"（Water Scarcity）；

2008 年的主题："涉水卫生"（International Year of Sanitation）；

2009 年的主题："跨界水——共享的水、共享的机遇"（TransboundrayWater-the Water Sharing，Sharing Opportunities）；

2010 年的主题："关注水质、抓住机遇、应对挑战"（Communicating Water Quality Challenges and Opportunities）；

2011 年的主题："城市水资源管理"（Water for Cities）；

2012 年的主题："水与粮食安全"（Water and Food Security）；

2013 年的主题："水合作"（Water Cooperation）。2013 年我国纪念"世界水日"和"中国水周"活动的主题是"节约保护水资源，大力建设生态文明"。当前，公众对于确保饮水安全、遏制水污染、破解用水短缺等问题非常关注。

2014 年的主题："水与能源"（Water and Energy）。水利部确定 2014 年我国纪念"世界水日"和"中国水周"活动的宣传主题为"加强河湖管理，建设水生态文明"。水利部官员在国务院新闻办公室的新闻发布会上透露，总体来看，通过多年努力，我国水质状况有所改善，但是局部地区、局部水域的水质环境污染状况比较严重。目前我国水源地水质达标率达到 89%；湖泊水源地水质较差，达标率为 28%，主要是富营养问题；地下水水质达标率在 40% 左右。

2015 年的主题："水与可持续发展"（Water and Sustainable Development）；

2016 年的主题："水与就业"（Water and Jobs）；

2017 年的主题："废水"（Wastewater）；

2018 年的主题："借自然之力，护绿水青山"（Nature for Water）；

2019 年的主题："不让任何一个人掉队"（Leaving No One Behind）；

2020 年的主题："水与气候变化"（Water and Climate Change）；

2021 年的主题："珍惜水、爱护水"（Valuing Water）；

2022 年的主题："地下水——不再隐身"（Groundwater：Making Invisible Visible）。

五、世界水日——在这个日子我们应该抽时间思考

3月22日是世界水日,在这个日子我们应该抽时间思考:10亿人无法获得足够的清洁用水;每个月因饮用受污染的水而死亡的人和印度洋海啸的死难者一样多。尽管如此,这些人的不幸几乎没有得到一场自然灾害所能引起的关注。

水对西方人而言是理所应得的寻常之物,而一个苏丹人平均每天要花1/3的时间去取当日定量配给的水。一个欧洲人每天用水约135升,而一个发展中国家居民通常每天只有10升水可供使用。在亚洲和非洲,传统上由妇女负责为家人汲水,她们平均要走6千米才能到达附近的河流。如果独自没法运足够的水回家,孩子就来帮忙——他们把时间花在打水上,而不是上学读书上。

尽管如此,水往往不够用,还会导致腹泻和疟疾频发。疟疾和腹泻在儿童中尤为流行。在过去10年里,死于腹泻的儿童超过了第二次世界大战后所有武装冲突中死难者的总数。例如,因为缺水,一家人在同一个盆里洗手。由最年长的男性开始洗,等轮到最小的孩子时,洗过的手比洗前还脏,而孩子就用这双脏手吃饭。在红十字会启动供水工程之前,赞比亚小镇马查的卫生状况就如上述那样恶劣。因为公共卫生设施不完备,当地学校不得不关闭。因为厕所不够,许多村民在灌木丛中便溺,尤其在雨季,污水被河水冲刷出来,就会有发生瘟疫的危险。村中的妇女,每天只能给家人取到10~20升水,河流离家很远,她们每天能挑回来的那点水总是不够用,生活十分艰难。

六、我国"水法宣传周"——每年3月22日至3月28日

开发利用水资源和防治水害,关系到国脉民运,必须依法治水、管水和用水。1988年,《中华人民共和国水法》的颁布标志着中国开发利用水资源和防治水害走上了法制轨道。除了已颁布的《中华人民共和国水法》《中华人民共和国水土保持法》《中华人民共和国水污染防治法》《取水许可和水资源费征收管理条例》《河道管理条例》等法律、法规外,各地也先后颁布了大量的地方性法规,在中国历史上首次建立起符合中国国情、具有中国特色的、比较科学、配套的水法规体系。

为克服有法不依、执法不严的现象,增强全民对水的法律意识和法制观念,自觉地运用法律手段规范各种水事活动,中国水利部从1989年开始,规定每年7月1日—7日为"水法宣传周"。考虑到世界水日与中国水周的主旨和内容基本相同,自1993年"世界水日"诞生后,从1994年起,水利部决定"水法宣传周"从每年的"世界水日"即3月22日开始,至3月28日为止。

七、我国"全国城市节水宣传周"——每年5月15日所在周

为了提高城市居民节水意识，从1992年开始，每年5月15日所在的那一周为"全国城市节水宣传周"。该活动有助于提高社会对节水工作重要现实意义和长远战略意义的认识；有助于增加投入开发推广应用节水的新工艺、新技术、新器具；有助于提高城市用水的综合利用水平。

第七节　水资源既是环境和经济问题，
也是社会和政治问题

由于"生命之液"枯竭，全球的"环境难民"数量不断增加。自20世纪90年代开始，全世界有3/4的农民和1/5的城市人口全年得不到足够的生活淡水，因水而被迫背井离乡的人已超过因战乱出逃的难民。全世界有1/2的人口生活在与邻国分享河流和湖泊水系的国家里，由于水资源供应不足和分配不均，一些地区已经出现用水紧张的形势。水资源之争已成为地区或全球性冲突的潜在根源和战争爆发的导火索。解决水资源缺乏的问题，是一场全球性的运动。寻找新水源、重新分配水资源、提高人们节水意识、开发循环利用新技术、增强国际合作等至关重要的工作，都需要全人类的共同参与。而保护水资源和整个环境保护工作是密不可分的。

世界自然保护基金会警告说，全球变暖正在导致喜马拉雅冰川迅速后退，令数以亿计的依靠冰川融水的中国人、印度人和尼泊尔人面临水短缺的威胁。令人欣喜的是，全世界已经就拯救"生命之液"达成了共识，联合国开发计划署、国际水协会与北京清水同盟等机构在北京发表清水宣言："珍惜水资源，让她更清涟。"

第三章　水环境水资源保护

第一节　水环境水资源保护概述

一、水资源的重要性

水是生命的源泉，是基础性的自然资源，是战略性的社会经济资源。可以说，人类的生存与发展从根本上依赖于水的获取和对水的控制。自古以来人们对水的利用从未停止过。

1. 生命之源

水是地球上分布最广、储量最大的物质，是生命之源。水的存在和循环是地球孕育出万物的重要因素。

水是生命的摇篮，最原始的生命是在水中诞生的，水是生命存在不可缺少的物质。不同生物体内都拥有大量的水分，一般情况下，植物植株的含水率为60%~80%，哺乳类体内约有65%，鱼类75%，藻类95%，成年人体内的水占体重的65%~70%。此外，生物体的新陈代谢、光合作用等都离不开水，每人每日需要2~3L的水才能维持正常生存。

水占人体重量的一大部分，是人体组织成分含量最多的物质，维持着人的正常生理活动。医学试验测定，如果人体内的水分比正常量减少，就会随着减少程度的增加而出现口渴、意识模糊直至死亡等各种表现。科学观察和灾难实例表明，成年人在断粮不断水的情况下，可以忍耐7d之久；而在断粮又断水的情况下，一般仅可忍耐3d。

2. 文明的摇篮

没有水就没有生命，没有水更不会有人类的文明和进步。文明往往发源于大河流域，世界四大文明古国——中国、古印度、古埃及和古巴比伦，最初都是以大河为基础发展起来的，尼罗河孕育了古埃及的文明，底格里斯河与幼发拉底河流域促进了古巴比伦王国的兴盛，恒河带来了古印度的繁荣，长江与黄河是华夏民族的摇篮。古往今来，人口稠密、经济繁荣的地区总是位于河流湖泊沿岸，沙漠缺水地带，人烟往往比较稀少，经济也比较萧条。

3.社会发展的重要支撑

水资源是社会经济发展过程中不可缺少的一种重要的自然资源，与人类社会的进步与发展紧密相连，是人类社会和经济发展的基础与支撑。在农业用水方面，水资源是一切农作物生长所依赖的基础物质，水对农作物的重要作用表现在它几乎参与了农作物生长的每一个过程，农作物的发芽、生长、发育和结实都需要有足够的水分，当提供的水分不能满足农作物生长的需求时，农作物极可能减产甚至死亡。在工业用水方面，水是工业的血液，工业生产过程中的每一个生产环节（如加工、冷却、净化、洗涤等）几乎都需要水的参与，每个工厂都要利用水的各种作用来维持正常生产，没有足够的水量，工业就无法进行正常生产，水资源保证程度对工业发展规模起着非常重要的作用。在生活用水方面，随着经济发展水平的不断提高，人们对生活质量的要求也不断提高，从而使得人们对水资源的需求量越来越大。若生活需水量不能得到满足，必然会成为制约社会进步与发展的一个瓶颈。

4.生态环境基本要素

水资源是生态环境的基本要素，是良好的生态环境系统结构与功能的组成部分。水资源充沛，有利于营造良好的生态环境，反之，水资源比较缺乏的地区，随着人口的增长和经济的发展会更加缺水，从而更容易产生一系列生态环境问题，如草原退化、沙漠面积扩大、水体面积缩小、生物种类和种群减少。

5.关乎国家安全

水关乎着一个国家和民族的安全。有史以来各部族、区域和国家之间就经常因为争夺水而发生冲突甚至战争。历史证明，水资源的合理开发利用和保护对社会经济和稳定有着决定性的影响。

作为一种战略资源，水不仅仅关乎一个国家的发展和稳定，更与世界的和平与发展有很大关系。联合国官员预言，未来的战争是争夺水资源的战争。

如果缺乏水源，经济发展会停滞不前，社会会因此发生动荡，战争也是非常有可能的事情。历史和现实都表明，水确实是保证国家社会稳定的一个重要因素。

二、水环境保护的任务和内容

水环境保护工作，是一个复杂、庞大、系统的工程，其主要任务与内容有：

1.水环境的监测、调查与试验，以获得水环境分析计算和研究的基础资料。

2.对排入研究水体的污染源的排污情况进行预测，称污染负荷预测，包括对未来水平年的工业废水、生活污水、流域径流污染负荷的预测。

3.建立水环境模拟预测数学模型，根据预测的污染负荷，预测不同水平年研究水体可能产生的污染时空变化情况。

4.水环境质量评价，以全面认识环境污染的历史变化、现状和未来的情况，了解水环境质量的优劣，为环境保护规划与管理提供依据。

5.进行水环境保护规划，根据最优化原理与方法，提出满足水环境保护目标要求的水污染负荷防治最佳方案。

6.环境保护的最优化管理，运用现有的各种措施，最大限度地减少污染。

三、水资源保护的内容及流程

1.水资源保护的内容

水资源保护大体包括四个方面，如图3-1所示。

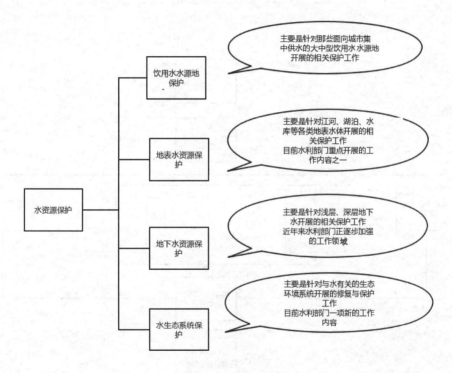

图3-1　水资源保护的四个方面

2.水资源保护的流程

下面以地表水资源保护为例，简要介绍水资源保护工作的流程。（图3-2）

（1）调查研究区水体的基本情况，包括了解目标水体的概况、特点及其功能，天然来水条件，水资源开发利用现状，存在的水环境问题等。

（2）对各类水体的功能进行区划，并据此拟定各水体的水质目标以及保证能达到该水质目标时应采取的工程措施的设计条件。

（3）对水功能区的污染源进行调查评价，包括了解污染源的空间分布，估算各污染源的排污量大小，识别主要污染源及污染物的类型等。

（4）根据研究区域的经济社会发展目标、经济结构调整、人口增长、科技进步等因素，同时结合当地城市规划方案、排水管网等基础设施建设的情况，预测在规划水平年陆域范围内的污染物排放量，再按照污废水的流向和排污口设置，将进入水体的污染物量分解到各个水功能区，求出可能进入水功能区的污染物入河量。

（5）计算水功能区内各类水体的纳污能力，并将规划水平年进入水功能区的污染物入河量与相应水体的纳污能力进行比较。当水功能区的污染物入河量大于纳污能力时，计算其污染物入河削减量；当污染物入河量小于纳污能力时，计算其污染物入河控制量。根据求出的入河控制量和削减量，进一步提出水功能区所对应的陆域污染源的污染物总量控制方案。

（6）结合污染物总量控制方案，提出更具可操作性的水资源保护工程措施和非工程措施。

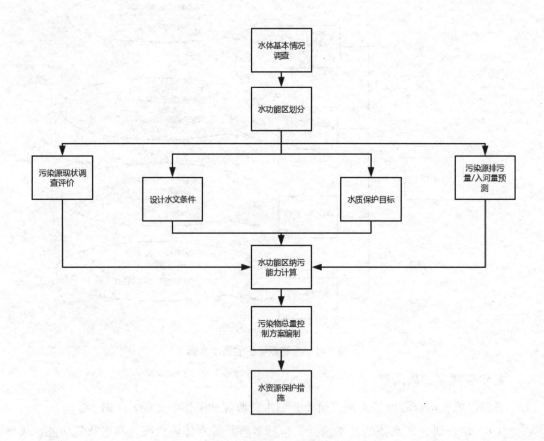

图 3-2　水资源保护工作流程图

第二节 水环境质量监测与评价

一、水质监测

水的质量关乎每一个人的身体健康与生活质量。为了确保水的质量，要实时地对水质进行监测，定期采样分析有毒物质含量和动态，对水质的动态能够了解并更好地掌控。

图 3-3 表明了水质监测的主要内容。

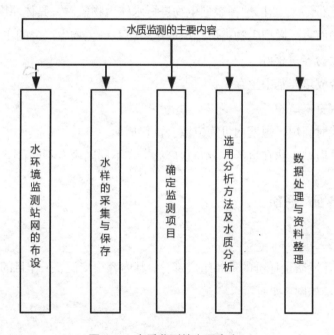

图 3-3 水质监测的主要内容

1. 监测站系统结构及功能

对于不同的水质监测站，要结合它所处的位置以及周边的环境状况，有针对性地选择适合它的通信方式，从而建立水质监测数据通信系统。不同的站点作用各异，如果是位于枢纽位置的站点或者是其他特别重要的站点，可以选用多种通信方式，这样能够更好地保证数据传输的流畅性、可靠性、及时性。

水质监测中心站主要功能包括：对各项参数进行动态监控，实时传输数据；建立实时数据库；一旦水质数据超过限定值，立即报警；实时监测界面；安全管理（人机界面上设置口令，限制没有操作权限的人员登录）。

2. 水质生物监测

为了保护水环境，需要进行水质监测。监测方法有物理方法、化学方法和生物方法。只使用化学监测可测出痕量毒物浓度，但无法测定毒物的毒性强度。污染物种类是非常之繁多的，若全部进行监测根本就是不现实的问题，不管是在技术上，还是经济上都存在很大的困难。再加上多种污染物共存时会出现各种复杂的反应，以及各种污染物与环境因子间的作用，会使生态毒理效应发生各种变化。这就使理化监测在一定程度上具有局限性。

如果使用同时进行生物监测与理化监测的方法，就可以弥补理化监测的不足。生物监测是系统地根据生物反应评价环境的质量。在进行水环境生物监测时，第一个问题就是选择要进行重点监测的生物。我国监测部门从最初选择鱼类到后来慢慢认识到用微型生物或大型无脊椎动物进行监测更为合理，也是进步的一个体现。微型生物群落包括藻类、原生动物、细菌、真菌等。之所以选择微型生物进行水体生物监测，具体原因如下：

（1）就试验而言，微型生物类群是组成水生态系统生物生产力的主要部分。

（2）微型生物容易获得。

（3）可在合成培养基中生存。

（4）可多次重复试验。

（5）其世代时间短，短期内可完成数个世代周期。

（6）大多数微型生物在世界上分布很广泛，在不同国家有不同种类，易于对比。

二、水质评价

1. 水质评价分类

水质评价是环境质量评价的重要组成部分，其内容很广泛，工作目的和研究角度不同，分类的方法不同。如图 3-4 所示。

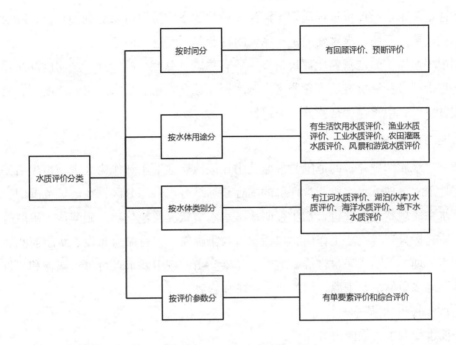

图 3-4　水质评价分类

2. 水质评价步骤

水质评价步骤一般包括：提出问题、污染源调查及评价、收集资料与水质监测、参数选择和取值、选择评价标准、确定评价内容和方法、编制评价图表和报告书等。

3. 地表水水质评价

评价地表水水质的过程主要有以下几个环节：

（1）评价标准

一般按照国家的最新规定和地方标准来制定地表水资源的评价标准，国家无标准的水质参数可采用国外标准或经主管部门批准的临时标准，评价区内不同功能的水域应采用不同类别的水质标准，如地表水水质标准、海湾水水质标准、生活饮用水水质标准、渔业用水标准、农业灌溉用水标准等。

（2）评价指标

地表水体质量的评价与所选定的指标有很大关系。在评价时所有指标不可能全部考虑，但若考虑不当，则会影响到评价结论的正确性和可靠性。因此，常常将能正确反映水质的主要污染物作为水质评价指标。评价指标的选择通常遵照以下原则：

1）应满足评价目的和评价要求。

2）应是污染源调查与评价所确定的主要污染源的主要污染物。

3）应是地表水体质量标准所规定的主要指标。

4）应考虑评价费用的限额与评价单位可能提供的监测和测试条件。

（3）湖泊（水库）的富营养化评价

上述地表水水质评价过程适合于河流、湖泊的水质量评价。对湖泊来讲，除对其进行以上水质评价外，还要求对湖泊（水库）的富营养程度进行评价。

湖泊（水库）的富营养化评价指标主要有总磷、总氮、叶绿素、透明度和高锰酸钾指数等，评价标准和评价方法可参照《全国水资源综合规划》要求给出的浓度值，营养程度一般按贫营养、中营养和富营养三级评价。

4. 地下水水质评价

地下水水质调查评价的范围是平原及山丘区浅层地下水和作为大中城市生活饮用水源的深层地下水。地下水水质调查评价的内容是：结合水资源分区，在区域范围内，普遍进行地下水水质现状调查评价，初步查明地下水水质状况及氰化物、硝酸盐、硫酸盐、总硬度等水质指标分布状况。工作内容包括调查收集资料、进行站点布设、水质监测、水质评价、图表整理、编制成果报告等。地表水污染突出的城市要求进行重点调查和评价，分析污染地下水水质的主要来源、污染变化规律和趋势。

（1）调查收集基本资料

需要进行调查收集的内容如下：

1）调查了解区域的自然地理、经济社会发展状况。

2）调查水文地质、地下水流向、地下水观测井分布、地下水埋深和地下水开发利用情况，以图表形式进行整理并附以文字说明。

3）调查区域内地面污染源分布情况，查清污废水量及主要污染物排放量。

4）调查了解城市污灌区的分布、面积、污水量及污染物等。

5）调查地下水开发利用引起的地面沉降、地面塌陷、海水入侵、泉水断流、土壤盐碱化、地方病等环境生态问题，要调查其发生时间、地点、区域范围及经济损失、已采取的防治措施等。

（2）水质评价

1）水化学类型分类。按照阿列金分类法，对各测点地下水类型进行分类，编制区域地下水化学类型分布图，如 pH 值、总硬度、矿化度、氯化物、硫酸盐、硝酸盐及氟化物离子分布图。

2）水质功能评价及一般统计。根据地下水资源的用途选择合适的评价标准，以单项指标地图叠加法对照进行单站丰、平、枯三期水质指标评价，并统计超标率、检出率。

（3）评价方法

地表水水质评价方法在地下水水质评价中也适用。此外，《地下水质量标准》中还规定了单项组分评价法和综合评价法。

5. 水质预测

（1）水质预测程序

水质预测程序大体分为三步，如图 3-5 所示。

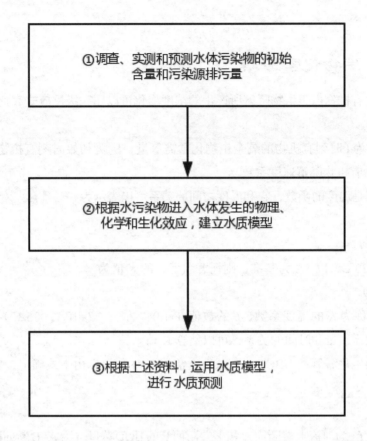

①调查、实测和预测水体污染物的初始
含量和污染源排污量

②根据水污染物进入水体发生的物理、
化学和生化效应，建立水质模型

③根据上述资料，运用水质模型，
进行水质预测

图 3-5　水质预测程序

为了做好水质预测工作，需要按照一定要求，布设水文、水质站点，监测水质变化情况，积累资料。由于水质和水量密切相关，做水质预测时对模型中要求的水量，需利用水文学方法进行计算（如用水文频率计算法来推求水量特征等）。

（2）水质预测方法

点源污染和非点源污染的水质预测方法是有差别的。

其中，点源污染的水质预测方法应用得比较多，而非点源污染的水质预测方法流程复杂，有一定的难度，所以在应用上受到一定程度的限制。

第三节　水质模型

一、生物化学分解

河流中的有机物由于生物降解所产生的浓度变化可以用一级反应式表达

$$L=L_o e^{-Kt}$$

式中，L 为 t 时刻有机物的剩余生物化学需氧量；L_o 为初始时刻有机物的总生物化学需氧量；K_t 为有机物降解速度系数。

K 的数值是温度的函数，它和温度之间的关系可以表示为

$$\frac{K_T}{K_{T_1}}=\theta^{T-T_1}$$

若取 T_1=20℃，以 K_{20} 为基准，则任意温度 T 的 K 值为

$$K_T=K_{20}\theta^{T-20}$$

式中，θ 称为 K 的温度系数，θ 的数值在 1.047 左右（T=10℃~35℃）。在试验室中通过测定生化需氧量和时间的关系，可以估算 K 值。

河流中的生化需氧量（BOD）衰减速度常数 K_t 的值可以由下式确定

$$K_t=\frac{L}{t}\ln(\frac{L_A}{L_B})$$

式中，L_A、L_B 为河流上游断面 A 和下游断面 B 的 BOD 浓度；t 为 A、B 断面间的流行时间。

二、大气复氧

水中溶解氧的主要来源是大气。氧由大气进入水中的质量传递速度可以表示为

$$\frac{d_c}{d_t}=\frac{K_L}{V}(C_S-C)$$

式中，C 为河流水中溶解氧的浓度；C_S 为河流水中饱和溶解氧的浓度；K_L 为质量传递系数；V 为水的体积。

三、水质模型的发展

水质模型是根据物理守恒原理，用数学的语言和方法描述参加水循环的水体中水质组分所发生的物理、化学、生物和生态学诸方面的变化、内在规律和相互关系的数学模型。它是水环境污染治理、规划决策分析的重要工具。对现有模型的研究是改良其功效、设计

新型模型所必需的，为水环境规划治理提供更科学更有效决策的基础，是设计出更完善更能适应复杂水环境预测评价模型的依据。

自 1925 年建立第一个研究水体 BOD-DO 变化规律的 S-P 水质模型以来，水质模型的研究内容与方法不断改进与完善。在对水体的研究上，从河流、河口到湖泊水库、海湾；在数学模型空间分布特性上，从零维、一维发展到二维、三维；在水质模型的数学特性上，由确定性发展为随机模型；在水质指标上，从比较简单的生物需氧量和溶解氧两个指标发展到复杂多指标模型。

其发展历程可以分为以下三个阶段：

第一阶段（20 世纪 20 年代中期—70 年代初期）：地表水质模型发展的初级阶段，该阶段模型是简单的氧平衡模型，主要集中于对氧平衡的研究，也涉及一些非耗氧物质，属于一种维稳态模型。

第二阶段（20 世纪 70 年代初期—80 年代中期）：地表水质模型的迅速发展阶段，随着对污染水环境行为的深入研究，传统的氧平衡模型已不能满足实际工作的需要，描述同一个污染物由于在水体中存在状态和化学行为的不同而表现出完全不同的环境行为和生态效应的形态模型出现。由于复杂的物理、化学和生物过程，释放到环境中的污染物在大气、水、土壤和植被等许多环境介质中进行分配，由污染物引起的可能的环境影响与它们在各种环境单元中的浓度水平和停留时间密切相关，为了综合描述它们之间的相互关系，产生了多介质环境综合生态模型，同时由一维稳态模型发展到多维动态模型，水质模型更接近于实际。

第三阶段（20 世纪 80 年代中期至今）：是水质模型研究的深化、完善与广泛应用阶段，科学家的注意力主要集中在改善模型的可靠性和评价能力的研究。该阶段模型的主要特点是考虑水质模型与面源污染模型的对接，并采用多种新技术方法，如随机数学、模糊数学、人工神经网络、专家系统等。

四、水质模型的分类

自第一个水质数学模型 S-P 模型应用于环境问题的研究以来，已经历了 90 多年。科学家已研究了各种类型的水体并提出了许多类型的水质模型，用于河流、河口、水库以及湖泊的水质预报和管理。根据其用途、性质以及系统工程的观点，大致有以下几种分类：

1. 根据水体类型分类

以管理和规划为目的，水质模型可分为三类，即河流的、河口的（包括潮汐的和非潮汐的）和湖泊（水库）的水质模型。河流的水质模型比较成熟，研究得亦比较深，而且能较真实地描述水质行为，所以用得较普遍。

2. 根据水质组分分类

根据水质组分划分，水质模型可以分为单一、耦合和多重组分的三类。其中 BOD-DO 耦合水质模型是能够比较成功地描述受有机物污染的河流的水质变化。多重组分水质模型比较复杂，它考虑的水质因素比较多，如综合的水生生态模型。

3. 根据系统工程观点分类

从系统工程的观点，可以分为稳态和非稳态水质模型。这两类水质模型的不同之处在于水力学条件和排放条件是否随时间变化。不随时间变化的为稳态水质模型，反之为非稳态水质模型。对于这两类模型，科学研究工作者主要研究河流水质模型的边界条件，即在什么条件下水质处于较好的状态。稳态水质模型可用于模拟水质的物理、化学、生物和水力学的过程，而非稳态模型可用于计算径流、暴雨等过程，即描述水质的瞬时变化。

4. 根据所描述数学方程的解分类

根据所描述的数学方程的解，水质模型有准理论模型和随机模型。以宏观的角度来看，准理论模型用于研究湖泊、河流以及河口的水质。这些模型考虑了系统内部的物理、化学、生物过程及流体边界的物质和能量的交换。随机模型用来描述河流中物质的行为是非常困难的，因为河流水体中各种变量必须根据可能的分布，而不是它们的平均值或期望值来确定。

5. 根据反应动力学性质分类

根据反应动力学性质，水质模型分为纯化反应模型、迁移和反应动力学模型、生态模型，其中生态模型是一个综合的模型，它不仅包括化学、生物的过程，而且包括水质迁移以及各种水质因素的变化过程。

6. 根据模型性质分类

根据模型的性质，可以分为黑箱模型、白箱模型和灰箱模型。黑箱模型由系统的输入直接计算出输出，对污染物在水体中的变化一无所知；白箱模型对系统的过程和变化机制有完全透彻的了解；灰箱模型界于黑箱与白箱之间。目前所建立的水质数学模型基本上都属于灰箱模型。

五、水质模型的应用

水质模型之所以受到科学工作者的高度重视，除了其应用范围广外，还因为在某些情况下它起着重要作用。例如，新建一个工业区，为了评估它产生的污水对受纳水体所产生的影响，用水质模型来进行评价就至关重要，以下将对水质模型的应用进行简要评述。

1. 污染物水环境行为的模拟和预测

污染物进入水环境后，由于物理、化学和生物作用的综合效应，其行为的变化是十分复杂的，很难直接认识它们。这就需要用水质模型（水环境数学模型）对污染物水环境的行为进行模拟和预测，以便给出全面而清晰的变化规律及发展趋势。用模型的方法进行模拟和预测，既经济又省时，是水环境质量管理科学决策的有效手段。但由于模型本身的局限性，以及对污染物水环境行为认识的不确定性，计算结果与实际测量之间往往有较大的误差，所以模型的模拟和预测只是给出了相对变化值及其趋势。对于这一点，水质管理决策者们应特别注意。

2. 水质管理规划

水质管理规划是环境工程与系统工程相结合的产物，它的核心部分是水环境数学模型。确定允许排放量等水质规划，常用的是氧平衡类型的数学模型。求解污染物去除率的最佳组合，关键是目标函数的线性化。而流域的水质规划是区域范围的水资源管理，是一个动态过程，必须考虑三个方面的问题：首先，水资源利用利益之间的矛盾；其次，水文随机现象使天然系统动态行为（生活、工业、灌溉、废水处置、自然保护）预测的复杂化；最后，技术、社会和经济的约束。为了解决这些问题，可将一般水环境数学模型与最优化模型相结合，形成所谓的水质管理模型。目前，水质管理模型已有很成功的应用。

3. 水质评价

水质评价是水质规划的基本程序。根据不同的目标，水质模型可用来对河流、湖泊（水库）、河口、海洋和地下水等水环境的质量进行评价。现在的水质评价不仅给出水体对各种不同使用功能的质量，而且还会给出水环境对污染物的同化能力以及污染物在水环境浓度和总量的时空分布。水污染评价已由点源污染转向非点源污染，这就需要用农业非点源污染评价模型来评价水环境中营养物质和沉积物以及其他污染物。如利用贝叶斯概念（Bayesian Concepts）和组合神经网络来预测集水流域的径流量。研究的对象也由过去的污染物扩展到现在的有害物质在水环境的积累、迁移和归宿。

4. 污染物对水环境及人体的暴露分析

由于许多复杂的物理、化学和生物作用以及迁移过程，在多介质环境中运动的污染物会对人体或其他受体产生潜在的毒性暴露，因此出现了用水质模型进行污染物对水环境及人体的暴露分析（Exposure Analysis）。目前已有许多学者对此展开了研究，但许多研究都是在实验室条件下的模拟，研究对象也比较单一，并且范围也不广泛，如何才能够建立经济有效的针对多种生物体的综合的暴露分析模型，还有待于环境科学工作者们去探索。

5. 水质监测网络的设计

水质监测数据是进行水环境研究和科学管理的基础，对于一条河流或一个水系，准确的监测网站设置的原则应当是：在最低限量监测断面和采样点的前提下获得最大限量的具有代表性的水环境质量信息，既经济又合理、省时。对于河流或水系的取样点的最新研究，采用了地理信息系统和模拟退火算法等来优化选择河流采样点。

第四节　我国常用的一些水环境标准

一、水质指标

各种天然水体是工业、农业和生活用水的水源。作为一种资源来说，水质、水量和水能是度量水资源可利用价值的三个重要指标，其中与水环境污染密切相关的则是水质指标。在水的社会循环中，天然水体作为人类生产、生活用水的水源，需要经过一系列的净化处理，满足人类生产、生活用水的相应的水质标准；当水体作为人类社会产生的污水的受纳水体时，为降低对天然水体的污染，排放的污水都需要进行相应的处理，使水质指标达到排放标准。

水质指标是指水中除去水分子外所含杂的种类和数量，它是描述水质状况的一系列指标，可分为物理指标、化学指标、生物指标和放射性指标。有些指标用某一物质的浓度来表示，如溶解氧、铁等；而有些指标则是根据某一类物质的共同特性来间接反映其含量，称为综合指标，如化学需氧量、总需氧量、硬度等。

1. 物理指标

（1）水温

水的物理、化学性质与水温密切相关。水中的溶解性气体（如氧、二氧化碳等）的溶解度、水中生物和微生物的活动、非离子态、盐度、pH 值以及碳酸钙饱和度等都受水温变化的影响。

温度为现场监测项目之一，常用的测量仪器有水温计和颠倒温度计，前者用于地表水、污水等浅层水温的测量，后者用于湖、水库、海洋等深层水温的测量。此外，还有热敏电阻温度计等。

（2）臭

臭是一种感官性指标，是检验原水和处理水质的必测指标之一，可借以判断某些杂质或者有害成分是否存在。水体产生臭的一些有机物和无机物，主要是由于生活污水和工业废水的污染物和天然物质的分解或细菌活动的结果。某些物质的浓度只要达到零点几微克/升时即可察觉。然而，很难鉴定臭物质的组成。

臭一般是依靠检查人员的嗅觉进行检测，目前尚无标准单位。臭阈值是指用无臭水将水样稀释至可闻出最低可辨别臭气的浓度时的稀释倍数，如水样最低取 25mL 稀释至 200mL 时，可闻到臭气，其臭阈值为 8。

（3）色度

色度是反映水体外观的指标。纯水为无色透明，天然水中存在腐殖酸、泥土、浮游植物、铁和锰等金属离子能够使水体呈现一定的颜色。纺织、印染、造纸、食品、有机合成等工业废水中，常含有大量的染料、生物色素和有色悬浮微粒等，通常是环境水体颜色的主要来源。有色废水排入环境水体后，使天然水体着色，降低水体的透光性，影响水生生物的生长。

水的颜色定义为改变透射可见光光谱组成的光学性质。水中呈色的物质可处于悬浮态、胶体和溶解态，水体的颜色可以真色和表色来描述。真色是指水体中悬浮物质完全移去后水体所呈现的颜色。水质分析中所表示的颜色是指水的真色，即水的色度是对水的真色进行测定的一项水质指标。表色是指有去除悬浮物质时水体所呈现的颜色，包括悬浮态、胶体和溶解态物质所产生的颜色，只能用文字定性描述，如工业废水或受污染的地表水呈现黄色、灰色等，并以稀释倍数法测定颜色的强度。

我国生活饮用水的水质标准规定色度小于 15 度，工业用水对水的色度要求更严格，如染色用水色度小于 5 度，纺织用水色度小于 10 度等。水的颜色的测定方法有铂钴标准比色法、稀释倍数法、分光光度法。水的颜色受 pH 值的影响，因此测定时需要注明水样的 pH 值。

（4）浊度

浊度是表现水中悬浮性物质和胶体对光线透过时所发生的阻碍程度，是天然水和饮用水的一个重要水质指标。浊度是由于水含有泥土、粉砂、有机物、无机物、浮游生物和其他微生物等悬浮物和胶体物质所造成的。我国饮用水标准规定浊度不超过 1 度，特殊情况不超过 3 度。测定浊度的方法有分光光度法、目视比浊法、浊度计法。

（5）残渣

残渣分为总残渣（总固体）、可滤残渣（溶解性总固体）和不可滤残渣（悬浮物）3 种。它们是表征水中溶解性物质、不溶性物质含量的指标。残渣在许多方面对水和排出水的水质有不利影响。残渣高的水不适于饮用，高矿化度的水对许多工业用水也不适用。我国饮用水中规定总可滤残渣不得大于 1000mg/L。含有大量不可滤残渣的水，外观上也不能满足洗浴等使用。残渣采用重量法测定，适用于饮用水、地面水、盐水、生活污水和工业废水的测定。

总残渣是将混合均匀的水样，在称至恒重的蒸发皿中置于水浴上，蒸干并于 103~105℃烘干至恒重的残留物质，它是可滤残渣和不可滤残渣的总和。可滤残渣（可溶性固体）指过滤后的滤液于蒸发皿中蒸发，并在 103~105℃或 180±2℃烘干至恒重的固体，包括 103~105℃烘干的可滤残渣和 180℃烘干的可滤残渣两种。不可滤残渣又称悬浮物。不可滤残渣含量一般可表示废水污染的程度。将充分混合均匀的水样过滤后，截留在标准玻璃纤维滤膜（0.45μm）上的物质，在 103~105℃烘干至恒重。如果悬浮物堵塞滤膜并难于过滤，不可滤残渣可由总残渣与可滤残渣之差计算。

（6）电导率

电导率是表示水溶液传导电流的能力。因为电导率与溶液中离子含量大致成比例地变化，电导率的测定可以间接地推测离解物总浓度。电导率用电导率仪测定，通常用于检验蒸馏水、去离子水或高纯水的纯度、监测水质受污染情况以及用于锅炉水和纯水制备中的自动控制等。

2. 化学指标

（1）pH 值

pH 值是水体中氢离子活度的负对数。pH 值是最常用的水质指标之一。由于 pH 值受水温影响而变化，测定时应在规定的温度下进行，或者校正温度。通常采用玻璃电极法和比色法测定 pH 值。天然水的 pH 值多在 6~9，这也是我国污水排放标准中的 pH 值控制范围。饮用水的 pH 值规定在 6.5~8.5，锅炉用水的 pH 值要求大于 7。

（2）酸度和碱度

酸度和碱度是水质综合性特征指标之一，水中酸度和碱度的测定在评价水环境中污染物质的迁移转化规律和研究水体的缓冲容量等方面有重要的意义。

水体的酸度是水中给出质子物质的总量，水的碱度是水中接受质子物质的总量。只有当水样中的化学成分已知时，它才被解释为具体的物质。酸度和碱度均采用酸碱指示剂滴定法或电位滴定法测定。

地表水中由于溶入二氧化碳或由于机械、选矿、电镀、农药、印染、化工等行业排放的含酸废水的进入，致使水体的 pH 值降低。由于酸的腐蚀性，破坏了鱼类及其他水生生物和农作物的正常生存条件，造成鱼类及农作物等死亡。含酸废水可腐蚀管道，破坏建筑物。因此，酸度是衡量水体变化的一项重要指标。

水体碱度的来源较多，地表水的碱度主要由碳酸盐和重碳酸盐以及氢氧化物组成，所以总碱度被当作这些成分浓度的总和。当中含有硼酸盐、磷酸盐或硅酸盐等时，则总碱度的测定值也包含它们所起的作用。在废水及其他复杂体系的水体中，还含有有机碱类、金属水解性盐等，均为碱度组成部分。有些情况下，碱度就成为一种水体的综合性指标，代表能被强酸滴定物质的总和。

（3）硬度

总硬度指水体中 Ca^{2+}、Mg^{2+} 离子的总量。水的硬度分为碳酸盐硬度和非碳酸盐硬度两类，总硬度即二者之和。碳酸盐硬度也称暂时硬度。钙、镁以碳酸盐和重碳酸盐的形式存在，一般通过加热煮沸生成沉淀除去。非碳酸盐硬度也称永久硬度。钙、镁以硫酸盐、氯化物或硝酸盐的形式存在时，该硬度不能用加热的方法除去，只能采用蒸馏、离子交换等方法处理，才能使其软化。

水中硬度的测定是一项重要的水质分析指标，与日常生活和工业生产的关系十分密切。如长期饮用硬度过大的水会影响人们的身体健康，甚至引发各种疾病；用含有硬度的水洗衣服会造成肥皂浪费；锅炉若长期使用高硬度的水，会形成水垢，既浪费燃料还可能引起锅炉爆炸等。因此对各种用途的水的硬度作了规定，如饮用水的硬度规定不大于 450mg/L（以 CaCO3 计）。

硬度的单位除以 mg/L（以 $CaCO_3$ 计）表示以外，还常用 mmol/L、德国度、法国度表示。它们之间的关系是：

1mmol/L 硬度 =100mgCaCO₃/L=5.6 德国度 =10 法国度

1 德国度 =10mgCaO/L

1 法国度 =10mgCaCO₃/L

我国和世界其他许多国家习惯采用的是德国度，简称度。

（4）总含盐量

总含量盐又称矿化度，表示水中全部阴离子总量，是农田灌溉用水适用性评价的主要指标之一。一般只用于天然水的测定，常用的测定方法为重量法。

（5）有机污染物综合指标

因为水中的有机物质种类繁多、组成复杂、分子量范围大、环境中的含量较低，所以分别测定比较困难。常用综合指标来间接测定水中的有机物总量。有机污染物综合指标主要有高锰酸盐指数、化学需氧量（COD）、生物化学需氧量（BOD）、总有机碳（TOC）、总需氧量（TOD）和氯仿萃取物等。这些综合指标可作为水中有机物总量的水质指标在水质分析中有着重要意义。

3. 生物指标

水中微生物学指标主要有细菌总数、总肠菌群、游离性余氯等。

（1）细菌总数

细菌总数是指 1mL 水样在营养琼脂培养基中，37℃培养24h 后生长出来的细菌菌落总数。主要作为判断生活饮用水、水源水、地表水等的污染程度。我国规定生活饮用水中细菌总数≤ 100CFU/mL。

（2）总大肠菌群

大肠菌群是指那些能在 37℃、48h 内发酵乳糖产酸产气的、兼性厌氧、无芽孢的革兰氏阴性菌。总大肠菌群的测定方法有多管发酵法和滤膜法。水中存在病原菌的可能性很小，其他各种细菌的种类却很多，要排除一切细菌而单独直接检出某种病原菌来，在培养技术上较为复杂，需要较多的人力和较长的时间。大肠菌群作为肠道正常菌的代表，在水中的存活时间和对氧的抵抗力与肠道致病菌相似，将其作为间接指标判断水体受粪便污染的程度。我国饮用水中规定大肠菌群不得检出。

（3）游离性余氯

游离性余氯是指饮用水氯消毒后剩余的游离性有效氯。饮用水消毒后为保证对水有持续消毒的效果，我国规定出厂水中的限值为 4mg/L，集中式给水厂出水游离性余氯不得低于 0.3mg/L，管网末梢水不低于 0.05mg/L。

4. 放射性指标

水中放射性物质主要来源于天然放射性核素和人工放射性核素。放射性物质在核衰变过程中会放射出 α 和 β 射线，而这些放射线对人体都是有害的。放射性物质除引起体外照射外，还可以通过呼吸道吸入、消化道摄入、皮肤或黏膜侵入等不同途径进入人体并在体内蓄积，导致放射性损伤、病变甚至死亡。我国饮用水规定总 α 放射性强度不得大于 0.5Bq/L，总 β 放射性强度不得大于 1Bq/L。

二、水质标准

水质标准是由国家或地方政府对水中污染物或其他物质的最大容许浓度或最小容许浓度所做的规定，是对各种水质指标做出的定量规范。水质标准实际上是水的物理、化学和生物学的质量标准，为保障人类健康的最基本卫生，分为水环境质量标准、污水排放标准、饮用水水质标准。

1. 水环境质量标准

目前，我国颁布并正在执行的水环境质量标准有《地表水环境质量标准》（GB3838—2002）、《海水水质标准》（GB3097—1997）、《地下水质量标准》（GB/T1484893）等。

《地表水环境质量标准》（GB3838—2002）将标准项目分为地表水环境质量标准项目、集中式生活饮用水地表水源地补充项目和集中式生活饮用水地表水源地特定项目。地表水环境质量标准基本项目适用于全国江河、湖泊、运河、渠道、水库等具有使用功能的地表水水域；集中式生活饮用水地表水源地补充项目和特定项目适用于集中式生活饮用水地表水源地一级保护区和二级保护区。《地表水环境质量标准》（GB3838—2002）依据地表水水域环境功能和保护目标，按功能高低依次划分为 5 类。

Ⅰ类：主要适用于源头水、国家自然保护区。

Ⅱ类：主要适用于集中式生活饮用水地表水源地一级保护区、珍稀水生生物栖息地、鱼虾类产场、仔稚幼鱼的索饵场等。

Ⅲ类：主要适用于集中式生活饮用水地表水源地二级保护区、鱼虾类越冬场、洄游通道、水产养殖区等渔业水域及游泳区。

Ⅳ类：主要适用于一般工业用水区及人体非直接接触的娱乐用水区。

Ⅴ类：主要适用于农业用水区及一般景观要求水域。

对应地表水，上述 5 类水域功能，将地表水环境质量标准基本项目标准值分为 5 类，不同功能类别分别执行相应类别的标准值。水域功能类别高的标准值严于水域功能类别低的标准值。同一水域兼有多类使用功能的，执行最高功能类别对应的标准值。

《海水水质标准》（GB3097—1997）规定了海域各类使用功能的水质要求。该标准按照海域的不同使用功能和保护目标，将海水水质分为四类。

Ⅰ类：适用于海洋渔业水域，海上自然保护区和珍稀濒危海洋生物保护区。

Ⅱ类：适用于水产养殖区、海水浴场、人体直接接触海水的海上运动或娱乐区，以及与人类食用直接有关的工业用水区。

Ⅲ类：适用于一般工业用水、海滨风景旅游区。

Ⅳ类：适用于海洋港口水域、海洋开发作业区。

《地下水质量标准》（GB/T14848-93）适用于一般地下水，不适用于地下热水、矿水、盐卤水。根据我国地下水水质现状、人体健康基准值及地下水质量保护目标，并参照了生活饮用水、工业用水水质要求，将地下水质量划分为五类。

Ⅰ类：主要反映地下水化学组分的天然低背景含量，适用于各种用途。

Ⅱ类：主要反映地下水化学组分的天然背景含量，适用于各种用途。

Ⅲ类：以人体健康基准值为依据，主要适用于集中式生活饮用水水源及工农业用水。

Ⅳ类：以农业和工业用水要求为依据，除适用于农业和部分工业用水外，适当处理后可做生活饮用水。

Ⅴ类：不宜饮用，其他用水可根据使用目的选用。

2. 污水排放标准

为了控制水体污染，保护江河、湖泊、运河、渠道、水库和海洋等地面水以及地下水水质的良好状态，保障人体健康，维护生态环境平衡，国家颁布了《污水综合排放标准》（GB8978—1996）和《城镇污水处理厂污染物排放标准》（GB18918—2002）等。《污水综合排放标准》（GB8978—1996）根据受纳水体的不同划分为三级标准。排入GB3838中Ⅱ类水域（划定的保护区和游泳区除外）和排入GB3097中的Ⅱ类海域执行一类标准；排入GB3838中Ⅳ、Ⅴ类水和排入GB3097中的Ⅲ类海域执行二级标准；排入设置二级污水处理厂的城镇排水系统的污水执行三级标准。排入未设置二级污水处理厂的城镇排水系统的污水，必须根据排水系统出水受纳水域的功能要求，执行上述相应的规定。GB3838中Ⅰ、Ⅱ类水域和Ⅲ类水域中划定的保护区，GB3097中Ⅰ类海域，禁止新建排污口，现有排污口应按水体功能要，实行污染物总量控制，以保证受纳水体水质符合规定用途的水质标准。同时该标准将污染物按照其性质及控制方式分为两类，第一类污染物不分行业和污水排放方式，也不分受纳水体的功能类别，一律在车间或车间处理设施排放口采样，最高允许浓度必须达到该标准要求；第二类污染物在排污单位排放口采样，其最高允许排放浓度必须达到本标准要求。

《城镇污水处理厂污染物排放标准》（GB18918—2002）规定了城镇污水处理厂出水废气排放和污泥处置（控制）的污染物限值，适用于城镇污水处理厂出水、废气排放和污泥处置（控制）的管理。该标准根据污染物的来源及性质，将污染物控制项目分为基本控制项目和选择控制项目两类。根据城镇污水处理厂排入地表水域环境功能和保护目标，以及污水处理厂的处理工艺，将基本控制项目的常规污染物标准值分为一级标准、二级标准、三级标准。一级标准分为 A 标准和 B 标准。一类重金属污染物和选择控制项目不分级。

3. 饮用水水质标准

《生活饮用水卫生标准》（GB5749—2006）规定了生活饮用水水质卫生要求、生活饮用水水源水质卫生要求、集中式供水单位卫生要求、二次供水卫生要求、涉及生活饮用水卫生安全产品卫生要求、水质监测和水质检验方法。该标准主要从以下几方面考虑保证饮用水的水质安全：生活饮用水中不得含有病原微生物；饮用水中化学物质不得危害人体健康；饮用水中放射性物质不得危害人体健康；饮用水的感官性状良好；饮用水应经消毒处理；水质应该符合生活饮用水水质常规指标及非常规指标的卫生要求。该标准项目共计106 项，其中感官性状指标和一般化学指标 20 项，饮用水消毒剂 4 项，毒理学指标 74 项，微生物指标 6 项，放射性指标 2 项。

第五节　水资源评价

水质是指水与其中所含杂质共同表现出来的物理、化学和生物学的综合特性。水质是水环境要素之一，其物理指标主要包括：温度、色度、浊度、透明度、悬浮物、电导率、臭和味等；化学指标主要包括 pH 值、溶解氧、溶解性固体、灼烧残渣、化学耗氧量、生化需氧量、游离氯、酸度、碱度、硬度、钾、钠、钙、镁、二价和三价铁、锰、铝、氯化物、硫酸根、磷酸根、氟、碘、氨、硝酸根、亚硝酸根、游离二氧化碳、碳酸根、重碳酸根、侵蚀性二氧化碳、二氧化硅、表面活性物质、硫化氢、重金属离子（如铜、铅、锌、镉、汞、铬）等；生物指标主要指浮游生物、底栖生物和微生物（如大肠杆菌）等。根据水的用途及科学管理的要求，可将水质指标进行分类。例如，饮用水的水质指标可分为微生物指标、毒理指标、感观性状和一般化学指标、放射性指标；为了进行水污染防治，可将水质指标分为易降解有机污染物、难降解有机污染物、悬浮固体及漂浮固体物、可溶性盐类、重金属污染物、病原微生物、热污染、放射性污染等指标。分析研究各类水质指标在水体中的数量、比例、相互作用、迁移、转化、地理分布、历年变化以及同社会经济、生态平衡等的关系，是开发、利用和保护水资源的基础。

为了保护各类水体免受污染危害或治理已受污染的水体环境，首先必须了解需要研究的水体的各项物理、化学及生物特性，污染现状和污染来源。水体污染调查与监测就是采用一定的途径和方法，调查和量测水体中污染物的浓度和总量，研究其分布规律、研究对水体的污染过程及其变化规律。对各种来水（包括支流和排入水体的各类废水）进行监测，并调查各种污染物质的来源。及时、准确地掌握水体环境质量的现状和发展趋势，为开展水体环境的质量评价、预测预报、管理与规划等工作提供可靠的科学资料。这是我们进行水体污染调查与监测的基本目的。显然，这对于保障人民健康和促进我国现代化建设的发展具有重要意义。

一、水质监测

水质监测是为了掌握水体质量动态，对水质参数进行的测定和分析。作为水源保护的一项重要内容是对各种水体的水质情况进行监测，定期采样分析有毒物质含量和动态，包括水温、pH 值、COD、溶解氧、氨氮、酚、砷、汞、铬、总硬度、氟化物、氯化物、细菌等。依监测目的可分为常规监测和专门监测两类。

常规监测是为了判别、评价水体环境质量，掌握水体质量变化规律，预测发展趋势和积累本底值资料等，需对水体水质进行定点、定时的监测。常规监测是水质监测的主体，具有长期性和连续性。专门监测：为某一特定研究服务的监测。通常，监测项目与影响水质因素同时观察，需要周密设计、合理安排、多学科协作。

水质监测的主要内容有水环境监测站网布设、水样的采集与保存、确定监测项目、选用分析方法及水质分析、数据处理与资料整理等。

（一）水环境监测站网的布设

建立水环境监测站网应具有代表性、完整。站点密度要适宜，以能全面控制水系水质基本状况为原则，并应与投入的人力、财力相适应。

1. 水质监测站及分类

水质监测站是进行水环境监测采样和现场测定以及定期收集和提供水质、水量等水环境资料的基本单元，可由一个或者多个采样断面或采样点组成。

水质监测站根据设置的目的和作用分为基本站和专用站。基本站是为水资源开发利用与保护提供水质、水量基本资料，并与水文站、雨量站、地下水水位观测井等统一规划设置的站。基本站为长期掌握水系水质的历年变化，搜集和积累水质基本资料而设立，其测定项目和次数均较多。专用站是为某种专门用途而设置的，其监测项目和次数根据站的用途和要求而确定。

水质监测站根据运行方式可分为：固定监测站、流动监测站和自动监测站。固定监测站是利用桥、船、缆道或其他工具，在固定的位置上采样。流动监测站是利用装载检测仪器的车、船或飞行工具，进行移动式监测，搜集固定监测站以外的有关资料，以弥补固定监测站的不足。自动监测站主要设置在重要供水水源地或重要打破常规地点，依据管理标准，进行连续自动监测，以控制供水、用水或排污的水质。

水质监测站根据水体类型可分为地表水水质监测站、地下水水质监测站和大气降水水质监测站。地表水水质监测站是以地表水为监测对象的水质监测站。地表水水质监测站可分为河流水质监测站和湖泊（水库）水质监测站。地下水水质监测站是以地下水为监测对象的水质监测站。大气降水水质监测是以大气降水为监测对象的水质监测站。

2. 水质监测站的布设

水质监测站的布设关系着水质监测工作的成败。水质在空间上和时间上的分布是不均匀的，具有时空性。水质监测站的布设是在区域的不同位置布设各种监测站，控制水质在区域的变化。在一定范围内布设的监测站数量越多，则越能反映水体的质量状况，但需要较高的经济代价；监测站数量越少，则经济上越节约，但不能正确地反映水体的质量状况。所以，布设的监测站数量既要能正确地反映水体的质量状况，又要满足经济性。

在设置水质监测站前，应调查并收集本地区有关基本资料，如水质、水量、地质、地理、工业、城市规划布局，主要污染源与入河排污口以及水利工程和水产等资料，用作设置具有代表性水质监测站的依据。

（1）地表水水质监测站的布设

1）河流水质监测站的布设。河流水质应该布设于河流的上游河段，受人类活动的影响较小。干支流的水质站一般设在下列水域、区域：干流控制河段，包括主要一、二级支流汇入处、重要水源地和主要退水区；大中城市河段或主要城市河段和工矿企业集中区；已建或即将兴建大型水利设施河段、大型灌区或引水工程渠首处；入海河口水域；不同水文地质或植被区、土壤盐碱化区、地方病发病区、地球化学异常区、总矿化度或总硬度变化率超过 50% 的地区。

2）湖泊（水库）水质监测站的布设。湖泊（水库）水质监测站应设在下列水域：面积大于 $100km^2$ 的湖泊；梯级水库和库容大于 1 亿 m^3 的水库；具有重要供水、水产养殖旅游等功能或污染严重的湖泊（水库）；重要国际河流、湖泊，流入、流出行政区界的主要河流、湖泊（水库），以及水环境敏感水域，应布设界河（湖、库）水质站。

（2）地下水水质监测站的布设

地下水水质监测站的布设应根据本地区水文地质条件及污染源分布状况，与地下水水位观测井结合起来进行设置。

地下水类型不同的区域、地下水开采度不同的区域应分别设置水质监测站。

（3）降水水质监测站的布设

应根据水文气象、风向、地形、地貌及城市大气污染源分布状况等，与现有雨量观测站相结合设置。下列区域应设置降水水质监测站：不同水文气象条件、不同地形与地貌区；大型城市区与工业集中区；大型水库、湖泊区。

3. 水环境监测站网

水环境监测站网是按一定的目的与要求，由适量的各类水质监测站组成的水环境监测网络。水环境监测站网可分为地表水、地下水和大气降水三种基本类型。根据监测目的或服务对象的不同，各类水质监测站可成不同类型的专业监测网或专用监测网。水环境监测站网规划应遵循以下原则：

以流域为单元进行统一规划，与水文站网、地下水水位观测井网、雨量观测站网相结合；各行政区站网规划应与流域站网规划相结合。各省、市、自治区环境站网规划应不断进行优化调整，力求做到多用途、多功能，具有较强的代表性。目前，我国地表水的监测主要由水利和环保部门承担。

（二）水样的采集与保存

水样的代表性关系着水质监测结果的正确性。采样位置、时间、频率、方法及保存等都影响着水质监测的结果。我国水利部门规定：基本河流至少每月采样一次；湖泊（水库）一般每两个月采样一次；污染严重的水体，每年应采样 8~12 次；底泥和水生生物，每年在枯水期采样一次。

水样采集后，由于环境的改变、微生物及化学作用，水样水质会受到不同程度的影响，所以，应尽快进行分析测定，以免在存放过程中引起较大的水质变化。有的监测项目要在采样现场采用相应方法立即测定，如水温、pH 值、溶解氧、电导率、透明度、色臭及感官性状等。有的监测项目不能很快测定，需要保存一段时间。水样保存的期限取决于水样的性质、测定要求和保存条件。未采取任何保存措施的水样，允许存放的时间分别为：清洁水样 72h；轻度污染的水样 48h；严重污染的水样 12h。为了最大限度地减少水样水质的变化，须采取正确有效的保存措施。

（三）监测项目和分析方法

水质监测项目包括反映水质状况的各项物理指标、化学指标、微生物指标等。选测项目过多可造成人力、物力的浪费，过少则不能正确反映水体水质状况。所以，必须合理地确定监测项目，使之能正确地反映水质状况。确定监测项目时要根据被测水体和监测目的综合考虑。通常按以下原则确定监测项目。

1. 国家与行业水环境与水资源质量标准或评价标准中已列入的监测项目。

2. 国家及行业正式颁布的标准分析方法中列入的监测项目。

3. 反映本地区水体中主要污染物的监测项目。

4. 专用站应依据监测目的选择监测项目。

水质分析的基本方法有化学分析法（滴定分析、重量分析等）、仪器分析法（光学分析法、色谱分析法、电化学分析法等），分析方法的选用应根据样品类型、污染物含量以及方法适用范围等确定。分析方法的选择应符合以下原则：

1. 国家或行业标准分析方法。

2. 等效或者参照适用 ISO 分析方法或其他国际公认的分析方法。

3. 经过验证的新方法，其精密度、灵敏度和准确度不得低于常规方法。

（四）数据处理与资料整理

水质监测所测得的化学、物理以及生物学的监测数据，是描述和评价水环境质量，进行环境管理的基本依据，必须进行科学的计算和处理，并按照要求的形式在监测报告中表达出来。水质资料的整编包括两个阶段：一是资料的初步整编；二是水质资料的复审汇编。习惯上称前者为整编，后者为汇编。

1. 水质资料整编

水质资料整编工作是以基层水环境监测中心为单位进行的，是对水质资料的初步整理，是整编全过程中最主要、最基础的工作。它的工作内容有搜集原始资料（包括监测任务书、采样记录、送样单至最终监测报告及有关说明等一切原始记录资料）、审核原始资料、整编图表（水质监测站监测情况说明表及位置图、监测成果表、监测成果特征值年统计表）。

2. 水质资料汇编

水质资料汇编工作一般以流域为单位，是流域水环境监测中心对所辖区内基层水环境监测中心已整编的水质资料的进一步复查审核。它的工作内容有抽样、资料合理性检查及审核、编制汇编图表。汇编成果一般包括的内容有资料索引表、编制说明、水质监测站及监测断面一览表、水质监测站及监测断面分布图、水质监测站监测情况说明表及位置图、监测成果表、监测成果特征值年统计表。

经过整编和汇编的水质资料可以用纸质、磁盘和光盘保存起来，如水质监测年鉴、水环境监测报告、水质监测数据库、水质检测档案库等。

二、水质评价

水质评价是水环境质量评价的简称，是根据水的不同用途，选定评价参数，按照一定的质量标准和评价方法，对水体质量定性或定量评定的过程。目的在于准确地反映水质的情况，指出发展趋势，为水资源的规划、管理、开发、利用和污染防治提供依据。

水质评价是环境质量评价的重要组成部分，其内容很广泛，工作目的和研究角度的不同，分类的方法不同。

1. 水质评价分类

水质评价分类：水质评价按时间分，有回顾评价、预断评价；按水体用途分，有生活饮用水质评价、渔业水质评价、工业水质评价、农田灌溉水质评价、风景和游览水质评价；按水体类别分，有江河水质评价、湖泊（水库）水质评价、海洋水质评价、地下水水质评价；按评价参数分，有单要素评价和综合评价。

2. 水质评价步骤

水质评价步骤一般包括：提出问题、污染源调查及评价、收集资料与水质监测、参数选择和取值、选择评价标准、确定评价内容和方法、编制评价图表和报告书等。

（1）提出问题

这包括明确评价对象、评价目的、评价范围和评价精度等。

（2）污染源调查及评价

查明污染物排放地点、形式、数量、种类和排放规律，并在此基础上，结合污染物毒性，确定影响水体质量的主要污染物和主要污染源，做出相应的评价。

（3）收集资料与水质监测

水质评价要收集和监测足以代表研究水域水体质量的各种数据。将数据整理验证后，用适当方法进行统计计算，以获得各种必要的参数统计特征值。监测数据的准确性和精确度以及统计方法的合理性，是决定评价结果可靠程度的重要因素。

（4）参数选择和取值

水体污染的物质很多，一般可根据评价的目的和要求，选择对生物、人类及社会经济危害大的污染物作为主要评价参数。常选用的参数有水温、pH值、化学耗氧量、生化需氧量、悬浮物、氨、氮、酚、氰、汞、砷、铬、铜、镉、铅、氟化物、硫化物、有机氯、有机磷、大肠杆菌等。参数一般取算术平均值或几何平均值。水质参数受水文条件和污染源条件影响，具有随机性，故从统计学角度看，参数按概率取值较为合理。

（5）选择评价标准

水质评价标准是进行水质评价的主要依据。根据水体用途和评价目的，选择相应的评价标准。一般地表水评价可选用地表水环境质量标准；海洋评价可选用海洋水质标准；专业用途水体评价可分别选用生活饮用水卫生标准、渔业水质标准、农田灌溉水质标准、工业用水水质标准以及有关流域或地区制定的各类地方水质标准等。地质目前还缺乏统一评价标准，通常可参照清洁区土壤自然含量调查资料或地球化学背景值来拟定。

（6）确定评价内容及方法

评价内容一般包括感观性、氧平衡、化学指标、生物学指标等。评价方法的种类繁多，常用的有：生物学评价法、以化学指标为主的水质指数评价法、模糊数学评价法等。

（7）编制评价图表和报告书

评价图表可以直观反映水体质量好坏。图表的内容可根据评价目的确定，一般包括评价范围图、水系图、污染源分布图、监测断面（或监测点）位置图、污染物含量等值线图、水质、底质、水生物质量评价图、水体质量综合评价图等。图表的绘制一般采用：符号法、定位图法、类型图法、等值线法、网格法等。评价报告书编制内容包括：评价对象、范围、目的和要求，评价程序，环境概况，污染源调查及评价，水体质量评价，评价结论及建议等。

3.水资源量评价的基本原则

由于水资源固有的自然特性和社会特性，所以，其数量评价不仅在计算方法上与其他的自然资源不同，而且分析论证的内容也更加全面。为了客观、准确地评价水资源的数量，评价必须遵循以下基本原则。

（1）按流域和地下水系统进行评价

1）地表水资源量按照流域进行评价。地表水在流域出口的水量是上游各级河流汇集的总水量。因此，地表水资源量评价应按完整的流域来进行。地表水资源评价一般要根据水系或不同级别流域嵌套的特点进行分区计算。由于计算区是人为划分的，各区之间存在着水量流入、流出的关系，在计算时，要考虑地表水资源整体性，既要防止将水量人为分解固化在计算区，又要避免出现水量重复计算。

2）地下水资源量按照地下水系统进行评价。地下水资源是按一定的地下水系统分布埋藏的，与系统内部的水是一个有机整体，具有密切的水化学组分迁移聚集水力联系的完整性。水资源评价的基础是正确认识系统与外界的联系以及地下水系统的结构。局域水资源评价时，为了避免水量固化在计算区和水量重复计算的问题，要注意与外围地区的水量联系。

（2）根据"三水转化"的规律进行评价

水循环中的地下水、地表水、大气降水是相互影响、相互转化、相互联系的有机整体。一方面，降水对地下水、地表水补给后，通过蒸发作用将水分子释放到大气中；另一方面，地下水和地表水不断交换水量。从某种意义上讲，地表水和地下水都是"三水转化"中的中间产物。

开采条件下，原天然条件下的三水转化关系会被打破，地表水与地下水的补、排方向和水量也会随之改变。在水量评价时，特别是局域水量评价时要充分注意这一点。此外，三水转化是一个动态、可变的过程，评价阶段的水量转化关系，不一定能够适用于开采阶段。

三、水资源的分区方法

为了反映水资源地区间的差异，分析各地区水资源的数量、质量及其年际、年内变化规律，提高水资源的计算精度，在水资源评价中应对所研究的区域，依据一定的原则和计算要求进行分区，即划分出计算和汇总的基本单元。

水资源分区有按流域水系分区和按行政分区两种方法。根据具体情况选择合适的分区方法。

1. 流域水系分区

为了便于计算水资源总量，满足水资源规划和开发利用的基本要求，评价成果要求按流域水系汇总，即水资源分区按流域水系划分。划分的基本单元的大小，视所研究总区域范围酌情而定。

各流域片是否需要在以上流域分区基础上再进一步划分为若干小区（例如供需平衡区）由各地酌情而定。

2. 行政分区

为了评价计算各省（市、自治区）的水资源量，评价成果要求按行政分区汇总，即按行政分区划分水资源汇总基本单元。全国按现行行政区划，划分到省（市、自治区）一级；各省（市、自治区）和流域片，可根据实际需要，划分次一级行政区。一般情况下，省级水资源评价成果汇总分区划分到地（市），地（市）级水资源评价成果汇总分区划分到县，县级水资源评价成果汇总分区划分到乡。

第六节　水环境水资源保护措施

根据美国《科学》杂志 2013 年公布的一份研究结果称，中国近 2000 万人生活在水源遭到砷污染的高危地区。

早在 20 世纪 60 年代，就已知中国一些省份的地下水受到了砷污染。自那以后，受影响人口的数量连年增长。长期接触即使少量的砷也可能引发人体机能严重失调，包括色素沉着、皮肤角化症、肝肾疾病和多种癌症。世界卫生组织指出，每升低于 10μg 的砷含量对人体是安全的，在中国某些地区例如内蒙古，水中的砷含量高达 1500μg。新疆、内蒙古、甘肃、河南和山东等省都有潜在的高危地区。中国砷含量可能超过 10g/L 的地区总面积估计在 58 万 km²，近 2000 万人生活在砷污染高危地区。

砷中毒是国内一种"最严重的地方性疾病"，其慢性不良反应包括癌症、糖尿病和心血管病。我国一直在对水井进行耗时的检测，不过这个过程需要数十年时间才能完成。这也促使相关研究人员制作有效的电脑模型，以便能预测出哪些地区最有可能处于危险当中。

相关研究表明，1470 万人所生活的地区水污染水平超出了世界卫生组织建议的 10 μg/L，还有大约 600 万人所生活的地区水污染水平是上述建议值的 5 倍以上。

根据《中华人民共和国水法》和《中华人民共和国水污染防治法》的相关规定，我国公民有义务按照以下措施对水资源进行保护。

一、加强节约用水管理

依据《中华人民共和国水法》和《中华人民共和国水污染防治法》有关节约用水的规定，从四个方面抓好落实。

1. 落实建设项目节水"三同时"制度

即新建、扩建、改建的建设项目，应当制订节水措施方案并配套建设节水设施；节水设施与主体工程同时设计、同时施工。

同时投产；今后新、改、扩建项目，先向水务部门报送节水措施方案，经审查同意后，项目主管部门才批准建设，项目完工后，对节水设施验收合格后才能投入使用，否则供水企业不予供水。

2. 大力推广节水工艺、节水设备和节水器具

新建、改建、扩建的工业项目，项目主管部门在批准建设和水行政主管部门批准取水许可时，以生产工艺达到省规定的取水定额要求为标准；对新建居民生活用水、机关事业及商业服务业等用水强制推广使用节水型用水器具，凡不符合要求的，不得投入使用。通过多种方式促进现有非节水型器具改造，对现有居民住宅供水计量设施全部实行户表外移改造，所需资金由地方财政、供水企业和用户承担，对新建居民住宅要严格按照"供水计量设施户外设置"的要求进行建设。

3. 调整农业结构，建设节水型高效农业

推广抗旱、优质农作物品种，推广工程措施、管理措施、农艺措施和生物措施相结合的高效节水农业配套技术，农业用水逐步实行计量管理、总量控制，实行节奖超罚的制度，适时开征农业水资源费，由工程节水向制度节水转变。

4. 启动节水型社会试点建设工作

突出抓好水权分配、定额制定、结构调整、计量监测和制度建设，通过用水制度改革，建立与用水指标控制相适应的水资源管理体制，大力开展节水型社区和节水型企业创建活动。

二、合理开发利用水资源

1. 严格限制自备井的开采和使用

已被划定为深层地下水严重超采区的城市，今后除为解决农村饮水困难确需取水的不再审批开凿新的自备井，市区供水管网覆盖范围内的自备井，限时全部关停；对于公共供水不能满足用户需求的自备井，安装监控设施，实行定额限量开采，适时关停。

2. 贯彻水资源论证制度

国民经济和社会发展规划以及城市总体规划的编制、重大建设项目的布局，应与当地水资源条件相适应，并进行科学论证。项目取水先期进行水资源论证，论证通过后方能由项目主管部门立项。调整产业结构、产品结构和空间布局，切实做到以水定产业，以水定规模，以水定发展，确保用水安全，以水资源可持续利用支撑经济可持续发展。

3. 做好水资源优化配置

鼓励使用再生水、微咸水、汛期雨水等非传统水资源；优先利用浅层地下水，控制开采深层地下水，综合采取行政和经济手段，实现水资源优化配置。

三、加大污水处理力度，改善水环境

1. 根据《入河排污口监督管理办法》的规定，对现有入河排污口进行登记，建立入河排污口管理档案。此后设置入河排污口的，应当在向环境保护行政主管部门报送建设项目环境影响报告书之前，向水行政主管部门提出入河排污口设置申请，水行政主管部门审查同意后，合理设置。

2. 积极推进城镇居民区、机关事业及商业服务业等再生水设施建设。建筑面积在 2 万平方米以上的居民住宅小区及新建大型文化、教育、宾馆、饭店设施，都必须配套建设再生水利用设施；没有再生水利用设施的在用大型公建工程，也要完善再生水配套设施。

3. 足额征收污水处理费。各省、市应当根据特定情况，制定并出台《污水处理费征收管理办法》。要加大污水处理费征收力度，为污水处理设施运行提供资金支持。

4. 加快城市排水管网建设，要按照"先排水管网、后污水处理设施"的建设原则，加快城市排水管网建设。在新建设时，必须建设雨水管网和污水管网，推行雨污分流排水体系；要在城市道路建设改造的同时，对城市排水管网进行雨、污分流改造和完善，提高污水收水率。

四、深化水价改革，建立科学的水价体系

1. 利用价格杠杆促进节约用水、保护水资源。逐步提高城市供水价格，不仅包括供水合理成本和利润，还要包括户表改造费用、居住区供水管网改造等费用。

2. 合理确定非传统水源的供水价格。再生水价格以补偿成本和合理收益原则，结合水质、用途等情况，按城市供水价格的一定比例确定。要根据非传统水源的开发利用进展情况，及时制定合理的供水价格。

3. 积极推行"阶梯式水价（含水资源费）"。电力、钢铁、石油、纺织、造纸、啤酒、酒精七个高耗水行业，应当实施"定额用水"和"阶梯式水价（水资源费）"。水价分三级，级差为 1：2：10。工业用水的第一级含量，按"省用水定额"确定，第二、三级水量为超出基本水量 10（含）和 10 以上的水量。

五、加强水资源费征管和使用

1. 加大水资源费征收力度。征收水资源费是优化配置水资源、促进节约用水的重要措施。使用自备井（农村生活和农业用水除外）的单位和个人都应当按规定缴纳水资源费（含南水北调基金）。水资源费（含南水北调基金）主要用于水资源管理、节约、保护工作和南水北调工程建设，不得挪作他用。

2. 加强取水的科学管理工作，全面推动水资源远程监控系统建设、智能水表等科技含

量高的计量设施安装工作，所有自备井都要安装计量设施，实现水资源计量，收费和管理科学化、现代化、规范化。

六、加强领导，落实责任，保障各项制度落实到位

水资源管理、水价改革和节约用水涉及面广、政策性强、实施难度大，各部门要进一步提高认识，确保责任到位、政策到位。落实建设项目节水措施"三同时"和建设项目水资源论证制度，取水许可和入河排污口审批、污水处理费和水资源费征收、节水工艺和节水器具的推广都需要有法律、法规做保障，对违法、违规行为要依法查处，确保各项制度措施落实到位。要大力做好宣传工作，使人民群众充分认识我国水资源的严峻形势，增强水资源的忧患意识和节约意识，形成"节水光荣，浪费可耻"的良好社会风尚，形成共建节约型社会的合力。

1. 加强水质监测、监督、预测及评价工作

加强水质监测和监督工作不应是静态的，而应是动态的。一旦出现异常，应立即报警，并采取有效的措施进行及时调整，控制污染势态的发展。

2. 做好饮用水源地的保护工作

饮用水源地保护是城市环境综合整治规划的首要目标，是城市经济发展的制约条件。做好饮用水源地的保护工作是指要同时做好地表饮用水源地和地下饮用水源地的保护工作。

必须限期制定饮用水源地保护长远规划。规划中要协调环境与经济的关系，切实做到饮用水源地的合理布局，建立健全城市供水水源防护措施，以逐步改善饮用水源的水质状况。

3. 积极实施污染物排放总量控制，逐步推行排污许可制度

污染物总量控制是水资源保护的重要手段。长期以来，我国工业废水的排放实施浓度控制的方法。浓度控制尽管对减少工业污染物的排放起到了一定的积极作用，但也出现了某些工厂采用清水稀释废水以降低污染物浓度的不正当做法。这样做并不会达到预期的效果。污染物的排放总量没有得到有效的控制，反而浪费了大量清洁的水资源。对污染物的排放总量进行控制实际上就是对其浓度与数量进行双方面的控制。

此外，对排污企业实行排污许可制度，也是加强水资源保护的一项有效管理措施。凡是对环境有影响排放污染物的生产活动，均需由当地经营者向环境保护部门申请，经批准领取排污许可证后方可进行。

4. 产业结构调整

目前，我国工业生产正处于关键的发展阶段，应积极遵循可持续发展原则，完成产业结构的优化调整，使其与水资源开发利用和保护相协调。不应再发展那些能耗大、用水多、排污量大的工业。同时，还应加强对工业企业的技术改造，积极推广清洁生产。发展清洁

生产与绿色产业是近年来国内外经济社会可持续发展与环境保护的一个热点。在水资源保护中应鼓励清洁生产在我国的实施。

5.水资源保护法律法规建设

水资源保护工作必须有完善的法律、法规与之配套，才能使具体保护工作得以实施。水资源保护的法律、法规措施应从以下几个方面考虑：

（1）加强水资源保护政策法规的建设。

（2）建立和完善水资源保护管理体制和运行机制。

（3）运用经济杠杆的调节作用。

（4）依法行政，建立水资源保护的法规体系和执法体系，并进行统一监督与管理。

第七节　水环境修复

一、湖泊生态系统的修复

1.湖泊生态系统修复的生态调控措施

治理湖泊的方法有物理方法如机械过滤、疏浚底泥和引水稀释等；化学方法如杀藻剂杀藻等；生物方法如放养鱼等；物化法如木炭吸附藻毒素等。各类方法的主要目的是降低湖泊内的营养负荷，控制过量藻类的生长，均取得了一定的成效。

（1）物理、化学措施

在控制湖泊营养负荷实践中，研究者已经发明了许多方法来降低内部磷负荷，例如通过水体的有效循环，不断干扰温跃层，该不稳定性可加快水体与 DO（溶解氧）、溶解物等的混合，有利于水质的修复；削减浅水湖的沉积物，采用铝盐及铁盐离子对分层湖泊沉积物进行化学处理，向深水湖底层充入氧或氮。

（2）水流调控措施

湖泊具有水"平衡"现象。它影响着湖泊的营养供给、水体滞留时间及由此产生的湖泊生产力和水质。若水体滞留时间很短。如在 10d 以内，藻类生物量不可能积累；水体滞留时间适当时，既能大量提供植物生长所需营养物，又有足够时间供藻类吸收营养促进其生长和积累；如有足够的营养物和 100d 以上到几年的水体滞留时间，可为藻类生物量的积累提供足够的条件。因此，营养物输入与水体滞留时间对藻类生产的共同影响，成为预测湖泊状况变化的基础。

为控制浮游植物的增加，使水体内浮游植物的损失超过其生长，除对水体滞留时间进行控制或换水外，增加水体冲刷以及其他不稳定因素也能实现这一目的。由于在夏季浮游植物生长不超过 3~5d，因此这种方法在夏季不宜采用。但是，在冬季浮游植物生长慢的时候，冲刷等流速控制方法可能是一种更实用的修复措施，尤其对于冬季藻青菌的浓度相对较高的湖泊十分有效。冬季冲刷之后，藻类数量大量减少，次年早春湖泊中大型植物就可成为优势种属。这一措施已经在荷兰一些湖泊生态系统修复中得到广泛应用，且取得了较好的效果。

（3）水位调控措施

水位调控已经被作为一类广泛应用的湖泊生态系统修复措施。这种方法能够促进鱼类活动，改善水鸟的生境，改善水质，但由于娱乐、自然保护或农业等因素，有时对湖泊进行水位调节或换水不太现实。

由于自然和人为因素引起的水位变化，会涉及多种因素，如湖水浑浊度、水位变化程度、波浪的影响（风速、沉积物类型和湖的大小）和植物类型等。这些因素的综合作用往往难以预测。一些理论研究和经验数据表明水深和沉水植物的生长存在一定关系。即，如果水过深，植物生长会受到光线限制；反之，如果水过浅，频繁的再悬浮和较差的底层条件，会使得沉积物稳定性下降。

通过影响鱼类的聚集，水位调控也会对湖水产生间接的影响。在一些水库中，有人发现改变水位可以减少食草鱼类的聚集，进而改善水质。而且，短期的水位下降可以促进鱼类活动，减少食草鱼类和底栖鱼类数量，增加食肉性鱼类的生物量和种群大小。这可能是因为低水位生境使受精鱼卵干涸而令其无法孵化，或者增加了被捕食的危险。

此外，水位调控还可以控制损害性植物的生长，为营养丰富的浑浊湖泊向清水状态转变创造有利条件。浮游动物对浮游植物的取食量由于水位下降被增加，改善了水体透明度，为沉水植物生长提供了良好的条件。这种现象常常发生在富含营养底泥的重建性湖泊中。该类湖泊营养物浓度虽然很高，但由于含有大量的大型沉水植物，在修复后一年之内很清澈，然而几年过后，便会重新回到浑浊状态，同时伴随着食草性鱼类的迁徙进入。

（4）大型水生植物的保护和移植

由于藻类和水生高等植物同处于初级生产者的地位，二者相互竞争营养、光照和生长空间等生态资源，所以水生植物的组建及修复对于富营养化水体的生态修复具有极其重要的地位和作用。

围栏结构可以保护大型植物免遭水鸟的取食，这种方法可以作为鱼类管理的一种替代或补充方法。围栏能提供一个不被取食的环境，大型植物可在其中自由生长和繁衍。此外，白天它们还能为浮游动物提供庇护。这种植物庇护作为一种修复手段是非常有用的，特别是在小湖泊和由于近岸地带扩展受到限制或中心区光线受到限制的湖泊更加明显，这是因为水鸟会在可以提供巢穴的海岸区聚集。在营养丰富的湖泊中植物作为庇护场所所起的作用最大，因为在这样的湖泊中大型植物的密度是最高的。另外，植物或种子的移植也是一种可选的方法。

（5）生物操纵与鱼类管理

生物操纵（Biomanipulation）即通过去除浮游生物捕食者或添加食鱼动物来降低以浮游生物为食鱼类的数量，使浮游动物的体型增大，生物量增加，从而提高浮游动物对浮游植物的摄食效率，降低浮游植物的数量。生物操纵可以通过许多不同的方式来克服生物的限制，进而加强对浮游植物的控制，利用底栖食草性鱼类减少沉积物再悬浮和内部营养负荷。生物管理实验中用削减鱼类密度来改善水质、增加水体的透明度。Drenner 和 Hambright 认为生物管理的成功例子大多是在水域面积 25 hm² （1 hm²=10⁴ m²）以下及深度 3 m 以下的湖泊中实现的。不过，有些在更深的、分层的和面积超过 1km² 的湖泊中也取得了成功。

引人注目的是，在富营养化湖中，当鱼类数目减少后，通常会引发一连串的短期效应。浮游植物生物量的减少改善了透明度。小型浮游动物遭鱼类频繁的捕食，使叶绿素 a 与 TP 的比率常常很高，鱼类管理导致营养水平降低。

成功在浅的分层富营养化湖泊中进行的实验中，总磷浓度大多下降 30%~50%，水底微型藻类的生长通过改善沉积物表面的光照条件，刺激了无机氮和磷的混合。由于捕食率高（特别是在深水湖中），水底藻类浮游植物不会沉积太多，低的捕食压力下更多的水底动物最终会导致沉积物表面更高的氧化还原作用，这减少了磷的释放，进一步刺激加快了硝化脱氮作用。此外，底层无脊椎动物和藻类可以稳定沉积物，因此减少了沉积物再悬浮的概率。更低的鱼类密度减轻了鱼类对营养物浓度的影响。而且，营养物随着鱼类的运动而移动，随着鱼类而移动的磷含量超过了一些湖泊的平均含量，相当于 20%~30% 的平均外部磷负荷，这相比于富营养湖泊中的内部负荷还是很低的。

发现表明，如果浅的温带湖泊中磷的浓度减少到 0.05 mg/L 以下并且超过 8 m 水深时鱼类管理将会产生重要的影响，其关键是使生物的结构发生改变。通常生物结构在这个范围内会发生变化。然而，如果氮负荷比较低，总磷的消耗会由于鱼类管理而发生变化。

（6）适当控制大型沉水植物的生长

虽然大型沉水植物的重建是许多湖泊生态系统修复工程的目标，但密集植物床在营养化湖泊中出现时也有危害性，如降低垂钓等娱乐价值、妨碍船的航行等。此外，生态系统的组成会由于入侵种的过度生长而发生改变，如欧亚狐尾藻在美国和非洲的许多湖泊中已对本地植物构成严重威胁。对付这些危害性植物的方法包括特定食草昆虫如象鼻虫和食草鲤科鱼类的引入、每年收割、沉积物覆盖、下调水位或用农药进行处理等。

通常，收割和水位下降只能起到短期的作用，因为这些植物群落生长很快而且外部负荷高。引入食草鲤科鱼的作用很明显，因此目前世界上此方法应用最广泛，但该类鱼过度取食又可能使湖泊由清澈转为浑浊状态。另外，鲤鱼不好捕捉，这种方法也应该谨慎采用。实际过程中很难摸索到大型沉水植物的理想密度以促进群落的多样性。

大型植物蔓延的湖泊中，经常通过挖泥机或收割的方式来实现其数量的削减。这可以提高湖泊的娱乐价值，提高生物多样性，并对肉食性鱼类有好处。

（7）蚌类与湖泊的修复

蚌类是湖泊中有效的滤食者。大型蚌类有时能够在短期内将整个湖泊的水过滤一次。但在浑浊的湖泊很难见到它们的身影，这可能是由于它们在幼体阶段即被捕食。这些物种的再引入对于湖泊生态系统修复来说切实有效，但目前为止没有得到重视。

19 世纪时，斑马蚌进入欧洲，当其数量足够大时会对水的透明度产生重要影响，已有实验表明其重要作用。基质条件的改善可以提高蚌类的生长条件。蚌类在改善水质的同时也增加了水鸟的食物来源，但也不排除产生问题的可能。如在北美，蚌类由于缺乏天敌而迅速繁殖，已经达到很大的密度，大量的繁殖导致了五大湖近岸带叶绿素 a 与 TP 的比率大幅度下降，加之恶臭水输入水库，从而让整个湖泊生态系统产生难以控制的影响。

上海海洋大学等校专家建立了一套"食藻虫引导沉水植物生态修复工程技术"。他们在国际上首次利用经过长期驯化的"食藻虫"，可将蓝藻、有机碎屑等吞食清除，并产生一种生态因子抑制蓝藻，能使水体透明度在短期内提高到 1.5 m。在此期间，还大量快速种植沉水植物，形成"水下小森林"，吸收过量的氮、磷物质，从而通过营养竞争作用，抑制蓝藻繁殖生长。另外，沉水植被经由光合作用，释放大量溶解氧，并带入底泥促进底栖生物包括水生昆虫、螺和贝的滋生，修复起自然生态的抗藻效应，使水体保持稳定清澈状态。

2. 陆地湖泊生态修复的方法

湖泊生态修复的方法，总体而言可以分为外源性营养物种的控制措施和内源性营养物质的控制措施两大部分。其中内源性方法又分为物理法、化学法、生物法等。

（1）外源性方法

1）截断外来污染物的排入。由于湖泊污染、富营养化基本上来自外来物质的输入。因此要采取如下几个方面进行截污。首先，对湖泊进行生态修复的重要环节是实现流域内废、污水的集中处理，使之达标排放，从根本上截断湖泊污染物的输入。其次，对湖区来水区域进行生态保护，尤其是植被覆盖低的地区，要加强植树种草，扩大植被覆盖率。目的是可对湖泊产水区的污染物削减净化，从而减少来水污染负荷。因为，相对于点源污染较容易实现截断控制，面源污染量大，分布广，尤其主要分布在农村地区或山区，控制难度较大。最后应加强监管，严格控制湖滨带度假村、餐饮的数量与规模，并监管其废污水的排放。对游客产生的垃圾，要及时处理，尤其要采取措施防治隐蔽处的垃圾产生。规范渔业养殖及捕捞，退耕还湖，保护周边生态环境。

2）恢复和重建湖滨带湿地生态系统。湖滨带湿地是水陆生态系统间的一个过渡和缓冲地带，具有保持生物多样性、调节相邻生态系统稳定、净化水体、减少污染等功能。建立湖滨带湿地，恢复和重建湖滨水生植物，利用其截留、沉淀、吸附和吸收作用，净化水质，控制污染物。同时能够营造人水和谐的亲水空间，也为两栖水生动物修复其生长存活空间及环境。

（2）物理法

1）引水稀释。通过引用清洁外源水，对湖水进行稀释和冲刷。这一措施可以有效降低湖内污染物的浓度，提高水体的自净能力。这种方法只适用于可用水资源丰富的地区。

2）底泥疏浚。多年的自然沉积，湖泊的底部积聚了大量的淤泥。这些淤泥中富含营养物质及其他污染物质，如重金属，能为水生生物生长提供物质来源，同时底泥污染物释放也会加速湖泊的富营养化进程，甚至引起水华的发生。因此，疏浚底泥是一种减少湖泊内营养物质来源的方法。但施工中必须注意防止底泥的泛起，对移出的底泥也要进行合理安置处理，避免二次污染的发生。

3）底泥覆盖。目的与底泥疏浚相同，在于减少底泥中的营养盐对湖泊的影响。但这一方法不是将底泥完全挖出，而是在底泥层的表面铺设一层渗透性小的物质，如生物膜或卵石，可以有效减少水流扰动引起底泥翻滚的现象，抑制底泥营养盐的释放，提高湖水清澈度，促进沉水植被的生长。但需要注意的是铺设透水性太差的材料，会严重影响湖泊固有的生态环境。

4）其他一些物理方法。除了以上三种较成熟、简便的措施外，还有其他一些新技术投入应用，如水力调度技术、气体抽提技术和空气吹脱技术。水力调度技术是根据生物体的生态水力特性，人为营造出特定的水流环境和水生生物所需的环境，来抑制藻类大量繁殖等。气体抽取技术是利用真空泵和井，将受污染区的有机物蒸气或将污染物转变为气相，从湖中抽取，收集处理。空气吹脱技术是将压缩空气注入受污染区域，将污染物从附着物上驱除。结合提取技术可以得到较好效果。

（3）化学法

化学法就是针对湖泊中的污染特征，投放相应的化学药剂，应用化学反应除去污染物质，净化水质的方法。常用的有，对于磷元素超标，可以通过投放硫酸铝[$Al_2(SO_4)_3 \cdot 18H_2O$]，去除磷元素。针对湖水酸化，通过投放石灰来进行处理。对于重金属元素，常常投放石灰、灰烬和硫化钠等。投放氧化剂来将有机物转化为无毒或者毒性较小的化合物，常用的有次氯酸钠或者次氯酸钙、过氧化氢、高锰酸钾和臭氧。但需要注意的是化学法处理虽然操作简单，但费用较高，而且往往容易造成二次污染。

（4）生物方法

生物法也称生物强化法，主要是依靠湖水中的生物，增强湖水的自净能力，从而达到恢复整个生态系统的方法。

1）深水曝气技术。当湖泊出现富营养化现象时，往往是水体溶解氧大幅降低，底层甚至出现厌氧状态。深水曝气便是通过机械方法将深层水抽取上来，进行曝气，之后回灌，或者注入纯氧和空气，使得水中的溶解氧增加，改厌氧环境为好氧条件，使得藻类数量减少，水华程度明显减轻。

2）水生植物修复。水生植物是湖泊中主要的初级生产者之一，往往是决定湖泊生态系统稳定的关键因素。水生植物生长过程中能将水体中的富营养化物质如氮、磷元素吸收固定，既满足生长需要，又能净化水体。但修复湖泊水生植物是一项复杂的系统工程。需要考虑整个湖泊现有水质、水温等因素，确定适宜的植物种类，采用适当的技术方法，逐步进行恢复。具体的技术方法有：a. 人工湿地技术。通过人工设计建造湿地系统，适时适量收割植被，将营养物质移出湖泊系统，从而达到修复整个生态系统的目的。b. 生态浮床技术。采用无土栽培技术，以高分子材料（如发泡聚苯乙烯）为载体和基质，综合集成的水面无土种植植物技术。既可种植经济作物，又能利用废弃塑料，同时不受光照等条件限制，应用效果明显。这一技术与人工湿地的最大优势就在于不占用土地。c. 前置库技术。前置库是位于受保护的湖泊水体上游支流的天然或人工库（塘）。前置库中不仅可以拦截暴雨径流，同时也具有吸收、拦截部分污染物质、富营养物质的功能。在前置库中种植合适的水生植被能有效地达到这一目标。这一技术与人工湿地类似，但位置更靠前，处于湖泊水体主体之外。对水生植物修复方法而言，能较为有效地恢复水质，而且投入较低，实施方便，但由于水生植物有其一定的生命周期，应该及时予以收割处理，减少因自然凋零腐烂而引起的二次污染。同时选择植物种类时也要充分考虑湖泊自身生态系统中的品种，避免因引入物质不当而引起的入侵现象。

3）水生动物修复。主要利用湖泊生态系统中食物链关系，通过调节水体中生物群落结构的方法来控制水质。主要是调整鱼群结构，针对不同的湖泊水质问题类型，在湖泊中投放、发展某种鱼类，抑制或消除另外一些鱼类，使整个食物网适合于鱼类自身对藻类的捕食和消耗，从而改善湖泊环境。比如通过投放肉食性鱼类来控制浮游生物食性鱼类或底栖生物食性鱼类，从而控制浮游植物的大量发生；投放植食（滤食）性鱼类，影响浮游植物，控制藻类过度生长。水生动物修复方法，成本低廉，无二次污染，同时可以收获水产品，在较小的湖泊生态系统中应用效果较好。但对大型湖泊，由于其食物链、食物网关系复杂，需要考虑的因素较多，应用难度相应增加。同时也需要考虑生物入侵问题。

4）生物膜技术。这一技术指根据天然河床上附着生物膜的过滤和净化作用，从表面积较大的天然材料或人工介质为载体，利用其表面形成的黏液状生态膜，对污染水体进行净化。由于载体上富集了大量的微生物，能有效拦截、吸附、降解污染物质。

3. 城市湖泊的生态修复方法

北方湖泊要进行生态修复，首先要进行城市湖泊生态面积的计算及最适生态需水量的计算，然后进行最适面积的城市湖泊建设，每年保证最适生态需水量的供给，同时进行与南方城市湖泊同样的生态修复方法。南、北城市湖泊生态修复相同的方法如下。

（1）清淤疏浚与曝气有氧生物修复相结合

造成现代城市湖泊富营养化的主要原因是氮、磷等元素过量排放，其中氮元素在水体中可以被重吸收进行再循环，而磷元素却只能沉积于湖泊的底泥中。因此，单纯的截污和净化水质是不够的，要进行清淤疏浚。对湖泊底泥污染的处理，首先应是曝气或引入耗氧微生物相结合的方法进行处理，然后再进行清淤疏浚。

（2）种植水生生物

在疏浚区的岸边种植挺水植物和浮叶植物，在游船活动的区域培养和种植不同种类的沉水植物。根据水位的变化及水深情况，选择乡土植物形成湿生—水生植物群落带。所选野生植物包括黄菖蒲、水葱、萱草、荷花、睡莲、野菱等。植物生长能促进悬浮物的沉降，增加水体的透明度，吸收水和底泥中的营养物质，改善水质，增加生物多样性，并有良好的景观效果。

（3）放养滤食性的鱼类和底栖生物

放养鲢鱼、鳙鱼等滤食性鱼类和水蚯蚓、羽苔虫、田螺、圆蚌、湖蚌等底栖动物，依靠这些动物的过滤作用，减轻悬浮物的污染，增加水体的透明度。

（4）彻底切断外源污染

外源污染指来自湖泊以外区域的污染，包括城市各种工业污染、生活污染、家禽养殖场及畜禽养殖场的污染。要做到彻底切断外源污染，一要关闭以前所有通往湖泊的排污口；二要运转原有污水污染物处理厂；三要增建新的处理厂，进行合理布局，保证所有处理厂的处理量等于甚至略大于城市的污染产生量，保证每个处理厂正常运转，并达标排放。污水污染物处理厂，包括工业污染处理厂、生活污染处理厂及生活污水处理厂。工业污染物要在工业污染处理厂进行处理。生活固态污染物要在生活污染处理厂进行处理，生活污水、家禽养殖场及畜禽养殖场的污废水引入生活污水处理厂进行处理。

（5）进行水道改造工程

有些城市湖泊为死水湖，容易滞水而形成污染，要进行湖泊的水道连通工程，让死水湖变为活水湖，保持水分的流动性，消除污水的滞留以实现稀释、扩散从而得以净化。

（6）实施城市雨污分流工程及雨水调蓄工程

城市雨污分流工程主要是将城市降水与生活污水分开。雨水调蓄工程是在城市建地下初降雨水调蓄池，贮藏初降雨水。初降雨水，既带来了大气中的污染物也带来了地表面的污染物，完全是非点源污染的携带者，不经处理，长期积累，将造成湖泊的泥沙沉积及污染，建初降雨水调蓄池，在降雨初期暂存高污染的初降雨水，然后在降雨后引入污水处理厂进行处理，这样可以防止初降雨水带去的非点源污染对湖泊的影响。实施城市雨污分流工程，把城市雨水与生活污水分离开，将后期基本无污染的降水直接排入天然水体，从而减轻污水处理厂的负担。

（7）加强城市绿化带的建设

城市绿化带美化城市景观的作用不仅仅表现在吸收二氧化碳、制造氧气、防风防沙、保持水土、减缓城市"热岛"效应、调节气候。它还有其他很重要的生态修复作用：具有滞尘、截尘、吸尘作用。城市绿化带的建设，植被种类建议种植乡土种，种类越多样越好，这样不容易出现生物入侵现象，互补性强，自组织性强，自我调节、自我恢复力高，稳定性高，容易达到生态平衡。

（8）打捞悬浮物

设置打捞船只，及时进行树叶、乱扔纸张等杂物的清理，保持水面的干净。

二、湿地的生态修复

1.湿地生态修复的方法

短暂的丰水期对于所有的湿地都曾经存在过，但各个湿地在用水机制方面仍存在很大的自然差异。在多数情况下，诸如湿地及周围环境的排水、地下水过度开采等人类活动对湿地水环境具有很大的影响。一般认为许多湿地在实际情况下往往要比理想状态易缺水干枯，因此对湿地采取补水增湿的措施很有必要。但根据实践结果发现，这种推测未必成立。原因在于目前湿地水位的历史资料仍然不完备，而且部分干枯湿地是由自然界干旱引起的。有资料还表明适当的湿地排水不但不会破坏湿地环境，反而会增加湿地物种的丰富度。

但一般对曾失水过度的湿地来讲，湿地生态修复的前提条件是修复其高水位。但想完全修复原有湿地环境单单对湿地进行补水是不够的，因为在湿地退化过程中，湿地生态系统的土壤结构和营养水平均已发生变化，如酸化作用和氮的矿化作用是排水的必然后果。而增湿补水伴随着氮、磷的释放，特别是在补水初期，因此，湿地补水必须要解决营养物质的积累问题。此外，钾缺乏也是排水后的泥炭地土壤的特征之一，这将是限制或影响湿地成功修复的重要因素。

可见，进行补水对于湿地生态修复来说仅仅是一个前奏，还需要进行很多的后续工作。而且，由于缺乏湿地水位的历史资料，人们往往很难准确估计补充水量的多少。一般而言，补水的多少应通过目标物种或群落的需水方式来确定，水位的极大值、极小值、平均最大值、平均最小值、平均值以及水位变化的频率与周期都可以影响湿地生态系统的结构与功能。

湿地补水首先要明确湿地水量减少的原因。修复湿地的水量也可通过挖掘降低湿地表面以补偿降低的水位、通过利用替代水源等方式进行。在多数情况下，技术上不会对补水增湿产生限制，而困难主要集中在资源需求、土地竞争或政治因素等方面。在此讨论的湿地补水措施包括减少湿地排水、直接输水和重建湿地系统的供水机制。

（1）减少湿地排水。目前减少湿地排水的方法主要有两种：一种是在湿地内挖掘土壤形成渴湖（堤岸）以蓄积水源；另一种方法是在湿地生态系统的边缘构建木材或金属围堰以阻止水源流失，这种方法是一种最简单和普遍应用的湿地保水措施，但是当近地表土壤的物理性质被改变后，单凭堵塞沟壑并不能有效地给湿地进行补水，必须辅以其他的方法。

填堵排水沟壑的目的是减少湿地的横向排水，但在某些情况下，沟壑对湿地的垂直向水流也有一定作用。堵塞排水沟时可以通过构设围堰减少排水沟中的水流。在整个沟壑中铺设低渗透性材料可减少垂直向的排水。

在由高水位形成的湿地中构建围堰是很有效的。除了减少排水，围堰的水位还比湿地原始状态更高。但高水位也潜藏着隐患：营养物质在沟壑水中的含量高时，会渗透到相连的湿地中，对湿地中的植物直接造成负面影响。对于由地下水上升而形成的湿地，构建围堰需进行认真的评价。因为横向水流是此类湿地形成的主要原因，围堰可能造成淤塞，非自然性的低潜能氧化还原作用可能会增加植物毒素的作用。

湿地供水减少而产生的干旱缺水这一问题可通过围堰进行缓解。但对于其他原因引起的缺水，构建围堰并不一定适宜，因为它改变了自然的水供给机制，有时需要工作人员在这种次优的补水方式和不采取补水方式之间进行抉择。

减少横向水流主要通过在大范围内蓄水。堤岸是一类长的围堰，通常在湿地表面内部或者围绕着湿地边界修建，以形成一个浅的潟湖。对于一些因泥炭采掘排水和下陷所形成的泥炭沼泽地，可以用堤岸封住其边缘。泥炭废弃地边缘的水位下降程度主要取决于泥炭的水传导性质和水位梯度。有时上述两个变量之一或全部值都很小，会形成一个很窄的水位下降带，这种情况下通常不需补水。在水位比期望值低很多的情况下，堤岸是一种有效的补水工具，它不但允许小量洪水流入，而且还能减少水向外泄漏。

修建堤岸的材料很多，包括以黏土为核的泥炭、低渗透性的泥炭黏土，以及最近发明的低渗透膜。其设计一般取决于材料本身的用途和不同泥炭层的水力性质。但沼泽破裂（Bog Bursts）的可能性和堤岸长期稳定性也需要重视，目前尚不清楚上述顾虑是否合理，但堤岸的持久性必须加以考虑。对于那些边缘高度差较大（＞1.5 m）的地方，相比于单一的堤岸，采用阶梯式的堤岸更合理。阶梯式的堤岸可通过在周围土地上建立一个阶梯式的台阶或在地块边缘挖掘出一系列台阶实现。而前者不需要堤岸与要修复的废弃地毗连，因为它的功能是保持周围环境的高水位。这种修建堤岸方式类似于建造一个浅的潟湖。

（2）直接输水。对于由于缺少水供给而干涸的湿地，在初期采用直接输水来进行湿地修复效果明显。人们可以铺设专门给水管道，也可利用现有的河渠作为输水管道进行湿地直接输水。供给湿地的水源除了从其他流域调集外，还可以利用雨水进行水源补给。雨水补水难免会存在一定的局限性，特别是在干燥的气候条件下；但不得不承认雨水输水确实具有可行性，如可划定泥炭地的部分区域作为季节性的供水蓄水池（Water Supply Reservoir），充当湿地其他部分的储备水源。在地形条件允许的情况下，雨水输水可以通过引力作用进行排水（包括通过梯田式的阶梯形补水、排水管网或泵）。潟湖的水位通过泵排水来维持，效果一般不好，因为有资料表明它可能导致水中可溶物质增加。但若雨水是唯一可利用的补水源，相对季节性的低水位而言，这种方式仍然是可行的。

（3）重建湿地系统的供水机制。湿地生态系统的供水机制改变而引起湿地的水量减少时，重建供水机制也是一种修复的方法。但是，由于大流域的水文过程影响着湿地，修复原始的供水机制需要对湿地和流域都加以控制，这种方法缺少普遍可行性。单一问题引起的供水减少更适合应用修复供水机制的方法（如取水点造成的水量减少），这种方法虽然简单但很昂贵，并且想保证湿地生态系统的完全修复仅通过修复原来的水供给机制不够全面。

2. 陆地湿地恢复的技术方法

（1）湿地生境恢复技术

这一类技术指通过采取各类技术措施提高生境的异质性和稳定性，包括湿地基底恢复、湿地水状态恢复和湿地土壤恢复。

1）湿地基底恢复。通过运用工程措施，维持基底的稳定，保障湿地面积，同时对湿地地形、地貌进行改造。具体技术包括湿地及上游水土流失控制技术和湿地基底改造技术等。

2）湿地水状态恢复。此部分包括湿地水文条件的恢复和湿地水质的改善。水文条件的恢复可以通过修建引水渠、筑坝等水利工程来实现。前者为增加来水，后者为减少湿地排水。通过这两个方面来对湿地进行补水保水措施。湿地最重要的一个因素便是水，水也往往是湿地生态系统最敏感的一个因素。对于缺少水供给而干涸的湿地，可以通过直接输水来进行初期的湿地修复。之后可以通过工程措施来对湿地水文过程进行科学调度。对于湿地水质的改善，可以应用污水处理技术、水体富营养化控制技术等来进行。污水处理技术主要针对湿地上游来水过程，目的是减少污染物质的排入。而水体富营养化控制技术，往往针对湿地水体本身。这一技术又分为物理、化学及生物等方法。

3）湿地土壤恢复。这部分包括土壤污染控制技术、土壤肥力恢复技术等。

（2）湿地生物恢复技术

这一部分技术方法，主要包括物种选育和培植技术、物种引入技术、物种保护技术、种群动态调控技术、种群行为控制技术、群落结构优化配置与组建技术、群落演替控制与恢复技术等。对于湿地生物恢复而言，最佳的选择便是利用湿地自身种源进行天然植被恢复。这样可以避免因为引用外来物种而发生的生物入侵现象。天然种源恢复包括湿地种子库、种子传播和植物繁殖体三类。

湿地种子库指排水不良的土壤是一个丰富的种子库，与现存植被有很大的相似性。但湿地植被形成的种子库的能力有很大不同。所以其重要性对于不同湿地类型也不尽相同。一般来说，丰水枯水周期变化明显的湿地系统中含有大量的一年生植物种子库。人们可以利用这些种子来进行恢复。但一些持续保持高水位的湿地中种子库就相对缺乏。

对于不能形成种子库的湿地植物，其恢复关键取决于这类植物的外来种子在湿地内的传播。这便是种子传播。

植物繁殖体指湿地植物的某一部分有时也可以传播，然后生长，如一些苔藓植物等，可以通过风力传播，重新生长。对于通过外来引种进行植物恢复，可以有播种、移植、看护植物等方式。

（3）湿地生态系统结构与功能恢复技术

主要包括生态系统总体设计技术、生态系统构建与集成技术等。这一部分是湿地生态恢复研究中的重点及难点。对不同类型的退化湿地生态系统，要采用不同的恢复技术。

3.滨海湿地生态修复方法

选择在典型海洋生态系统集中分布区、外来物种入侵区、重金属污染严重区、气候变化影响敏感区等区域开展一批典型海洋生态修复工程，建立海洋生态建设示范区，因地制宜采取适当的人工措施，结合生态系统的自我恢复能力，在较短的时间内实现生态系统服务功能的初步恢复。制定海洋生态修复的总体规划、技术标准和评价体系，合理设计修复过程中的人为引导，规范各类生态系统修复活动的选址原则、自然条件评估方法、修复涉及相关技术及其适应性、对修复活动的监测与绩效评估技术等。开展以下一系列生态修复措施：滨海湿地退养还滩、植被恢复和改善水文，大型海藻底播增殖，海草床保护养护和人工种植恢复，实施海岸防护屏障建设，逐步构建我国海岸防护的立体屏障，恢复近岸海域对污染物的消减能力和生物多样性的维护能力，建设各类海洋生态屏障和生态廊道，提高防御海洋灾害以及应对气候变化的能力，增加蓝色碳汇区。在滨海湿地种植芦苇等盐沼植被和在近岸水体中以大型海藻种植吸附治理重金属污染。堆积航道疏浚物建立人工滨海湿地或人工岛将疏浚泥转化为再生资源。

（1）微生物修复

有机污染物质的降解转化实际上是由微生物细胞内一系列活性酶催化进行的氧化、还原、水解和异构化等过程。目前，滨海湿地主要受到石油烃为主的有机污染。在自然条件下，滨海湿地污染物可以在微生物的参与下自然降解。湿地中虽然存在着大量可以分解污染物的微生物，但由于这些微生物密度较低，降解速度极为缓慢。特别是有些污染物质由于缺乏自然湿地微生物代谢所必需的营养元素，微生物的生长代谢受到影响，从而也影响到污染物质的降解速度。

湿地微生物修复成功与否主要与降解微生物群落在环境中的数量及生长繁殖速率有关，因此当污染湿地环境中很少或甚至没有降解菌存在时，引入一定数量合适的降解菌株是非常必要的，这样可以大大缩短污染物的降解时间。而微生物修复中引入具有降解能力的菌种成功与否与菌株在环境中的适应性及竞争力有关。环境中污染物的微生物修复过程完成后，这些菌株大都会由于缺乏足够的营养和能量来源最终在环境中消亡，但少数情况下接种的菌株可能会长期存在于环境中。因此，在应用生物修复技术引入菌种之前，应事先做好风险评价研究。

（2）大型藻类移植修复

大型藻类不仅能有效降低氮、磷等营养物质的浓度，而且能通过光合作用，提高海域初级生产力；同时，大型海藻的存在为众多的海洋生物提供了生活的附着基质、食物和生活空间；大型藻类的存在对于赤潮生物还起到了抑制作用。因此，大型海藻对于海域生态环境的稳定具有重要作用。

许多海区本来有大型海藻生存，但由于生境丧失（如由于污染和富营养化导致的透明度降低使海底生活的大型藻类得不到足够的阳光而消失以及海底物理结构的改变等）、过

度开发等原因而从环境中消失，结果使这些海域的生态环境更加恶化。由于

大型藻类具有诸多生态功能，特别是大型藻类易于栽培后从环境中移植。因此在海洋环境退化海区，特别是富营养化海水养殖区移植栽培大型海藻，是一种对退化的海洋环境进行原位修复的有效手段。目前，世界许多国家和地区都开展了大型藻类移植来修复退化的海洋生态环境。用于移植的大型藻类有海带、江蓠、紫菜、巨藻、石莼等。大型藻类移植具有显著的环境效益、生态效益和经济效益。

在进行退化海域大型藻类生物修复过程中，首选的是土著大型藻类。有些海域本来就有大型藻类分布，种种原因导致大量减少或消失。在这些海域应该在进行生境修复的基础上扶持幸存的大型藻类，使其尽快恢复正常的分布和生活状态，促进环境的修复。对于已经消失的土著大型藻类，宜从就近海域规模引入同种大型藻类，有利于尽快在退化海域重建大型藻类生态环境。在原先没有大型藻类分布的海域，也可能原先该海域本身就不适合某些大型藻类生存，因此应在充分调查了解该海域生态环境状况和生态评估的基础上，引入一些适合于该海域水质和底质特点的大型藻类，使其迅速增殖，形成海藻场，促进退化海洋生态环境的恢复。也可以在这些海区，通过控制污染、改良水质、建造人工藻礁，创造适合于大型藻类生存的环境然后移植合适的大型藻类。

在进行大型藻类移植过程中，大型海藻可以以人工方式采集其孢子令其附着于基质上，将这种附着有大型藻类孢子的基质投放于海底让其萌发、生长，或人为移栽野生海藻种苗，促使各种大型海藻在退化海域大量繁殖生长，形成茂密海藻群落，进而形成大型的海藻场。

（3）底栖动物移植修复

由于底栖动物中有许多种类是靠从水层中沉降下来的有机碳屑为食，有些可以过滤水中的有机碎屑和浮游生物为食，同时许多底栖生物还是其他大型动物的饵料。特别是在许多湿地、浅海以及河口区分布的贻贝床、牡蛎礁具有重要的生态功能。因此底栖动物在净化水体、提供栖息生境、保护生物多样性和耦合生态系统能量流动等方面均具有重要的功能，对控制滨海水体的富营养化具有重要作用，对于海洋生态系统的稳定具有重要意义。

在许多海域的海底天然分布着众多的底栖动物，例如，江苏省海门蛎蚜山牡蛎礁、小清河牡蛎礁、渤海湾牡蛎礁等。但是自 20 世纪以来，由于过度采捕、环境污染、病害和生境破坏等原因，在沿海海域，特别是河口海湾和许多沿岸海区，许多底栖动物的种群数量持续下降，甚至消失，许多曾拥有极高海洋生物多样性的富饶海岸带，已成为无生命的荒滩、死海，海洋生态系统的结构与功能受到破坏，海洋环境退化越来越严重，甚至成为无生物区。

为了修复沿岸浅海生态系统、净化水质和促进渔业可持续发展，近二三十年来世界多地都开展了一系列牡蛎礁、贻贝床和其他底栖动物的恢复活动。在进行底栖动物移植修复过程中，在控制污染和生境修复的基础上，引入合适的底栖动物种类，使其在修复区域建立稳定种群，形成规模资源，以生物来调控水质、改善沉积物质量，以期在退化潮间带潮

下带重建植被和底栖动物群落，使受损生境得到修复、自净，进而恢复该区域生物多样性和生物资源的生产力，促使退化海洋环境的生物结构完善和生态平衡。

为达到上述目的，采用的方法可以是土著底栖动物种类的增殖和非土著种类移植等：适用的底栖动物种类包括：贝类中的牡蛎、贻贝、毛蚶、青蛤、杂色蛤，多毛类的沙蚕，甲壳类的蟹类等。例如，美国在东海岸及墨西哥湾建立了大量的人工牡蛎礁，研究结果证实，构建的人工牡蛎礁经过二三年时间，就能恢复自然生境的生态功能。

三、地下水的生态修复

地下水修复技术随着科学技术的进步也呈现百花齐放的状态，有传统修复技术、气体抽提技术、原位化学反应技术、生物修复技术、植物修复技术、空气吹脱技术、水力和气压裂缝方法、污染带阻截墙技术、稳定和固化技术以及电动力学修复技术等。

1. 传统修复技术

传统修复技术处理地下水层受到污染的问题时，采用水泵将地下水抽取出来，在地面进行处理净化。这样，一方面取出来的地下水可以在地面得到合适的处理净化，然后再重新注入地下水或者排放进入地表水体，从而减少了地下水和土壤的污染程度；另一方面，可以防止受污染的地下水向周围迁移，减少污染扩散。

2. 原位化学反应技术

微生物生长繁殖过程中存在必需营养物，通过深井向地下水层中添加微生物生长过程必需的营养物和高氧化还原电位的化合物，改变地下水体的营养状况和氧化还原状态，依靠土著微生物的作用促进地下水中污染物分解和氧化。

3. 生物反应器法

生物反应器法是抽提地下水系统和回注系统结合并加以改进的方法，就是将地下水抽提到地上，用生物反应器加以处理的过程。

4. 生物注射法

生物注射法是对传统气提技术加以改进而形成的新技术。生物注射法主要是在污染地下水的下部加压注入空气，气流能加速地下水和土壤中有机物的挥发和降解。

生物注射法主要是通气、抽提联用，并通过增加停留时间促进生物代谢进行降解，提高修复效率。

生物注射法存在着一定的局限性，首先该方法只能用于土壤气提技术可行的场所；效果受岩相学和土层学的制约；如果用于处理黏土方面，效果也不是很理想。

5. 国际发展现状与趋势

随着农药、化肥等的大量使用、工业废水的不合理排放等，化学污染物不断地进入土壤，在造成土壤污染的同时也严重的污染了地下水资源。据调查，美国 $1\% \sim 3\%$ 的地下水受到有害物质的侵袭，其中得克萨斯州朗内尔斯县地下水中 NO 含量高达 233 mg/L，加利福尼亚州地区所注册的 170000 个地下储存罐中，就有 6.5% 发生了泄露，给土壤和地下水环境造成了严重的污染。

目前，世界上许多国家对于地下水污染问题均给予重视，在采取相应的防护措施的同时，也积极开展地下水修复的研究工作。地下水通常存在于土壤空隙和地下岩石裂隙中，主要是土壤污染造成的。因此，在修复地下水污染的同时，也必须修复污染的土壤，这样才能彻底解决污染问题。对于存在于岩石裂隙中的体积较大的地下水，通常采用泵提法进行修复，即将地下水抽出来，像处理工业污水一样进行处理，然后再灌回去。而存在于土壤空隙中受污染的地下水。如果处于耕层土壤内，可以采用以植物修复为主的生态修复方法，如果处于耕层以下的深层污染，则需要采取以物理化学修复或微生物修复为主的生态修复方法。

地下水污染的异位修复方法主要有：

（1）挖掘法。对于污染面积较小且比较集中的地下水可以采取挖掘法进行修复，即将污染土壤及地下水整体挖出，然后进行处理，处理后可以回填也可以用清洁土壤回填。这一方法对污染土壤及地下水的修复最为彻底。

（2）抽提处理法。对于地下水中易溶污染物质，可以不断抽取地下水，从而使污染土壤及地下水中的污染物逐渐减少乃至最终去除。为了加强修复效果，通常需要注入表面活剂以溶解吸附在土壤颗粒上的污染物质以提高修复效率。对于抽出的污染水体可以采用地面污水处理的方法加以处理，然后回填，或回填清洁水。为提高修复效率，也可以在污染土壤和地下水的上游注入一些冲洗液，如水表面活性剂、潜溶剂或其他物质，使污染物集中在下游，然后集中抽取。

地下水污染的原位修复方法主要有：

（1）气提法。这种方法的处理对象主要是处于包气带岩石介质中挥发性、半挥发性的污染物，如汽油、与苯系物成分有关的其他燃料，以及氯化溶剂等。污染物经抽气井的抽取后进入气相，抽出的气体经过滤处理后排入大气中。为了强化修复效果，也可以先注入空气或氧气，加速饱和带、非饱和带中的微生物降解作用，然后再进行抽气。还可以利用蒸汽、热水、变化电流加热等方法使有机污染物在加热时可以挥发进入包气带，然后再采取提取方法进行处理。这种方法对于均质、渗透性好的污染场地修复效果较好。

（2）曝气法。通过向地下水污染比较集中的水层中注入空气以促进污染水体中微生物对有机污染物的降解，从而达到修复污染地下水的目的。这一方法对于石油烃污染地下水的修复十分有效。在澳大利亚的西部的 Kwi-nana 现场进行汽油污染地下水修复研究表明，在注入空气 3 d 后大部分有机物被去除。

（3）化学可渗性活性栅栏法。这种方法利用污染土壤和地下水中污染物从上游向下游的流动，使处于"污染斑块"中的污染物进入人工构筑的化学可渗性活性栅栏，通过这一栅栏内装填的化学活性物质来降解、去除或固定污染物。活性栅栏内添充的活性物质通常为胶态氢氧化铁、微生物、沸石、泥炭、活性炭、膨润土、石灰石、锯屑和骨炭等。这一技术在构造上大体分为垂直型和水平型 2 种结构。它要求"污染斑块"的地下水走向的下游地带的土壤具有相对良好的水力学传导性。

（4）电动力学法。这是 20 世纪 80 年代末兴起的一门修复污染土壤和地下水的技术。在污染土壤的两端加上低压直流电场，在直流电的作用下，吸附在土壤颗粒表层或溶于水中的污染物根据各自所带电荷的不同而向不同的电极方向运动，使污染物富集在电极区得到集中处理或分离。这一技术可从饱和土壤、不饱和土壤、污泥、沉积物中分离提取重金属和有机污染物。污染物的去除过程主要涉及 3 种电动力学现象：电渗析、电迁移和电泳。目前，美国、英国、德国、澳大利亚和韩国等国家相继开展了这方面的研究。

（5）化学氧化法。就是将化学氧化剂注入到地下环境中，通过它们与污染物之间的化学反应将土壤及地下水中的污染物转化为无害的化学物质。这一方法能有效地去除污染土壤及地下水中 TCE。常用的氧化剂有高锰酸盐和臭氧等。

（6）生物修复法。主要是通过向污染水层投加外源营养物、电子受体以及其他必需的物质，提高土著微生物、特效降解微生物或工程细菌的代谢水平和降解活性水平，促进这些微生物对污染物的降解和去除，从而使受污染的土壤或地下水得以修复。主要作用方式包括生物注射法、有机黏土法，以及与异位修复联合使用的抽提—回注法、生物反应器法等。对于重金属污染地下水的生物修复主要是利用微生物改变金属原子、金属离子的形态使其沉淀以达到去除有毒重金属的目的；或者利用微生物改变金属离子的价态，使金属溶于液体中，从而易于从土壤中滤除。

6. 国内战略需求与研究进展

我国是水资源短缺比较严重的国家，由于对地下水的过分开采和受工农业生产的影响，许多地区地下水水质严重恶化。据对全国 118 个城市地下水质量调查表明，有 64% 的城市地下水受到了严重的污染，33% 的城市地下水轻度污染；仅 3% 的城市地下水基本洁净。城镇主要污染源来自工业生产和居民消费，农村主要是由粗放式农业耕作和乡镇工业造成的。如北京地下水中 NO 含量最高值为 314 mg/L，我国 163 个城市主要监测点的地下水以良好到较差为主。

我国的一些高校和科研机构对地下水污染修复也进行了大量研究。这些研究基本上涵盖了上述各种修复方法。但许多研究还只是处于试验室规模，小范围的场地修复试验虽有报导，但整体技术还不成熟。

7. 存在的问题与难点

人们关于地下水污染的修复技术已进行了广泛的研究，许多方法都是切实可行的，但也存在一些难以解决的问题。对于异位修复来说，存在着工程巨大、破坏场地结构等问题；对于原位修复来说，通常修复时间比较长，添加的修复物质容易造成二次污染，同时污染物所处介质的复杂性使得修复很难彻底。

8. 发展重点与前景展望

地下水污染的修复是一项十分复杂的工程，它涉及污染场地的地理水文特性、污染物种类、地下水类型环境条件等诸多影响因素。这也决定了任何单一的修复方法都不可能彻底完成地下水的修复工作。综观上述各种修复方法，均有其本身的局限性。因此，根据不同的污染类型和环境条件，采取各种方法综合利用的生态修复方法是必不可少的。事实表明，对于那些污染程度较重的地下水污染，可以先采用物理或化学的修复方法以降低污染程度，然后再利用以生物修复的方法进一步修复。对于污染程度较低的地下水，采用以生物修复为主，物理或化学修复为辅的方法是切实可行的。

第四章　水资源开发与利用

第一节　水资源的开发利用现状

水是地球上一切生命活动的基础。全世界水资源总量较为丰富，且人均水资源年占有量也高达 7342 m²。但从时间和空间的尺度来讲世界水资源分配极不合理，较多的水资源集中分配在少数地区，导致这些地区洪水泛滥，然而其他广大地区水资源相对匮乏、气候干旱，导致很多国家和地区都相对缺水。仅 20 世纪世界人口增长近两倍，用水量增加了 5 倍。据估算全球用水量以每年 5% 的速度增长。在 50 年代，只有少数几个国家缺水，但到 90 年代以后，有 26 个国家出现严重缺水。随着世界人口的增加，以及生态环境和气候异常等诸多因素的共同作用，到 2050 年，世界将会有 66 个国家和约 2/3 的世界人口逐渐发展为严重缺水。因此，水资源的合理高效利用受到了世界各国的极大关注。

一、世界水资源开发利用现状

20 世纪 50 年代以来，全球人口急剧增长，工业发展迅速。一方面，人类对水资源的需求以惊人的速度扩大；另一方面，日益严重的水污染蚕食大量可供消费的水资源。世界上许多国家正面临水资源危机。每年有 400 万~500 万人死于与水有关的疾病。水资源危机带来的生态系统恶化和生物多样性破坏，也严重威胁人类生存。水资源危机既阻碍世界的持续发展，也威胁世界和平。在过去的 50 年中，由水引发的冲突达 500 多起，其中 30 多起有暴力性质，21 起演变为军事冲突。专家警告说，水的争夺战将会随着水资源日益紧缺越演越烈。

据 2003 年联合国《世界水发展报告》对 180 个国家和地区的水资源利用状况进行排序，可以看出许多国家已处在水资源的危机状态之中。按年用水量统计，用水量最多的 5 个国家是：中国（5198 × 10⁸ m³）、美国（4673.4 × 10⁸ m³）、印度（2800 × 10⁸ m³）、巴基斯坦（1534 × 10⁸ m³）、俄罗斯（117 × 10⁸ m³）。人均用水量排序倒数后 5 位的国家（地区）是：科威特、加沙地带、阿拉伯联合酋长国、巴哈马和卡塔尔，我国排在第 121 位。

对 122 个国家水质指标排序，最差的 5 个国家是：比利时、摩洛哥、印度、约旦和苏丹。主要是因为工业污染、污水处理能力不够等。最好的前 5 个国家是：芬兰、加拿大、新西兰、英国和日本，我国排在第 84 位。亚洲的河流是世界上污染最严重的，这些河流中的铅污染是工业化国家的 20 倍。21 世纪初，每天有大约 200 万 t 的废物倾倒于河流、湖泊和溪流中，每升废水会污染 8 倍的淡水。总体来说，水的质量在不断恶化。

统计数据表明，现有水资源与人类对它的使用之间存在严重的不协调，主要表现在以下几个方面：

1. 健康方面。每年有超过 220 万人因为使用被污染和不卫生的饮用水而死亡。

2. 农业方面。每天有大约 2.5 万人因饥饿而死亡；有 8.15 亿人受到营养不良的折磨，其中发展中国家有 7.77 亿人，转型国家有 2700 万人，工业化国家有 1100 万人。

3. 生态学方面。靠内陆水生存的 24% 的哺乳动物和 12% 的鸟类的生命受到威胁。19 世纪末，已有 24~80 个鱼种灭绝。世界上内陆水的鱼种仅占所有鱼种的 10%，但其中 1/3 鱼种正处于危险之中。

4. 工业方面。世界工业用水占用水总量的 22%，其中高收入国家占 59%，低收入国家占 8%，每年因工业用水，有 3 亿 ~5 亿 t 的重金属、溶剂、有毒淤泥和其他废物沉积到水资源中，其中 80% 的有害物质产生于美国和其他工业国家。

5. 自然灾害方面。在过去 10 年中，66.5 万人死于自然灾害，其中 90% 死于洪水和干旱，35% 的灾难发生在亚洲，29% 发生在非洲，20% 发生在美洲，16% 发生在欧洲和大洋洲等其他地方。

6. 能源方面。在再生能源中，水力发电是最重要和得到最广泛使用的能源。它占 2001 年总电力的 19%。在工业化国家水力发电占总电力的 70%，在发展中国家仅占 15%。加拿大、美国和巴西是最大的水力发电国。仍未开发的但具有丰富水能资源的地区和国家有拉丁美洲、印度和中国。

二、中国水资源开发利用现状

我国水资源南多北少，地区分布差异很大。黄河流域的年径流量约占全国年径流总量的 2%，为长江水量的 6% 左右。在全国年径流总量中，淮河、海河及辽河三流域仅分别约占 2%、1% 及 0.6%，黄河、淮河、海河和辽河四流域的人均水量分别仅为我国人均值的 26%、15%、11.5% 和 21%。由于北方各区水资源量少，开发利用率远大于全国平均水平，其中海河流域水资源开发利用率达到惊人的 78%，黄河流域达到 70%，淮河现耗水量已相当于其水资源可利用量的 67%，辽河已超过 94%。

根据中华人民共和国水利部《2012 年中国水资源公报》统计，2006 年全国总供水量 $5795 \times 10^8 m^3$，占当年水资源总量的 23%。其中，地表水源供水量占 81.2%，地下水源供水量占 18.4%，其他水源供水量占 0.4%。2012 年全国总供水量 $6131.2 \times 10^8 m^3$，占当年水资源总量的 20.8%。其中，地表水源供水量占 80.8%；地下水源供水量占 18.5%；其他水源供水量占 0.7%。在地表水源供水量中，蓄水工程占 31.4%，引水工程占 33.8%，提水工程占 31.0%，水资源一级区间调水量占 3.8%。在地下水供水量中，浅层地下水占 82.8%，深层承压水占 16.9%，微咸水占 0.3%。北方 6 区供水量 $2818.7 \times 10^8 \mathrm{m}^3$，占全国总供水量的 46.0%；南方 4 区供水量 $3312.5 \times 10^8 \mathrm{m}^3$，占全国总供水量的 54.0%。南方省份地表水供水量占其总供水量比重均在 88% 以上，而北方省份地下水供水量则占有相当大的比例，其中河北、北京、河南、山西和内蒙古 5 个省（自治区、直辖市）地下水供水量占总供水量的一半以上。其中广东、浙江和山东利用海水较多，分别为 $269.0 \times 10^8 \mathrm{m}^3$、$212.1 \times 10^8 \mathrm{m}^3$ 和 $61.5 \times 10^8 \mathrm{m}^3$。2012 年全国生活用水占 12.1%，工业用水占 22.5%，农业用水占 63.6%，生态环境补水（仅包括人为措施供给的城镇环境用水和部分河湖、湿地补水）占 1.8%。在各省级行政区中用水量大于 $400 \times 10^4 \mathrm{m}^2$ 的有新疆、江苏和广东 3 个省（自治区），用水量少于 $50 \times 10^8 \mathrm{m}^3$ 的有天津、青海、西藏、北京和海南 5 个省（自治区、直辖市）。

农业用水占总用水量 75% 以上的有新疆、西藏、宁夏、黑龙江、青海、甘肃和海南 7 个省（自治区），工业用水占总用水量 35% 以上的有上海、重庆、福建和江苏 4 个省（直辖市），生活用水占总用水量 20% 以上的有北京、天津、上海、重庆、广东和浙江 6 个省（直辖市）。2012 年，全国用水消耗总量 $3244.5 \times 10^8 \mathrm{m}^3$，耗水率（消耗总量占用水总量的百分比）53%。各类用水户耗水率差别较大，农田灌溉为 63%；林牧渔业及牲畜为 75%；工业为 24%；城镇生活为 30%；农村生活为 84%；生态环境补水为 80%。

2012 年全国废污水排放总量 $785 \times 10^8 \mathrm{t}$。废污水排放量是指工业、第三产业和城镇居民生活等用水户排放的水量，但不包括火电直流冷却水排放量和矿坑排水量。

2012 年，全国人均综合用水量 $454 \mathrm{m}^3$，万元国内生产总值（当年价）用水量 $118 \mathrm{m}^3$。

农田实际灌溉亩均用水量 $404 \mathrm{m}^3$，农田灌溉水有效利用系数 0.516，万元工业增加值（当年价）用水量 $69 \mathrm{m}^3$。城镇人均生活用水量（含公共用水）$216 \mathrm{L/d}$，农村居民人均生活用水量 $79 \mathrm{L/d}$。各省级行政区的用水指标值差别很大。从人均用水量看，2012 年大于 $600 \mathrm{m}^3$ 的有新疆、宁夏、西藏、黑龙江、内蒙古、江苏、广西 7 个省（自治区），其中新疆、宁夏、西藏分别达 $2657 \mathrm{m}^3$、$1078 \mathrm{m}^3$、$976 \mathrm{m}^3$；小于 $300 \mathrm{m}^3$ 的有天津、北京、山西和山东等 9 个省（直辖市），其中天津最低，仅 $167 \mathrm{m}^3$。从万元国内生产总值用水量看，新疆最高，为 $786 \mathrm{m}^2$；小于 $100 \mathrm{m}^3$ 的有北京、天津、山东和浙江等 12 个省（直辖市），其中天津、北京分别为 $18 \mathrm{m}^3$ 和 $20 \mathrm{m}^3$。

由于受所处地理位置和气候的影响，我国是一个水旱灾害频繁发生的国家，尤其是洪涝灾害长期困扰着经济的发展。据统计，从公元前 206 年到 1949 年的 2155 年间，共发生较大洪水 1062 次，平均两年就有一次。黄河在 2000 多年中，平均三年两决口，百年一改道，仅 1887 年的一场大水就死亡 93 万人，在 1931 年的江淮大水中丧生 370 万人。新中国成立以后，洪涝灾害仍不断发生，造成了很大的损失。因此，兴修水利、整治江河、防治水害实为国家的一项治国安邦的大计，也是十分重要的战略任务。

我国 50 多年来共整修江河堤防 20 余万千米，保护了 5 亿亩耕地，建成各类水库 8 万多座，配套机电井 263 万眼，拥有 6600 多万千瓦的排灌机械。机电排灌面积 4.6 亿亩，除涝面积约 2.9 亿亩，改良盐碱地面积 0.72 亿亩，治理水土流失面积 $51 \times 10^4 \mathrm{km^2}$。这些水利工程建设，不仅每年为农业、工业和城市生活提供 $5000 \times 10^8 \mathrm{m^2}$ 的用水，解决了山区、牧区 1.23 亿人口和 7300 万头牲畜的饮水困难，而且在防御洪涝灾害上发挥了巨大的效益。除了自然因素外，造成洪涝灾害的主要原因有以下几点：

1. 不合理利用自然资源尤其是滥伐森林，破坏水土平衡，生态环境恶化

如前所述，我国水土流失严重，河流带走大量的泥沙，淤积在河道、水库、湖泊中。湖泊不合理的围垦，面积日益缩小，使其调洪能力下降。据中科院南京地理与湖泊研究所调查，20 世纪 70 年代后期，我国面积在 $1 \mathrm{km^2}$ 以上的湖泊约有 2300 个，总面积达 $7.1 \mathrm{km^2}$，占国土总面积的 0.8%，湖泊水资源量为 $7077 \times 10^8 \mathrm{m^3}$，其中淡水资源量 $2250 \times 10^8 \mathrm{m^3}$，占我国陆地水资源总量的 8%。新中国成立以来，我国的湖泊已减少了 500 多个，面积缩小约 $1.86 \times 10^4 \mathrm{km^2}$，占现有湖泊面积的 26.3%，湖泊蓄水量减少 $513 \times 10^8 \mathrm{m^3}$。长江中下游水系和天然水面减少，1954 年以来，湖泊水面因围湖造田等缩小了约 $1.2 \times 10^4 \mathrm{km^2}$，大大削弱了防洪抗涝的能力。另外，河道因淤塞和被侵占，行洪能力降低；大量泥沙淤积河道，使许多河流的河床抬高，减少了过洪能力，增加了洪水泛滥的机会。此外，河道被挤占、过水断面变窄，也减少了行洪、调洪能力，加大了洪水危害程度。

2. 水利工程防洪标准偏低

我国大江大河的防洪标准普遍偏低，目前除黄河下游可预防 60 年一遇洪水外，其余长江、淮河等 6 条江河只能预防 10—20 年一遇洪水标准。许多大中城市防洪排涝设施差，经常处于一般洪水的威胁之下。广大江河中下游地区处于洪水威胁范围的面积达 $73.8 \times 10^4 \mathrm{km^2}$，占国土陆地总面积的 7.7%，其中有耕地 5 亿亩，人口 4.2 亿，均占全国总数的 1/3 以上，工农业总产值约占全国的 60%。此外，各条江河中下游的广大农村地区排涝标准更低，随着农村经济的发展，远不能满足目前防洪排涝的要求。

3. 人口增长和经济发展使受灾程度加深

一方面抵御洪涝灾害的能力受到削弱。另一方面由于经济社会发展使受灾程度大幅度增加。新中国成立以后人口增加了 1 倍多，尤其是东部地区人口密集。长江三角洲的人口密度为全国平均密度的 10 倍。1949 年全国工农业总产值仅 466 亿元。至 1988 年已达 24089 亿元，增加了 51 倍。近 20 年来，我国经济不断得到发展。在相同频率洪水情况下所造成的各种损失却成倍增加。例如，1991 年太湖流域地区 5—7 月降雨量为 600~900 mm，并没有超过 1954 年大水，但所造成的灾害和经济损失都比 1954 年严重得多。此外，各江河的中下游地区一般农业发达，建有众多的商品粮棉油的生产基地。一旦受灾，农业损失也相当严重。

水资源危机将会导致生态环境的进一步恶化。为取得足够的水资源供给社会，必将加

大水资源开发力度。水资源过度开发，可能导致一系列的生态环境问题。水污染严重，既是水资源过度开发的结果，也是进一步加大水资源开发力度的原因，两者相互影响，形成恶性循环。通常认为，当径流量利用率超过20%时就会对水环境产生很大影响，超过50%时则会产生严重影响。此外，过度开采地下水会引起地面沉降、海水入侵、海水倒灌等环境问题。因此，集中力量解决供水需求增长及大力推广节水措施，是我国今后一定时期内水资源面临的最迫切任务。

三、水资源面临的问题

1.世界水资源面临的问题

水资源与人类社会经济的可持续发展之间存在着严重的不协调，日益增长的食品需求、快速城市化及气候变化给全球供水造成越来越大的压力，威胁到了所有主要发展目标。根据联合国《水资源开发报告》，世界水资源面临以下主要问题。

（1）用水需求的快速增长。农业、能源生产、工业和人类消费四个部门的用水需求急剧增加。农业用水占总用水量的70%，到2050年全球对粮食的需求将增加70%。全球农业用水量在大幅度提高农作物产量和农业生产效率的前提下，至少增加19%。所有能源和电力生产过程都需要用水，但当前已有超过10亿人用不上电和其他清洁能源。人口增长和经济活动的增加，到2035年全球能源消耗量将在现有基础上增加约50%。水是许多工业生产过程的一个组成部分，经济活动增加将导致工业用水的需求扩大。人居用水主要集中在城市社区饮用水、卫生和排水等方面。2009年世界城市人口为39亿，到2050年将增至63亿，生活用水量将急剧增加。

（2）用水安全与水污染。自联合国2000年"千年发展目标"建立以来，城市中无法获得供水服务的人口还在不断增加。据统计，得不到相对安全、清洁的供水和卫生设施的城市人口数量增长了约20%。现在还有近10亿人仍然无法获得相对安全的饮用水源。与20世纪90年代末相比，用不上自来水的城市人口反而增加了。2010年世界上有26亿人还没有用上相对清洁的卫生设施。全世界超过80%的污水未收集或处理，城市居住区是主要的点源污染源。在发展中国家，每年有数百万人的死因与供水不足和卫生状况不佳有关。污水不仅对人类健康产生不利影响，对生态环境也构成破坏。

（3）气候变化加大对全球水资源的压力。气候变化将在未来的若干年中对水资源产生更大的冲击。在气候变化的影响下，降雨模式、土壤湿度、冰川融化与水流都将发生变化，地下水资源也随之发生变化。到2030年，气候变化将会强烈影响到南亚及南部非洲的食品生产。到2070年，中欧及南欧也将感受到水资源压力，受影响人口将从2800万上升到4400万。在欧洲南部和部分中欧和东欧地区，夏季流量可能下降80%。

（4）地下水资源的过度开发。地下水对非洲和亚洲贫困地区10亿多户农村家庭的生计和食品安全、对世界其他地区很大一部分人的家庭供水都至关重要。地下水资源的抽取量在过去 50 年至少增加了两倍。但大部分地下水是不可再生的，一些地区的地下水源已达到临界极限，从那里抽取的地下水也已经到了危险的临界低水平。

（5）水灾害的频繁发生。与水有关的灾害占到所有自然灾害的 90%，其频率和强度普遍增加，对人们生活和经济发展造成了严重影响。1990—2000 年间，自然灾害在一些发展中国家造成的损失占到了年度国内生产总值的 2%~15%。

2. 我国水资源面临的问题

我国正处在社会经济快速发展时期，粮食安全、工业化、城镇化的水资源安全保障任务相当艰巨。水资源面临的形势相当严峻，主要体现在以下几个方面：

（1）水资源供需矛盾突出。资料表明，自 20 世纪 70 年代初起，我国城市的需水量增长率大于实际供水能力增长率。在我国工农业经济比较发达、人口比较集中的地区，特别是缺水地区如海河及黄河下游平原、山东半岛、辽河平原及辽东半岛、汾渭地堑、淮北平原、四川盆地等的一些地带与城市，水的供需矛盾尤为突出。缺水造成了经济活动的复杂化，引发了地下水的严重超采，造成地面下沉、海水入侵等一系列不良后果。

（2）水的有效利用程度低。与发达国家相比，我国水的有效利用程度较低，往往以浪费水资源为代价取得粗放型经济增长。农业灌溉用水有效利用系数约为 0.45，万元 GDP 用水量为 191 m^3，工业用水重复利用率在 60% 左右，而发达国家的这三个数据依次为 0.7~0.8、55 m^3 和 85%。我国用水浪费现象非常严重，许多城市输配水管网的用水器具的漏失率高达 20%。此外，我国在污水回用、海水、雨水利用等方面也处于较低水平，用水浪费进一步加剧了水资源的短缺。

（3）自然灾害和突发事件频繁。自 20 世纪 90 年代以来，我国几大江河发生了多次较大洪水，特别 1998 年长江、嫩江和松花江流域的洪涝灾害频繁。2012 年，我国干旱、洪涝及台风灾害频发重发，长江和黄河上游干流分别出现 5 次和 4 次洪峰，三峡水库迎来建库以来最大洪水，6 个强台风或台风在一个月内集中登陆，西南部分地区发生较为严重的春旱。与此同时，突发性的水污染事件发生的频率增大。

（4）管理薄弱。从总体上讲，水资源管理应是统一、分层次的综合管理，其主要内容包括水资源保护、水资源开发利用与用水管理三部分。城市水资源管理是水资源管理的一方面。鉴于我国水资源开发利用已受到多种因素制约，城市水资源管理应处于强化管理阶段，面临越来越高的合理利用水资源的要求，城市水资源管理虽已有相应的发展和提高，但相对而言，这方面的管理是落后的。这表现在：至今没有统一而完善的管理体制和机构；有关法规、制度尚不健全；缺少配套的技术方针、技术政策与管理办法，其科学论证也不足，技术力量与基础工作薄弱；管理手段落后。管理薄弱是导致水资源未能合理利用的重要原因，在某种程度上也会影响对水的供需矛盾的解决。

第二节 水资源开发利用形式

一、地面水资源开发利用形式

由于地面水资源的种类、性质和取水条件各不相同，因而地面水的开发利用形式也各不相同。按水源划分，有河流、湖泊、水库、海洋等水体取水。按取水构筑物的构造形式分，则有固定式（岸边式、河床式、斗槽式）和活动式（浮船式、缆车式）两种。在城市上游的河流取水，为了兼顾城市防洪和供水，通常是采用建造水库的方法来实现地面水资源的开发利用。

1. 河流取水的工程形式

地表水取水构筑物的形式应适应特定的河流水文、地形及地质条件，同时应考虑到取水构筑物的施工条件和技术要求。由于水源自然条件和用户对取水的要求各不相同，因此地表水取水构筑物有多种不同的形式。

地表水取水构筑物按构造形式可分为固定式取水构筑物、活动式取水构筑物和山区浅水河流取水构筑物三大类。每一类又有多种形式，各自具有不同的特点和适用条件。

（1）固定式取水构筑物

固定式取水构筑物按照取水点的位置，可分为岸边式、河床式和斗槽式；按照结构类型，可分为合建式和分建式；河床式取水构筑物按照进水管的形式，可分为自流管式、虹吸管式、水泵直接吸水式、桥墩式；按照取水泵类型及泵房的结构特点，可分为干式、湿式泵房和淹没式、非淹没式泵房；按照斗槽的类型，可分为顺流式、逆流式、侧坝进水逆流式和双向式。固定式取水构筑物具有取水可靠、维护管理简单以及适应范围广等优点，但投资较大，水下工程量较大，施工期长。

（2）活动式取水构筑物

在遇到下列情形时，一般应考虑使用移动式取水构筑物。

1）当河水水位变幅较大而取水量又较小时。

2）当供水要求紧迫、建设固定式取水构筑物赶不上需要时。

3）当水文资料不全、河岸不稳定时。

4）当设计临时性的供水水源时。

活动式取水构筑物可分为缆车式和浮船式。缆车式按坡道种类可分为斜坡式和斜桥式。浮船式按水泵安装位置可分为上承式和下承式；按接头连接方式可分为阶梯式连接和摇臂式连接。

（3）山区浅水河流取水构筑物

山区浅水河流取水构筑物包括底栏栅式和低坝式。低坝式可分为固定低坝式和活动低坝式（橡胶坝、浮体闸等）。

2. 湖泊、水库取水工程形式

我国湖泊、水库众多。而且近些年来水库的建设速度还在加快。为了满足生产和生活用水的需要，现在已有越来越多的湖泊、水库取水工程。

二、地下水资源开发利用形式

由于地下水的类型、埋藏条件、含水层性质等不同，开发利用地下水的形式也各不相同。按水源地的供水特点分为集中式水源地和分散式水源地；按照汲取地下水的集水建筑物类型可分为卧管井、大口井、坎儿井、辐射井、截潜流工程、引泉工程等。总之，地下水资源的开发利用应根据水文地质条件并结合当地需要，选择适宜的开采方式。

用于集取地下水的工程建筑物称为集水建筑物。集水建筑物的形式多种多样，综合归纳可概括为三大类型。

在河床有大量冲积的卵石、砾石和砂等的山区间歇河流，或一些经常干涸断流，但有较为丰富的潜流的河流中上游，山前洪积扇溢出带或平原古河床，由于水井施工难度大或出水量较小，这时可采用管道或截渗墙来截取潜流，此即截潜流工程。

坎儿井是干旱地区开发利用山前洪积扇地下潜水，用于农田灌溉和人畜饮用的一种古老的水平集水工程。坎儿井使用寿命较长，可以自流灌溉，水量稳定、水质优良，能防风沙，操作技术简单。

卧管井由水平的卧管和垂直的集水井组成。它只适用于特定的水文地质条件，或有渠水及其他人工补给水源的地区。管口常需装设闸阀，以供调节和保护地下水源。

第三节　水资源供需平衡

社会经济的发展，使水资源的需求量在逐步增加。而受自然条件的约束，某一地区的可供水资源量是有限的，因此必然会出现水资源"需大于供"的现象和问题。水资源供需分析就是要弄清区域或流域的供水、用水状况和发展前景，从而提出保证水资源安全供应的方案和措施，确保水资源供需平衡。

一、需水预测

需水量分析是供需平衡的主要内容之一。需水量可分为河道内用水和河道外用水两大类。河道内用水包括水力发电、航运、放木、冲淤、环境、旅游等。河道内用水一般并不耗水，但要求有一定的流量、水量和水位，其需水量应按一水多用原则进行组合计算。河道外用水包括城市用水和农业用水。城市用水又分工业用水、生活用水和环境用水。

1.需水量预测的方法

由于不同行业的用水不同，因此需水预测的方法也不尽相同。通常情况下，需水预测方法中的用水定额及发展指标预测方法（一般简称为定额法）为基本方法，有时根据需要也采用其他方法，如基于统计规律的趋势法等，进行相互复核与印证。

需水预测是根据对现状和未来发展水平、用水水平和用水效率的分析，进行不同水平年、不同年型和不同方案需水量分析计算。

2.生活需水预测

生活需水可采用人均日用水量方法进行预测。对总需水量的估算，考虑的因素是用水人口和用水定额。用水定额以现状调查数字为基础，根据经济社会发展水平、人均收入水平、水价水平、节水器具推广与普及情况，分别拟订各水平年城镇和农村居民生活用水定额。

（1）城镇生活需水预测

一个城镇生活用水定额、用水结构与城镇的特点和性质有关。对未来生活需水量的变化预测可以参照其历史的规律及现状进行综合判断。

第一，趋势法或简单相关法。城市生活需水，在一定范围内，其增长速度是比较有规律的，因而可以用趋势外延和简单相关法推求未来需水量。

估算总需水量，主要需要考虑用水人口和用水定额两个因素。其中，用水人口为计划部门的预测人数，用水定额的确定常按照如下两种方法：一种是根据目前的调查数据来分析定额的变化趋势，另一种是进行用水定额与国民平均收入的相关分析，考虑不同水平年城镇的经济发展和人民生活改善及提高程度，拟订一个城镇不同水平年的用水定额。

第二，分类分析权重变化估算法。一个城镇的生活用水包含不同的用水项目，各项目具有一定的比例。各用户的用水定额与时间存在一定的关系。因此，需要分析不同用户的权重和定额，其变化趋势需要通过分析历史资料以及不同的影响因素确定。

各类用户权重变化可以用趋势外延法和相关法进行外延推算，定额预测考虑历史的变化，并通过典型分解分析累积推算进行。

根据城镇生活供水系统的水利用系数，在城镇生活净需水量预测的基础上进行毛需水量的计算。

（2）农村生活需水预测

通过典型调查，按人均需水标准进行估算。

农村居民生活需水标准与各地水源条件、用水设备、生活习惯有关。南方与北方需水标准相差很大，应进行实地调查拟订需水标准。

城镇和农村生活需水量年内相对比较均匀，可按年内月平均需水量确定其年内需水过程。对于年内用水量变幅较大的地区，可通过典型调查和用水量分析，确定生活需水月分配系数，进而确定生活需水的年内需水过程。

3. 工业需水预测

工业用水一般指工矿企业在生产过程中，用于制造、加工、冷却、空调、净化和洗涤等方面的用水，是城市用水的一个重要的组成部分。由于工业部门内不同的行业的用水量相差很大，所以工业用水要按行业划分，利用水平衡法进行统计和计算：

总用水量 = 耗水量 + 排水量 + 重复用水量

采用趋势法预测的关键是对工业用水平均增长率的确定是否准确合理，它与工业结构、用水水平、水源条件等有关。随着用水水平的提高，单位产值耗水量降低，重复利用率提高，工业用水呈下降趋势。该法是一种较为简便快捷的需水预测方法，对资料的要求不高，但该方法由于所考虑的因素较少，预测结果往往与实际的偏差很大，故一般不宜单独使用，应配合其他的方法进行预测。

4. 生产需水预测

（1）农业灌溉用水量的计算和预测

对一个地区而言，为进行农业灌溉用水量的计算和预测，首先需要弄清以下几个概念：

1）作物需水量：作物在全生育期或某一时段内正常生长所需的水量。它包括消耗、作物蒸腾量和株间蒸发量（合称为腾发量）。农作物需水量可以通过田间实验来确定，它是决定灌溉用水量、灌溉引水量的重要的参数，也是进行地区水资源平衡分析计算的重要的依据。

2）灌溉制度：作物播种前及全生育期内的进行适时适量灌水的一种制度。它包括灌水定额、灌水时间、灌水次数和灌溉定额。灌水定额为一次灌水在单位面积上的灌水量，灌溉定额则是全生育期内各次灌水定额之和。

3）灌溉用水量：灌溉面积上需要提供给作物的水量，其大小及其在年内的变化情况，与各种作物的灌溉制度、灌溉面积以及渠系水利用系数等因素有关。

（2）林牧渔业需水

林牧渔业需水包括林果地灌溉、草场灌溉、牲畜用水和鱼塘补水四类，相应的需水量也在于这四个方面。林牧渔业需水量中的灌溉需水量部分，受降雨条件影响较大，用水量较大的要分别提出降雨频率为50%、75%和95%情况下的预测成果。

5. 生态环境需水预测

生态与环境需水是指为了维持给定目标下生态与环境系统一定功能所需要保留的自然水体和需要人工补充的水量，分为河道外和河道内的生态与环境需水量的预测。

二、可供水量预测

可供水量是指在不同水平年、不同保证率或不同频率情况下，通过各项工程设施，在合理开发利用的前提下，可提供的能满足一定水质要求的水量。

"不同来水条件"可视为供水工程对用户供水的保证程度。水资源的补给来源为大气降水，具有年际丰枯变化和年内季节性变化，供水工程的供水能力和用户的需水量也因不同的年景而有变化，因此，可供水量要针对几种不同年景的代表进行。

"工程设施提供的供水量"一定是供水工程提供的。供水工程设施未控制的集水面积上的水资源量不可能成为可供水量。

1. 可供水量的影响因素

（1）来水条件

由于水文现象的随机性，将来的来水是不能预知的，因而将来的可供水量是随不同水平年的来水变化及其年内的时空变化而变化。

（2）用水条件

由于可供水量有别于天然水资源量，例如只有农业用户的河流引水工程，虽然可以长年引水，但非农业用水季节所引水量则没有用户，不能算为可供水量；又例如河道的冲淤用水、河道的生态用水，都会直接影响到河道外的直接供水的可供水量；河道上游的用水要求也直接影响到下游的可供水量。因此，可供水量是随用水特性、合理用水和节约用水等条件的不同而变化的。

（3）工程条件

工程条件决定了供水系统的供水能力。现有工程参数的变化、不同的调度运行条件以及不同发展时期新增工程设施都将决定不同的供水能力。

（4）水质条件

可供水量是指符合一定使用标准的水量，不同用户有不同的标准。在供需分析中计算可供水量时要考虑到水质条件。例如从多沙河流引水，高含沙量河水就不宜引用；高矿化度地下水不宜用于灌溉；对于城市的被污染水、废污水在未经处理时也不能算作可供水量。

总之，可供水量不同于天然水资源量，也不等于可利用水资源量。一般情况下，可供水量小于天然水资源量，也小于可利用水资源量。对于可供水量，要分类、分工程、分区逐项逐时段计算，最后还要汇总成全区域的总供水量。

2. 工程可供水量

（1）蓄水工程可供水量

大、中型蓄水工程可供水量一般根据来水条件、工程规模和规划水平年的需水要求，直接进行调节计算。小型蓄水工程及塘坝一般采用复蓄系数法进行计算，即通过对工程情况进行分类，采用典型调查方法，分析确定不同地区各类工程的复蓄系数。一般而言，复蓄系数南方比北方大，小Ⅱ型水库及塘坝比小Ⅰ型水库大，平水年比枯水年大。这里复蓄系数定义为工程可供水量与调节库容之比。

1) 年调节水库可供水量。年调节水库可供水量一般采用典型代表年计算法。

2) 多年调节水库可供水量。水库库容系数 β 大于 0.5，即可能为多年调节水库。对于多年调节水库，尽可能由来水、用水量（已知灌溉面积）的长系列资料，用时历法逐年做调节计算，可求得已知有效库容及保证率和逐年的可供水量，对应于区域典型代表年份的可供水量即所求。也可采用以下计算原则：低于设计保证率年份的可供水量，按"以需定供"求得，高于设计保证率年份的可供水量，由计算得出的保灌面积（小于设计灌溉面积）乘以该年综合亩毛灌溉定额求得。

3) 小型蓄水工程可供水量。小型水库和塘坝数量多、资料缺乏、蓄水量小，多采用简化法估算其不同保证率代表年可供水量。

（2）地下水工程可供水量

地下水可抽取用于农田、草地、林地的灌溉（井灌）及工业和生活用水。地下水工程可供水量，与当地地下水开采量、机井提水能力及需水量等有关。

对于地下水开采利用程度较高的地区，要特别考虑补给量与开采量之间的平衡关系，对照地下水动态观测资料，估算有一定补给保证的地下水可开采量，作为该地区的地下水可供水量。对于地下水开采利用程度低的地区，只要提水设备能力允许，可按"以需定供"，直接以用户需水量作为地下水可供水量。

3. 区域可供水量

（1）系统概化

水资源系统是以水为主体构成的一种特定系统，该系统是在一定的范围或环境下，为了达到开发利用水资源的目的，由相互之间存在有机联系的水资源工程单元以及管理技术单元构成的有机体。在水资源系统中，由水源、调蓄工程经由输水系统将水分配到各用水系统供其使用，之后由排水系统流出。

（2）用户概化

在一个较大区域，往往包含多种多样的水利工程，包含许多具体的用水户。区域可供水量的计算，就是在各种用水户需水要求下，对区域内部所有水利工程的可供水量进行计算。

一个区域内部，具体用水户的数量是非常大的，为了便于计算，可把地域相近的用水户进行归类合并。即把研究区域进行分区，每一分区作为一个供水对象。

分区的要求是，有利于展示区域水资源需求在空间上的分布；有利于资料的收集、整理、统计、分析；有利于计算成果的校核、验证等。

一个分区内部的用水户也有各种类型，其用水性质也不尽相同。根据用水性质的不同，划分成几类。如城市生活、农村生活、工业和建筑业及第三产业、农业、河道外生态环境、河道内生态环境等。

（3）水源划分

作为供水来源区域内的水源，当地地表水是指区域内的河流、湖泊等，当地地下水是指区域内的地下含水层等，再生水等按照不同的收集、处理与供给系统划分。

客水是指流入区域内的河流、含水层跨界补给等。调水是指从研究区域外通过工程措施调入本区域的水量，按照不同的调水系统划分。

（4）系统网络图

水源与分区分类型用户之间，通过各种供水工程相联系。按照供水工程，概化用户在流域水系上和自然地理上的拓扑关系，把水源与用户连接起来，形成系统网络图。

以概化后的点、线、面元素为基础，构筑天然和人工用水循环系统，动态模拟逐时段多水源向多用户的供水量、耗水量、损失量、排水量及蓄变量过程，实现真实水资源系统的仿真模拟。

（5）区域可供水量计算

区域可供水量是由若干个单项工程、计算单元的可供水量组成。区域可供水量也可以在单项供水工程设施可供水量计算的基础上，进行区域可供水量的汇总。汇总时应注意：

1）按区域不同保证率选定的典型代表年，取各单项工程同一年份的供水量汇总。

2）按地表水可供水量、地下水可供水量分别汇总。

3）避免可供水量的重复计算。

4）区域可供水量汇总成果的合理性检查。

4. 供水预测

（1）基准年可供水量分析

基准年可供水量是进行供水预测的基础，分析应以现状供水量调查分析为依据，对现状供水中不合理开发利用的水量应进行调整。现状供水中不合理开发利用的水量主要包括：地下水超采量挤占的生态环境用水量、未经处理或不符合水质要求的水量、超过分水指标的引水量等。

分析时，应考虑不同年型来水量和需水量的变化，结合工程的调度运行规则，通过长系列调节计算或典型年计算，得出的不同年型的基准年可供水量。

（2）规划水平年供水预测

供水预测和需水预测类似，需要进行不同水平年、不同年型和不同方案的可供水量分析计算，并进行各种方案的经济技术分析和比选。

供水预测的内容主要包括：综合调查分析现有供水设施的布局、供水能力、运行状况，以及水资源开发程度与存在问题等，在此基础上分析水资源开发利用前景和潜力，结合不同水平年的需水要求，拟订多种增加供水的方案，提出不同水平年、不同年型、不同方案的可供水量成果。

根据对各地水资源开发利用模式和水资源开发利用潜力的分析，对应各水平年不同需水方案的需水要求，确定不同水平年的供水目标，确定不同情形下的供水方案，如增加污水处理回用，通过外调水源工程增加区域可供水量，加强雨水、矿坑排水等非常规水资源的利用等。分析采取这些措施及多种措施组合情况下的效果。并考虑区域实际情况，分析对水资源可持续利用可能带来的有利和不利影响，并综合考虑工程布局和总体安排等因素，最终拟订不同水平年的供水方案集。

三、水资源优化配置

水资源供需平衡是指在一定区域、一定时段内，对某一发展水平年和某一保证率的各部门供水量和需水量平衡关系分析。供水量和需水量相近为平衡，供大于需的部分为余水量，供小于需的部分为缺水量。

1. 水资源优化配置的概念

水资源优化配置（Optimization Water Resources Collocation）指的是在一定的流域或区域内，在高效、公平和可持续原则的指导下，对各种水资源进行合理分配，从而实现水资源的可持续利用，保证社会经济、资源以及生态环境的协调发展。

水资源优化配置的本质，是按照自然规律和经济规律，对流域水循环及其影响水循环的自然、社会、经济和生态诸因素进行整体多维调控，并遵循水平衡机制、经济机制和生态机制进行的水资源优化配置的决策方法和决策过程。

水资源优化配置是水资源规划的一个重要组成部分，需要以水资源评价、开发利用评价以及需水预测、供水预测、节水规划、水资源保护等工作的成果为基础，针对流域水资源系统的实际状况，建立配置模型，计算不同需水、节水方案和供水策略下区域的供需平衡以及供用耗排状况；通过水资源优化配置模型的模拟计算，对总体布局的确定和完善提供建议性成果，并最终结合方案评选和评价分析计算平台，使得模型成为水资源规划的实用工具。

2. 水资源优化配置内容及流程

水资源优化配置是水资源规划与管理中的重要内容，涉及的供用水范围较广，涉及的内容很多，按照其流程归结起来，主要有以下几方面内容。

（1）水资源系统的组成分析。

（2）水资源供需初步分析。

（3）水资源开发利用中存在的问题。

（4）针对地区实际情况，选择水资源优化配置目标及原则。

（5）水资源优化配置初步方案的生成。

（6）水资源优化配置模型及其求解。

（7）水资源优化配置方案的比选。

（8）对于特殊干旱期的应急对策。

3. 水资源优化配置的一般模型

基于优化技术的水资源配置模型，是通过建立流域水资源循环转化与调控平衡方程、以水资源区套行政区为基本计算单元的水资源供用耗排平衡方程、以水利工程调度供水平衡方程及各类约束方程和以供水净效益最大及损失水量最小为目标函数的数学规划模型。通过优化模型可以对各种方案进行分析计算，进行水资源配置分析并提出推荐方案，为水资源规划管理决策提供依据。

（1）建模条件

考察区域内水资源的实际情况，包括水资源系统的性能、目标、环境等，定量描述各因素以及相互间的关系，从而确定系统的表达形式，确定其中的未知变量，也就是决策变量。

随着社会生产和生活水平的提高以及自然环境的改善，对水资源的要求也逐步提高，再加上地球上水资源的总量是有限的，这更需要我们对水资源进行动态优化配置。通常情况下，需要确定进行优化配置的目标和原则，采用系统分析的方法进行建模。

（2）目标函数的确定

应用目标函数来表达模型系统的目标要求，根据问题的实际情况，来确定求解目标函数的最大值或最小值。水资源优化配置的目标是通过科学合理分配有限的水资源，实现水资源的可持续利用和经济社会的可持续发展。

（3）约束条件的确定

约束条件表示了目标函数的限制条件。推求目标函数达到最优时的决策变量，应是在约束条件下求得的。在水资源优化配置中，产水量、可供水量、输水建筑物的过水能力等都可能成为约束条件。

4. 水资源优化配置的一般形式

事物的运动发展是质和量的统一，任何事物都有质和量的规定性，质的规定性把不同的事物区别开来，量的规定性把同质事物区别开来，没有一定的质或一定的量的事物是不存在的。有一定质和量的规定性的事物只有在其运动的时间和空间之中才能把握，时间和空间也离不开物质的运动。

由此，在自然资源利用过程中，具有一定质和量的规定性要素所配置组合而成的系统，必然表现为下列4种基本形式：质态组合形式、量态组合形式、时间组合形式和空间组合形式。

（1）质态组合形式

质态组合也称为属性组合，是指诸要素于自然资源利用过程中在属性上相互关联的状态。

自然资源利用配置的质态组合本质上是一种联系，可分解为生态联系、技术联系、经济联系等。其中，生态联系是最基本的；技术联系是一种中介联系，是人与自然进行物质、能量和信息交换的手段和媒介；经济联系则是最高形态的联系。

（2）量态组合形式

量态组合形式是指系统各要素之间的数量配比。

量态组合有两层含义：

第一，任何系统的产出物，都是系统在特定的质态组合方式下共同作用的结果。要充分发挥这种共同作用，系统诸要素就必须有一定的数量规定或比例关系。

第二，人们对系统的干预，对水资源的利用必须有一个数量界限，即适合度的问题。人们对水资源的开发利用应有一个阈限，过度开发或开发利用不足都不能达到好的效果。尤其是超过阈限严重的就会给水资源系统造成难以弥补的损失，例如河道断流、湖泊干涸、地下水位下降等，都是因为超过了资源利用的承载能力。

（3）空间组合形式

空间组合形式是指诸要素在地域空间上的分布和联系状态。

空间组合形式又可分解为平面组合、垂直组合和立体组合3种形式。

系统的边缘效应、集聚效应及乘数效应都可以通过空间组合的形式变换来获取，并且这3种效应的大小也反映其组合的优劣态势。

（4）时间组合形式

时间组合形式是指各要素在时序变化上的相互依存、相互制约的关系，在水资源的利用上表现为经济利用的超前性和资源更新的滞后性。时间组合就在于各要素在其结合过程的先后顺序和持续时间长短的调节上。由于水资源具有随机性、时空分布不均匀等特性，容易在用水高峰时节，出现来水偏枯现象。这就需要采用合理的配置手段，对水资源进行合理调节，使其能够做到峰水枯用，优化时间组合。

任何系统的组合配置，都是上述4种形式的统一。水资源的利用方式具有相应的构成、规模、时序和布局。这4种组合形式也反映了系统的4个基本范畴：型、阈、位与序。

5.水资源供需平衡动态模拟分析成果的综合

水资源供需平衡动态模拟的计算结果应该加以分析整理，即称成果综合。该方法能得出比典型年法更多的信息，其成果综合的内容虽有相似的地方，但要体现出系列法和动态法的特点。

（1）现状年供需分析

现状年的供需分析，和典型年法一样，都是用实际供水资料和用水资料进行平衡计算的，可用列表表示。由于模拟输出的信息较多，对现状供需状况可做较详细的分析，例如各分区的情况，年内各时段的情况，以及各部门用水情况等，以便能在不同的时间和地域上对供需矛盾做出更详尽的分析。

（2）不同发展时期的供需分析

动态模拟分析计算的结果所对应的时间长度和采用的水文系列长度是一致的。对于发展计划则需要较为详尽的资料。对于宏观决策者不一定需要逐年的详细资料。所以，应根据模拟计算结果，把水资源供需平衡整理成能满足不同需要的成果。

结合现状分析，按现有的供水设施和本地水资源，进行一次今后不同时期的供需模拟计算，通常叫第一次供需平衡分析。通过这次平衡，可以暴露矛盾，发现问题，便于进一步深入分析。经过第一次平衡以后，可制订不同方案或不同情景，进行第二次供需平衡。

四、生活用水的概念

生活用水是人类日常生活及其相关活动用水的总称。生活用水包括城镇生活用水和农村生活用水。城镇生活用水包括居民住宅用水、市政公共用水、环境卫生用水等，常称为城镇大生活用水。城镇居民生活用水是指用来维持居民日常生活的家庭和个人用水，包括饮用、洗涤、卫生、养花等室内用水和洗车、绿化等室外环境用水。农村生活用水包括农村居民用水、牲畜用水。生活用水量一般按人均日用水量计，单位为 $l(人 \cdot d)$。

生活用水涉及千家万户，与人民的生活关系最为密切。《中华人民共和国水法》规定："开发、利用水资源，应当首先满足城乡居民生活用水。"因此，要把保障人民生活用水放在优先位置。这是生活用水的一个显著特征，即生活用水保证率高，放在所有供水先后顺序中的第一位。也就是说，在供水紧张的情况下优先保证生活用水。

同时，由于生活饮用水直接关系到人们的身体健康，对水质要求也较高，这是生活用水的另一个显著特征。随着经济与城市化进程的不断加快，用水人口不断增加，城市居民生活水平不断提高，公共市政设施范围不断扩大与完善，预计在今后一段时期内城市生活用水量仍将呈增长趋势。因此城市生活节水的核心是在满足人们对水的合理需求的基础上，控制公共建筑、市政和居民住宅用水量的持续增长，使水资源得到有效利用。大力推行生活节水，对于建设节水型社会具有重要意义。

《中共中央、国务院关于加快水利改革发展的决定》中指出"水是生命之源、生产之要、生态之基。……我国水利面临的形势更趋严峻……强化水资源节约保护工作越来越繁重……不断深化水利改革，加快建设节水型社会，促进水利可持续发展，努力走出一条中国特色水利现代化道路。"可见，节约用水已受到社会范围内的广泛重视。节水的含义深广，不仅仅局限于用水的节约，还包括水资源（地表水和地下水）的保护、控制和开发，并保证其可获得的最大水量得到合理经济利用，也有精心管理和文明使用水资源之意。

传统意义上的节水主要是指采取现实可行的综合措施，减少水资源的损失和浪费，提高用水效率与效益，合理高效地利用水资源。随着社会和技术的进步，节水的内涵也在不断扩展，至今仍未有公认的定论。沈振荣等提出真实节水、资源型节水和效率型节水的概念，认为节水就是最大限度地提高水的利用率和生产效率，最大限度地减少淡水资源的净消耗量和各种无效流失量。陈家琦等认为，节约用水不仅是减少用水量和简单的限制用水，而且是高效、合理地充分发挥水的多功能和一水多用，重复利用，即在用水最节省的条件下达到最优的经济、社会和环境效益。

我国《节水型城市目标导则》对城市节水做了如下定义："节约用水,指通过行政、技术、经济等管理手段加强用水管理,调整用水结构,改进用水工艺,实行计划用水,杜绝用水浪费,运用先进的科学技术建立科学的用水体系,有效地使用水资源,保护水资源,适应城市经济和城市建设持续发展的需要"。该定义更接近英文中的"Water Conservation"。在这里,节约用水的含义已经超脱了节省用水量的意义,内容更广泛,还包括有关水资源立法、水价、管理体制等一系行政管理措施,意义上更趋近于"合理用水"或"有效用水"。"节约用水"重要的是强调如何有效利用有限的水资源,实现区域水资源的平衡。其前提是基于地域性经济、技术和社会的发展状况。毫无疑问,如果不考虑地域性的经济与生产力的发展程度,脱离技术发展水平,很难采取经济有效的措施,以保证"节约用水"的实施。"节约用水"的关键在于根据有关的水资源保护法律法规,通过广泛的宣传教育,提高全民的节水意识;引入多种节水技术与措施、采用有效的节水器具与设备,降低生产或生活过程中水资源的利用量,达到环境、生态、经济效益的一致性与可持续发展的目标。

综合起来,"节约用水"可定义为:基于经济、社会、环境与技术发展水平,通过法律法规、管理、技术与教育手段,以及改善供水系统,减少需水量,提高用水效率,降低水的损失与浪费,合理增加水可利用量,实现水资源的有效利用,达到环境、生态、经济效益的一致性与可持续发展。节水不同于简单的消极的少用水,而是依赖科学技术进步,通过降低单位目标的耗水量实现水资源的高效利用。随着人口的急剧增长和城市化、工业化及农业灌溉对水资源需求的日益增长,水资源供需矛盾日益尖锐。为解决这一矛盾,达到水资源的可持续利用,需要节水政策、节水意识和节水技术三个环节密切配合;农业节水、工业节水、城市节水和污水回用等多管齐下,以便达到逐步走向节水型社会的前景目标。

节水型社会注重使有限的水资源发挥更大的社会经济效益,创造更良好的物质财富和良好的生态效益,即以最小的人力、物力、财力以及最少水量来满足人类的生活、社会经济的发展和生态环境的保护需要。节水政策包括多个方面,其中制定科学合理的水价和建立水资源价格体系是节水政策的核心内容。合理的水资源价格,是对水资源进行经济管理的重要手段之一,也是水利工程单位实行商品化经营管理,将水利工程单位办成企业的基本条件。目前,我国水资源价格的定价太低是突出的问题,价格不能反映成本和供求的关系也不能反映水资源的价值,供水水价核定不含水资源本身的价值。尽管正在寻找合理有效的办法,如新水新价、季节差价、行业差价、基本水价与计量水价等,但要使价格真正起到经济管理的杠杆作用仍然很艰难。此外,由于水资源功用繁多,完整的水资源价格体系还没有形成。正是由于定价太低,价格杠杆动力作用低效或无效,节约用水成为一句空话。建立合理的、有利于节水的收费制度,引导居民节约用水、科学用水。提倡生活用水一水多用,积极采用分质供水,改进用水设备。不断推进工业节水技术改造,改革落后的工艺与设备,采用循环用水与污水再生回用技术措施,建立节水型工业,提高工业用水重复利用率。推广现代化的农业灌溉方法,建立完善的节水灌溉制度。逐步走向节水型社会,是解决21世纪水资源短缺的一项长期战略措施。特别是当人类花费了大量的人力、物力、财力而只能获得少量的可利用量的时候，节水就变得越来越现实、迫切。

五、生活节水途径

生活节水的主要途径有：实行计划用水和定额管理；进行节水宣传教育，提高节水意识；推广应用节水器具与设备；开展城市再生水利用技术等。

1. 实行计划用水和定额管理

我国《城市供水价格管理办法》明确规定："制定城市供水价格应遵循补偿成本、合理收益、节约用水、公平负担的原则。"通过水平衡测试，分类分地区制定科学合理的用水定额，逐步扩大计划用水和定额管理制度的实施范围，对城市居民用水推行计划用水和定额管理制度。

科学合理的水价改革是节水的核心内容。要改变缺水又不惜水、用水浪费无节度的状况，必须用经济手段管水、治水、用水。针对不同类型的用水，实行不同的水价，以价格杠杆促进节约用水和水资源的优化配置，适时、适地、适度调整水价，强化计划用水和定额的管理力度。

所谓分类水价，是根据使用性质将水分为生活用水、工业用水、行政事业用水、经营服务用水、特殊用水五类。各类水价之间的比价关系由所在城市人民政府价格主管部门会同同级城市供水行政主管部门结合当地实际情况确定。

居民住宅用水取消"包费制"，是建立合理的水费体制、实行计量收费的基础。凡是取消"用水包费制"进行计量收费的地方都取得了明显效果。合理地调整水价不仅可强化居民的生活节水意识，而且有助于抑制不必要和不合理的用水，从而有效地控制用水总量的增长。全面实行分户装表，计量收费，逐步采用阶梯式计量水价。2011年中央一号文件提出"积极推进水价改革。充分发挥水价的调节作用，兼顾效率和公平，大力促进节约用水和产业结构的调整"，"合理调整城市民生活用水价格，稳定推行阶梯式水价制度"。

2. 进行节水宣传教育，提高节水意识

在给定的建筑给排水设备条件下，人们在生活中的用水时间、用水次数、用水强度、用水方式等直接取决于其用水行为和习惯。通常用水行为和习惯是比较稳定的，这就说明为什么在日常生活中一些人或家庭用水较少，而另一些人或家庭用水较多。但是人们的生活行为和习惯往往受某种潜意识的影响。如欲改变某些不良行为或习惯，就必须从加强正确观念入手，克服潜意识的影响，让改变不良行为或习惯成为一种自觉行动。显然，正确观念的形成要依靠宣传和教育，由此可见宣传教育在节约用水中的特殊作用。应该指出宣传和教育均属对人们思想认识的正确引导，教育主要依靠潜移默化的影响，而宣传则是对教育的强化。

据水资源评价的资料显示，全国淡水资源量的80%集中分布在长江流域及其以南地区，这些地区由于水源充足，公民节水意识淡薄，水资源浪费严重。通过宣传教育，增强了人

们的节水观念，提高了人们的节水意识，改变了其不良的用水习惯。宣传方式可采用报刊、广播、电视等新闻媒体及节水宣传资料、张贴节水宣传画、举办节水知识竞赛等，另外还可在全国范围内树立节水先进典型，评选节水先进城市和节水先进单位等。

因此，通过宣传教育去节约用水是一种长期行为，不能指望获得"立竿见影"的效果，除非同某些行政手段相结合，并且坚持不懈。如日本的水资源较贫乏，故十分重视节约用水的宣传教育。日本把每年的"六·一"定为全国"节水日"，而且注意从儿童开始教育。联合国在 1993 年做出决定，将每年的 3 月 22 日定为"世界水日"。中国水利部将 3 月 22 日至 28 日定为"中国水周"。

3. 推广应用节水器具与设备

推广应用节水器具和设备是城市生活用水的主要节水途径之一。实际上，大部分节水器具和设备是针对生活用水的使用情况和特点而开发生产的。节水器具和设备，对于有意节水的用户而言有助于提高节水效果；对于不注意节水的用户而言，至少可以限制水的浪费。

（1）推广节水型水龙头

为了减少水的不必要浪费，选择节水型的产品也很重要。所谓节水型水龙头，应该是有使用针对性的，能够保障最基本流量（例如洗手盆用 0.05 L/s，洗涤盆用 0.1 L/s，淋浴用 0.15 L/s），自动减少无用水的消耗（例如加装充气口防飞溅；洗手用喷雾方式，提高水的利用率；经常发生停水的地方选用停水自闭水龙头；公用洗手盆安装延时、定量自闭水龙头）、耐用且不易损坏（有的产品已能做到 60 万次开关无故障）的产品。当管网的给水压力静压超过 0.4 MPa 或动压超过 0.3 MPa 时，应该考虑在水龙头前面的干管线上采取减压措施，加装减压阀或孔板等，在水龙头前安装自动限流器也比较理想。

当前除了注意选用节水型水龙头，还应大力提倡选用绿色环保材料制造的水龙头。绿色环保水龙头除了在一些密封的零件材料表面涂装无害的材料（曾经使用的石棉、有害的橡胶、含铅的油漆、镀层等都应该淘汰）外，还要注意控制水龙头阀体材料中的含铅量。制造水龙头阀体，应该选择低铅黄铜、不锈钢等材料，也可以采用在水的流经部位洗铅的方法，达到除铅的目的。

为了防止铁管或镀锌管中的铅对水的二次污染以及接头容易腐蚀的问题，现在不断推广使用新型管材，一类是塑料的，另一类是薄壁不锈钢的。这些管材的钢性远不如钢铁管（镀锌管），因此给非自身固定式水龙头的安装带来一些不便。在选用水龙头时，除了注意尺寸及安装方向可用以外，还应该在固定水龙头的方法上给予足够重视，否则会因为经常搬动水龙头手柄，造成水龙头和接口的松动。

（2）推广节水型便器系统

卫生间的水主要用于冲洗便器。除利用中水外，采用节水型便器仍是当前节水的主要努力方向。节水型便器的节水目标是保证冲洗质量，减少用水量。现研究产品有低位冲洗水箱、高位冲洗水箱、延时自闭冲洗阀、自动冲洗装置等。

常见的低位冲洗水箱多用上导向直落式排水阀。这种排水阀有封闭不严漏水、易损坏和开启不便等缺点，导致水的浪费。近些年来逐渐改用翻板式排水阀。这种翻板阀开启方便、复位准确、斜面密封性好。此外，以水压杠杆原理自动进水装置代替普通浮球阀，克服了浮球阀关闭不严导致长期溢水之弊。

高位冲洗水箱提拉虹吸式冲洗水箱的出现，解决了旧式提拉活塞式水箱漏水问题。一般做法是改一次性定量冲洗为"两档"冲洗或"无级"非定量冲洗，其节水率在50%以上。为了避免普通闸阀使用不便、易损坏、水量浪费大以及逆行污染等问题，延时自闭冲洗阀应具备延时、自闭、冲洗水量在一定范围内可调、防污染（加空气隔断）等功能，并应便于安装使用、经久耐用、价格合理等。

自动冲洗装置多用于公共卫生间，可以克服手拉冲洗阀、冲洗水箱、延时自闭冲洗水箱等只能依靠人工操作而引起的弊端。例如，频繁使用或胡乱操作造成装置损坏与水的大量浪费，或疏于操作而造成的卫生问题、医院的交叉感染等。

（3）推广节水型淋浴设施

淋浴时因调节水温和不需水擦拭身体的时间较长，若不及时调节水量会浪费很多水，这种情况在公共浴室尤甚，不关闭阀门或设备损坏造成"长流水"现象也屡见不鲜。集中浴室应普及使用冷热水混合淋浴装置，推广使用卡式智能、非接触自动控制、延时自闭、脚踏式等淋浴装置；宾馆、饭店、医院等用水量较大的公共建筑推广采用淋浴器的限流装置。

（4）研究生产新型节水器具

研究开发高智能化的用水器具、具有最佳用水量的用水器具和按家庭使用功能分类的水龙头。

4.发展城市再生水利用技术

再生水是指污水经适当的再生处理后供回用的水。再生处理一般指二级处理和深度处理。再生水用于建筑物内杂用时，也称为中水。建筑物内洗脸、洗澡、洗衣服等洗涤水、冲洗水等集中后，经过预处理（去污物、油等）、生物处理、过滤处理、消毒灭菌处理，甚至活性炭处理，而后流入再生水的蓄水池，作为冲洗厕所、绿化等用水。这种生活污水经处理后，回用于建筑物内部冲洗厕所或其他杂用水的方式，称为中水回用。

建筑中水利用是目前实现生活用水重复利用最主要的生活节水措施。该措施包含水处理过程，不仅可以减少生活废水的排放，还能够在一定程度上减少生活废水中污染物的排放。在缺水城市住宅小区设立雨水收集、处理后重复利用的中水系统，利用屋面、路面汇集雨水至蓄水池，经净化消毒后用水泵提升用于绿化浇灌、水景水系补水、洗车等，剩余的水可再收集于池中进行再循环。在符合条件的小区实行中水回用可实现污水资源化，达到保护环境、防治水污染、缓解水资源不足的目的。

六、水资源政策管理

水资源政策管理的核心是水费价格。国内外实践证明，合理的水价不仅是发展节水灌溉的动力，也是水资源管理实现良性循环的关键。目前，我国的水价改革存在的问题有如下几个方面：

1. 价格形成机制的改革成效有待提高。目前还存在重调（价）轻改（革）甚至以调代改的现象。具体表现为水资源费征收不到位，供水成本不合理的问题仍未解决。

2. 水价总体上仍然偏低，工程供水价格低于供水成本。

3. 水价体系不合理。一方面，原水与成品水差价不合理；另一方面，季节差价不明显。

4. 计量收费方式没有得到普及。目前，全国只有14个省（自治区、直辖市）的50多个城市对居民用水实施了阶梯式水价，两部制水价只在极少数灌区农业供水中试行。加快水价改革、构建多类型水价体系、促进节约用水和水资源可持续利用已经成为一项紧迫任务。

针对上述问题，提出如下改革措施：

1. 实行高峰负荷定价

由于用水需求存在季节性波动，为了保证高峰用水，所有供水企业都要在日均供水量的基础上加上一定的备用能力，而备用设备在非高峰时间基本是闲置的。所以，高峰季节供水的边际成本较高，因为所有的设备都投入紧张的运行；而非高峰季节的边际成本较低，因为只有最高效的设备在运转。高峰的额外供水费用（主要是折旧等固定成本）应集中在高峰用水期的三四个月内，这样就形成了季节差价。季节性水价的使用使水资源的价格和水商品的价值更加接近。在高峰时段提高水价，而在低谷时段降低水价，通过价格杠杆引导用户转移需求，需求曲线平稳。

2. 论质水价

不同质量的商品有不同的价格，对一般商品而言，这是人人皆知的规律。水作为一种商品，应按质论价，实行优质优价、劣质低价。在现实生活中，各类用水需求对水质的要求不同，农业灌溉用水、工业用水和居民生活用水对水质的要求依次变高，而现实存在着原水、上水（自来水）、中水（经处理过的废水）和下水（污水），它们各有用途，并存在一定的替代性。上水、中水、下水三者的用途依次变少，三者的价格弹性也依次变小，如果不同水质的水价构成合理，拉开档次，市场条件成熟，目前以用上水为主的情况必然会有所改变，水资源供求矛盾也会缓解。

3. 阶梯式计量水价

阶梯式计量水价是根据某一标准，如在城镇按家庭人口，在农村按耕地面积，在工业企业按万元产值等核定基本用水量，在本用量内实行基本水价，以保证用户最起码的生存和基本发展用水的需要，又不使其负担过重。当实际用水超过定额后，对超过定额用水部分加价，并使水价随着用水量的变化而分级加价。

在阶梯式水价下，如果用户消耗水量超过一定的数量，就必须支付高额的边际成本，这属于愿意支付的范围，是消费者选择的结果。如果用户不愿意支付高价，就必将节约用水，杜绝浪费。采用这种分段定价结构，将在一定程度上遏制水资源浪费及水资源低效利用现象，有利于水资源的充分利用和保护，同时还可促进节水技术的开发和应用，从而实现高效用水的目标。

4.两部制水价

两部制水价是指把水价划分为容量水价和计量水价两部分。其中，容量水价是指用水户无论用水与否都要交纳的水费，以保障供水工程所需人工费用和维修养护费用，实现供水生产的连续性。计量水价是指按实际用水量计算的收费，以促进用水户节约用水。

七、取水工程

取水工程是由人工取水设施或构筑物从各类水体取得水源，通过输水泵站和管路系统供给各种用水。取水工程是给水系统的重要组成部分，其任务是按一定的可靠度要求从水源取水将水送至水处理厂或者用户。由于水源类型、数量及分布情况对给水工程系统组成、布置、建设、运行管理、经济效益及可靠性有着较大的影响，因此取水工程在给水工程中占有相当重要的地位。

（一）水资源供水特征与水源选择

1.地表水源的供水特征

地表水资源在供水中占据十分重要的地位。地表水作为供水水源，其特点主要表现为：

（1）水量大，总溶解固体含量较低，硬度一般较小，适合于作为大型企业大量用水的供水水源；

（2）时空分布不均，受季节影响大；

（3）保护能力差，容易受污染；

（4）泥沙和悬浮物含量较高，常需净化处理后才能使用；

（5）取水条件及取水构筑物一般比较复杂。

2.水源选择原则

（1）水源选择前，必须进行水源的勘察。为了保证取水工程建成后有充足的水量，必须先对水源进行详细勘察和可靠性综合评价。对于河流水资源，应确定可利用的水资源量，避免与工农业用水及环境用水发生矛盾；兴建水库作为水源时，应对水库的汇水面积进行勘察，确定水库的蓄水量。

（2）水源的选用应通过技术经济比较后综合考虑确定。水源选择必须在对各种水源进行全面分析研究、掌握其基本特征的基础上，综合考虑各方面因素，并经过技术经济比较后确定。确保水源水量可靠和水质符合要求是水源选择的首要条件。水量除满足当前的生产、生活需要外，还应考虑到未来发展对水量的需求。作为生活饮用水的水源应符合《生活饮用水卫生标准》中关于水源的若干规定；国民经济各部门的其他用水，应满足其工艺要求。

随着国民经济的发展，用水量逐年上升，不少地区和城市，特别是水资源缺乏的北方干旱地区，生活用水与工业用水、工业用水与农业用水、工农业用水与生态环境用水的矛盾日益突出。因此，确定水源时，要统一规划、合理分配、综合利用。此外，选择水源时，还需考虑基建投资、运行费用以及施工条件和施工方法，例如施工期间是否影响航行，陆上交通是否方便等。

（3）用地表水作为城市供水水源时，其设计枯水流量的保证率，应根据城市规模和工业大用水户的重要性选定，一般可采用 90%~97%。

用地表水作为工业企业供水水源时，其设计枯水流量的保证率，应考虑工业企业性质及用水特点，按各有关部门的规定执行。

（4）地下水与地表水联合使用。如果一个地区和城市具有地表和地下两种水源，可以对不同的用户，根据其需水要求，分别采用地下水和地表水作为各自的水源；也可以对各种用户的水源采用两种水源交替使用，在河流枯水期地表水取水困难和洪水期河水泥沙含量高难以使用时，改用抽取地下水作为供水水源。国内外的实践证明，这种地下水和地表水联合使用的供水方式不仅可以同时发挥各种水源的供水能力，而且能够降低整个给水系统的投资，提高供水体统的安全可靠性。

（5）确定水源、取水地点和取水量等，应取得水资源管理机构以及卫生防疫等有关部门的书面同意。对于水源卫生防护应积极取得环保等有关部门的支持配合。

（二）地表水取水工程

地表水取水工程的任务是从地表水水源中取出合格的水送至水厂。地表水水源一般是指江河、湖泊等天然的水体，运河、渠道、水库等人工建造的淡水水体，水量充沛，多用于城市供水。

地表水污水工程直接与地表水水源相联系，地表水水源的种类、水量、水质在各种自然或人为条件下所发生的变化，对地表水取水工程的正常运行及安全性产生影响。为使取水构筑物能够从地表水中按需要的水质、水量安全可靠地取水，了解影响地表水取水的主要因素是十分必要的。

1. 影响地表水取水的主要因素

地表水取水构筑物与河流相互作用、相互影响。一方面，河流的径流变化、泥沙运动、河床演变、冰冻情况、水质、河床地质与地形等影响因素影响着取水构筑物的正常工作及安全取水；另一方面，取水构筑物的修建引起河流自然状况的变化，对河流的生态环境、净流量等产生影响。因此，全面综合地考虑地表水取水的影响因素对取水构筑物位置选择、形式确定、施工和运行管理，都具有重要意义。

地表水水源影响地表水取水构筑物运行的主要因素有：

（1）河流中漂浮物

河流中的漂浮物包括：水草、树枝、树叶、废弃物、泥沙、冰块，甚至山区河流中所排放的木排等。泥沙、水草等杂物会使取水头部淤积堵塞，阻断水流；冰块、木排等会撞损取水构筑物，甚至造成停水。河流中的漂浮杂质，一般汛期较平时更多。这些杂质不仅分布在水面，而且同样存在于深水层中。河流中的含沙量一般随季节的变化而变化，绝大部分河流汛期的含沙量高于平时的含沙量。含沙量在河流断面上的分布是不均匀的。一般情况下：沿水深分布，靠近河底的含沙量最大；沿河宽分布，靠近主流的含沙量最大。含沙量与河流流速的分布规律有着密切的关系；河心流速大，相应含沙量就大；两侧流速小，含沙量相应小些。处于洪水流量时，相应的最高水位可能高于取水构筑物，使其淹没而无法运行；处于枯水流量时，相应的最低水位可能导致取水构筑物无法取水。因此，河流历年来的径流资料及其统计分析数据是设计取水构筑物的重要依据。

（2）取水河段的水位、流量、流速等径流特征

由于影响河流径流的因素很多，如气候、地质、地形及流域面积、形状等，上述径流特征具有随机性。因此，应根据河道径流的长期观测资料，计算河流在一定保证率下的各种径流特征值，为取水构筑物的设计提供依据。取水河段的径流特征值包括：

1）河流历年的最小流量和最低水位；

2）河流历年的最大流量和最高水位；

3）河流历年的月平均流量、月平均水位以及年平均流量和年平均水位；

4）河流历年春秋两季流冰期的最大、最小流量和最高、最低水位；

5）其他情况下，如潮汐，形成冰坝、冰塞时的最高水位及相应流量；

6）上述相应情况下河流的最大、最小和平均水流速度及其在河流中的分布情况。

（3）河流的泥沙运动与河床演变

河流的泥沙运动引起河床演变的主要原因是水流对河床的冲刷及挟沙的沉积。长期的冲刷和淤积，轻者使河床变形，严重者将使河流改道。如果河流取水构筑物位置选择不当，泥沙的淤积会使取水构筑物取水能力下降，严重的会使整个取水构筑物完全报废。因此，泥沙运动和河床演变是影响地表水取水的重要因素。

1）泥沙运动

河流泥沙是指所有在河流中运动及静止的粗细泥沙、大小石砾以及组成河床的泥沙。随水流运动的泥沙也称为固体径流，它是重要的水文现象之一。根据泥沙在水中的运动状态，可将泥沙分为床沙、推移质及悬移质三类。决定泥沙运动状态的因素除泥沙粒径外，

还有水流速度。

对于推移质运动，与取水最为密切的问题是泥沙的启动。在一定的水流作用下，静止的泥沙开始由静止状态转变为运动状态，叫作"启动"，这时的水流速度称为启动流速。泥沙的启动意味着河床冲刷的开始，即启动流速是河床不受冲刷的最大流速，因此在河渠设计中应使流速小于启动流速值。

对于悬移质运动，与取水最为密切的问题是含沙量沿水深的分布和水流的挟沙能力。由于河流中各处水流脉动强度不同，河中含沙量的分布亦不均匀。为了取得含沙量较少的水，需要了解河流中含沙量的分布情况。

2）河床演变

河流的径流情况和水力条件随时间和空间不断地变化，因此河流的挟沙能力也在不断变化，在各个时期和河流的不同地点产生冲刷和淤积，从而引起河床形状的变化，即引起河床演变。这种河床外形的变化往往对取水构筑物的正常运行有着重要的影响。

河床演变是水流和河床共同作用的结果。河流中水流的运动包括纵向水流运动和环流运动。二者交织在一起，沿着流程变化，并不断与河床接触、作用；与此同时，也伴随着泥沙的运动，使河床发生冲刷和淤积，不仅影响河流含沙量，而且使河床形态发生变化。河床演变一般表现为纵向变形、横向变形、单向变形和往复变形。

（4）河床和岸坡的稳定性

从江河中取水的构筑物有的建在岸边，有的延伸到河床中。因此，河床与岸坡的稳定性对取水构筑物的位置选择有重要的影响。此外，河床和岸坡的稳定性也是影响河床演变的重要因素。河床的地质条件不同，其抵御水流冲刷的能力不同，因而受水流侵蚀影响所发生的变形程度也不同。对于不稳定的河段，一方面河流水力冲刷会引起河岸崩塌，导致取水构筑物倾覆和沿岸滑坡，尤其河床土质疏松的地区常常会发生大面积的河岸崩塌；另一方面，还可能出现河道淤塞、堵塞取水口等现象。因此，取水构筑物的位置应选在河岸稳定、岩石露头、未风化的基岩上或地质条件较好的河床处。当地区条件达不到一定的要求时，要采取可靠的工程措施。在地震区，还要按照防震要求进行设计。

（5）河流冰冻过程

北方地区冬季，当温度降至零摄氏度以下时，河水开始结冰。若河流流速较小（如小于 0.4 m/s），河面很快形成冰盖，若流速较大（如大于 0.5 m/s），河面不能很快形成冰盖。由于水流的紊动作用，整个河水受到过度冷却，水中出现细小的冰晶，冰晶在热交换条件良好的情况下极易结成海绵状的冰屑，即水内冰。冰晶也极易附着在河底的沙粒或其他固体物上聚集成块，形成底冰。水内冰及底冰越接近水面越多。这些随水漂流的冰屑及漂浮起来的底冰，以及由它们聚集成的冰块统称为流冰。流冰易在水流缓慢的河湾和浅滩处堆积，以后随着河面冰块数量增多，冰块不断聚集和冻结，最后形成冰盖，河流冻结。有的河段流速特别大，不能形成冰盖，即产生冰穴。在这种河段下游水内冰较多，有时水内冰会在冰盖下形成冰塞，上游流冰在解冻较迟的河段聚集，春季河流解冻时，通常因春汛引起的河水上涨导致冰盖破裂，形成春季流冰。

冬季流冰期，悬浮在水中的冰晶及初冰，极易附着在取水口的格栅上，增加水头损失，甚至堵塞取水口，故需考虑防冰措施。河流在封冻期能形成较厚的冰盖层，由于温度的变化，冰盖膨胀所产生的巨大压力，易使取水构筑物遭到破坏。冰盖的厚度在河段中的分布并不均匀，此外冰盖会随河水下降而塌陷，设计取水构筑物时，应视具体情况确定取水口的位置。春季流冰期冰块的冲击、挤压作用往往较强，对取水构筑物的影响很大；有时冰块堆积在取水口附近，可能堵塞取水口。

为了研究冰冻过程对河流正常情况的影响，正确地确定水工程设施情况，需了解下列冰情资料：

1）每年冬季流冰期出现和延续的时间，水内冰和底冰的组成、大小、黏结性、上浮速度及其在河流中的分布，流冰期气温及河水温度变化情况；

2）每年河流的封冻时间、封冻情况、冰层厚度及其在河段上的分布情况；

3）每年春季流冰期出现和延续的时间，流冰在河流中的分布运动情况，最大冰块面积、厚度及运动情况；

4）其他特殊冰情。

（6）人类活动

废弃的垃圾抛入河流可能导致取水构筑物进水口的堵塞；漂浮的木排可能撞坏取水构筑物；从江河中大量取水用于工农业生产和生活、修建水库调蓄水量、围堤造田、水土保持、设置护岸、疏导河流等人为因素，都将影响河流的径流变化规律与河床变迁的趋势。

河道中修建的各种水工构筑物和存在的天然障碍物，会引起河流水力条件的变化，可能引起河床沉积、冲刷、变形，并影响水质。因此，在选择取水口位置时，应避开水工构筑物和天然障碍物的影响范围，否则应采取必要的措施。所以在选择取水构筑物位置时，必须对已有的水工构筑物和天然障碍物进行研究，通过实地调查估计河床形态的发展趋势，分析拟建构筑物将对河道水流及河床产生的影响。

（7）取水构筑物位置选择

如应有足够的施工场地、便利的运输条件；尽可能减少土石方量；尽可能少设或不设人工设施，用以保证取水条件；尽可能减少水下施工作业量等。

2. 地表水取水类别

由于地表水源的种类、性质和取水条件的差异，地表水取水构筑物有多种类型和分法。按地表水的种类可分为江河取水构筑物、湖泊取水构筑物、水库取水构筑物、山溪取水构筑物、海水取水构筑物。按取水构筑物的构造可分为固定式取水构筑物和移动式取水构筑物。固定式取水构筑物适用于各种取水量和各种地表水源，移动式取水构筑物适用于中小取水量，多用于江河、水库和湖泊取水。

（1）河流取水

河流取水工程若按取水构筑物的构造形式划分，则有固定式取水构筑物、活动式取水构筑物两类。固定式取水构筑物又分为岸边式、河床式、斗槽式三种，活动式取水构筑物又分为浮船式、缆车式两种；在山区河流上，则有带低坝的取水构筑物和底栏栅取水构筑物。

（2）水库取水

根据水库的位置与形态，其类型一般可分为：

1）山谷水库用拦河坝横断河谷，拦截天然河道径流，抬高水位形成。绝大部分水库属于这一类型。

2）平原水库在平原地区的河道、湖泊、洼地的湖口处修建闸、坝，抬高水位形成，必要时还应在库周围筑围堤，如当地水源不足还可以从邻近的河流引水入库。

3）地下水库在干旱地区的透水地层，建筑地下截水墙，截蓄地下水或潜流而形成。

水库的总容积称为库容，然而不是所有的库容都可以进行径流量调节。水库的库容可分为死库容、有效库容（调蓄库容、兴利库容）、防洪库容。

水库主要的特征水位有：

1）正常蓄水位，指水库在正常运用情况下，允许为兴利蓄水的上限水位。它是水库最重要的特征水位，决定着水库的规模与效益，也在很大程度上决定着水工建筑物的尺寸。

2）死水位，指水库在正常运用情况下，允许落到的最低水位。

3）防洪限制水位，指水库在汛期允许兴利蓄水的上限水位，通常多根据流域洪水特性及防洪要求分期拟定。

4）防洪高水位，指下游防护区遭遇设计洪水时，水库（坝前）达到的最高洪水位。

5）设计洪水位，指大坝遭遇设计洪水时，水库（坝前）达到的最高洪水位。

6）校核洪水位，指大坝遭遇校核洪水时，水库（坝前）达到的最高洪水位。

水库工程一般由水坝、取水构筑物、泄水构筑物等组成。水坝是挡水构筑物用于拦截水流、调蓄洪水、抬高水位形成蓄水库；泄水构筑物用于下泄水库多余水量，以保证水坝安全，主要有河岸溢洪道、泄水孔、溢流坝等形式；取水构筑物是从水库取水，水库常用取水构筑物有隧洞式取水构筑物、明渠取水、分层取水构筑物、自流管式取水构筑物。

由于水库的水质随水深及季节等因素而变化，因此大多采用分层取水方式以取得最优水质的水。水库取水构筑物可与坝、泄水口合建或分建。与坝、泄水口合建的取水构筑物一般采用取水塔取水，塔身上一般设置 3~4 层喇叭管进水口，每层进水口高差 4~8m，以便分层取水。单独设立的水库取水构筑物与江河取水构筑物类似，可采用岸边式、河床式、浮船式，也可采用取水塔。

（3）海水取水

我国海岸线漫长，沿海地区的工业生产在国民经济中占很大比重。随着沿海地区的开放、工农业生产的发展及用水量的增长，淡水资源已经远不能满足要求，利用海水的意义也日渐重要。因此，了解海水取水的特点、取水方式和存在的问题是十分必要的。

1）海水取水注意事项

由于海水的特殊性，海水取水设备会受到腐蚀、海生物堵塞以及海潮侵袭等问题，因此在海水取水时要加以注意。主要包括：

A. 海水对金属材料的腐蚀及防护

海水中溶解有 NaCl 等多种盐分，会对金属材料造成严重腐蚀。海水的含盐量、海水流过金属材料的表面相对速度以及金属设备的使用环境都会对金属的腐蚀速度造成影响。预防腐蚀主要采用提高金属材料的耐腐蚀能力、降低海水通过金属设备时的相对速度以及将海水与金属材料以耐腐蚀材料相隔离等方法。具体措施如：

a. 选择海水淡化设备材料时要在进行经济比较的基础上尽量选择耐腐蚀的金属材料，比如不锈钢、合金钢、铜合金等。

b. 尽量降低海水与金属材料之间的过流速度，比如使用低转速的水泵。

c. 在金属表面刷防腐保护层，比如钢管内外表面涂红丹两道、船底漆一道。

d. 采用外加电源的阴极保护法或牺牲阳极的阴极保护法等电化学防腐保护。

e. 在水中投加化学药剂消除原水对金属材料的腐蚀性或在金属管道内形成保护性薄膜等方法进行防腐。

B. 海生物的影响及防护

海洋生物，如紫贻贝、牡蛎、海藻等会进入吸水管或随水泵进入水处理系统，减少过水断面、堵塞管道、增加水处理单元处理负荷。为了减轻或避免海生物对管道等设施的危害，需要采用过滤法将海生物截留在水处理设施之外，或者采用化学法将海生物杀灭，抑制其繁殖。目前，我国用以防治和清除海洋生物的方法有：加氯、加碱、加热、机械刮除、密封窒息、含毒涂料、电极保护等。其中，以加氯法采用得最多，效果较好。一般将水中余氯控制在 0.5 mg/L 左右，可以抑制海洋生物的繁殖。为了提高取水的安全性，一般至少设两条取水管道，并且在海水淡化厂运行期间，要定期对格栅、滤网、大口径管道进行清洗。

C. 潮汐等海水运动的影响

潮汐等海水运动对取水构筑物有重要影响，如构筑物的挡水部位及所开孔洞的位置设计、构筑物的强度稳定计算、构筑物的施工等。因此在取水工程的建设时要充分注意。

比如，将取水构筑物尽量建在海湾内风浪较小的地方，合理利用天然地形，防止海潮的袭击；将取水构筑物建在坚硬的原土层和基岩上，增加构筑物的稳定性等。

D. 泥沙淤积

海滨地区，特别是淤泥滩涂地带，在潮汐及异重流的作用下常会形成泥沙淤积。因此，取水口应该避免设置于此地带，最好设置在岩石海岸、海湾或防波堤内。

E. 地形、地质条件

取水构筑物的形式，在很大程度上同地形和地质条件有关。而地形和地质条件又与海岸线的位置和所在的港湾条件有关。基岩海岸线与沙质海岸线、淤泥沉积海岸线的情况截然不同。前者条件比较有利，地质条件好，岸坡稳定，水质较清澈。

此外，海水取水还要考虑到赤潮、风暴潮、海冰、暴雪、冰雹、冻土等自然灾害对取水设施可能引起的影响，在选择取水点和进行取水构筑物设计、建设时要予以充分的注意。

2）海水取水方式

海水取水方式有多种，大致可分为海滩井取水、深海取水、浅海取水三大类。通常，海滩井取水水质最好，深海取水其次，而浅海取水则有着建设投资少、适用性广的特点。

①海滩井取水

海滩井取水是在海岸线边上建设取水井，从井里取出经海床渗滤过的海水，作为海水淡化厂的源水。通过这种方式取得的源水由于经过了天然海滩的过滤，海水中的颗粒物被海滩截留，浊度低、水质好。

能否采用这种取水方式的关键是海岸构造的渗水性、海岸沉积物厚度以及海水对岸边海底的冲刷作用。适合的地质构造为有渗水性的砂质构造，一般认为渗水率至少要达到 $100 \, m^2/(d \cdot m)$，沉积物厚度至少达到 15 m。当海水经过海岸过滤，颗粒物被截留在海底，波浪、海流、潮汐等海水运动的冲刷作用能将截留的颗粒物冲回大海，保持海岸良好的渗水性；如果被截留的颗粒物不能被及时冲回大海，则会降低海滩的渗水能力，导致海滩井供水能力下降。

此外，还要考虑到海滩井取水系统是否会污染地下水或被地下水污染，海水对海岸的腐蚀作用是否会对取水构筑物的寿命造成影响，取水井的建设对海岸的自然生态环境的影响等因素。海滩井取水的不足之处主要在于建设占地面积较大、所取源文水中可能含有铁锰以及溶解氧较低等问题。

②深海取水

深海取水是通过修建管道，将外海的深层海水引到岸边进行取水。一般情况下，在海面以下 1~6 m 取水会含有沙、小鱼、水草、海藻、水母及其他微生物，水质较差，而当取水位>海面下 35 m 时，这些物质的含量会减少 20 倍，水温更低，水质较好。

这种取水方式适合海床比较陡峭，最好在离海岸 50 m 内，海水深度能够达到 35 m 的地区。如果在离海岸 500 m 外才能达到 35 m 深海水的地区，采用这种取水方式投资巨大，除非是特殊要求，需要取到浅海取不到的低温优质海水，否则不宜采用这种取水方式。由于投资较大等因素，这种取水方式一般不适用于较大规模取水工程。

③浅海取水

浅海取水是最常见的取水方式，虽然水质较差，但由于投资少、适应范围广、应用经验丰富等优势仍被广泛采用。一般常见的浅海取水形式有：海岸式、海岛式、海床式、引水渠式、潮汐式等。

A. 海岸式取水

海岸式取水多用于海岸陡、海水含泥沙量少、淤积不严重、高低潮位差值不大、低潮位时近岸水深度>1.0 m，且取水量较少的情况。这种取水方式的取水系统简单、工程投资较低，水泵直接从海边取水，运行管理集中。缺点是易受海潮特殊变化的侵袭，受海生物危害较严重，泵房会受到海浪的冲击。为了克服取水安全可靠性差的缺点，一般一台水泵单独设置一条吸水管，至少设计两套引水管线，并在引水管上设置闸阀。为了避免海浪的冲击，可将泵房设在距海岸 10~20 m 的位置。

B. 海岛式取水

海岛式取水适用于海滩平缓、低潮位离海岸很远处的海边取水工程建设。要求建设海岛取水构筑物处周围低潮位时水深 ≧ 2.0 m，海底为石质或沙质且有天然或港湾的人工防波堤保护，受潮水袭击可能性小。可修建长堤或栈桥将取水构筑物与海岸联系起来。这种取水方式的供水系统比较简单，管理比较方便，而且取水量大，在海滩地形不利的情况下可保证供水。缺点是施工有一定难度，受潮汐突变威胁，供水安全性较差。

C. 海床式取水

海床式取水适用于取水量较大、海岸较为平坦、深水区离海岸较远或者潮差大、低潮位离海岸远以及海湾条件恶劣（如风大、浪高、流急）的地区。这种取水方式将取水主体部分（自流干管或隧道）埋入海底，将泵房与集水井建于海岸，可使泵房免受海浪的冲击，取水比较安全，且经常能够取到水质变化幅度小的低温海水。缺点是自流管（隧道）容易积聚海生物或泥沙，清除比较困难；施工技术要求较高，造价昂贵。

D. 引水渠式取水

引水渠式取水适用于海岸陡峻、引水口处海水较深、高低潮位差值较小、淤积不严重的石质海岸或港口、码头地区。这种取水方式一般自深水区开挖引水渠至泵房取水，在进水端设防浪堤，引水渠两侧筑堤坝。其特点是取水量不受限制，引水渠有一定的沉淀澄清作用，引水渠内设置的格栅、滤网等能截留较大的海生物。缺点是工程量大、易受海潮变化的影响。设计时，引水渠入口必须低于工程所要求的保证率潮位至少 0.5 m，设计取水量需按照一定的引水渠淤积速度和清理周期选择恰当的安全系数。引水渠的清淤方式可以采用机械清淤或引水渠泄流清淤，或者同时采用两种清淤方式，设计泄流清淤时需要引水渠底坡向取水口。

E. 潮汐式取水

潮汐式取水适用于海岸较平坦、深水区较远、岸边建有调节水库的地区。在潮汐调节水库上安装自动逆止闸板门，高潮时闸板门开启，海水流入水库蓄水，低潮时闸板门关闭，取用水库水。这种取水方式利用了潮涨潮落的规律，供水安全可靠，泵房可远离海岸，不受海潮威胁，蓄水池本身有一定的净化作用，取水水质较好，尤其适用于潮位涨落差很大，具备可利用天然的洼地、海滩修建水库的地区。这种取水方式的主要不足是退潮停止进水的时间较长时，水库蓄水量大、占地多、投资高。另外，海生物的滋生会导致逆止闸门关闭不严的问题，设计时需考虑用机械设备清除闸板门处滋生的海生物。在条件合适的情况下，也可以采用引水渠和潮汐调节水库综合取水方式。涨潮时调节水库的自动逆止闸板门开启蓄水，调节水库由引水渠通往取水泵房的闸门关闭，海水直接由引水渠通往取水泵房；退潮时关闭引水渠进水闸门，开启调节水库与引水渠相通的闸门，由蓄水池供水。这种取水方式同时具备引水渠和潮汐调节水库两种取水方式的优点，避免了两者的缺点。

（三）地下水取水工程

地下水取水是给水工程的重要组成部分之一。它的任务是从地下水水源中取出合格的地下水，并送至水厂或用户。地下水取水工程研究的主要内容为地下水水源和地下水取水构筑物。地下水取水构筑物位置的选择主要取决于水文地质条件和用水要求，应选择在水质良好，不易受污染的富水地段；应尽可能靠近主要用水区；应有良好的卫生条件防护，为避免污染，城市生活饮用水的取水点应设在地下水的上游；应考虑施工、运行、维护管理的方便，不占或少占农田；应注意地下水的综合开发利用，并与城市总体规划相适应。

由于地下水类型、埋藏条件、含水层的性质等各不相同，开采和集取地下水的方法以及地下水取水构筑物的形式也各不相同。地下水取水构筑物按取水形式主要分为两类：垂直取水构筑物——井；水平取水构筑物——渠。井可用于开采浅层地下水，也可用于开采深层地下水，但主要用于开采较深层的地下水；渠主要依靠其较大的长度来集取浅层地下水。在我国利用井集取地下水更为广泛。

井的主要形式有管井、大口井、辐射井、复合井等，其中以管井和大口井最为常见；渠的主要形式为渗渠。各种取水构筑物适用的条件各异。正确设计取水构筑物，能最大限度地截取补给量、提高出水量、改善水质、降低工程造价。管井主要用于开采深层地下水，适用于含水层厚度大于 4 m，底板埋藏深度大于 8 m 的地层，管井深度一般在 200 m 以内，但最大深度也可达 1000 m 以上。大口井广泛应用于集取浅层地下水，适用于含水层厚度在 5 m 左右，地板埋藏深度小于 15 m 的地层。渗渠适用于含水层厚度小于 5 m，渠底埋藏深度小于 6 m 的地层，主要集取地下水埋深小于 2 m 的浅层地下水，也可集取河床地下水或地表渗透水。渗渠在我国东北和西北地区应用较多。辐射井由集水井和若干水平铺设的辐射形集水管组成，一般用于集取含水层厚度较薄而不能采用大口井的地下水。含水层厚度薄、埋深大、不能用渗渠开采的，也可采用辐射井集取地下水，故辐射井适应性较强，但施工较困难。复合井是大口井与管井的组合，上部为大口井，下部为管井。复合井适用于地下水位较高、厚度较大的含水层，常常用于同时集取上部空隙潜水和下部厚层基岩高水位的承压水。在已建大口井中再打入管井称为复合井，以增加井的出水量和改善水质，复合井在一些需水量不大的小城镇和不连续供水的铁路给水站中应用较多。

我国地域辽阔，水资源状况和施工条件各异，取水构筑物的选择必须因地制宜，根据水文地质条件，通过经济技术比较确定取水构筑物的形式。

第五章 水生态修复微生物措施

第一节 微生物水质净化机理

微生物净化污水的原理是通过微生物的新陈代谢活动，将污水中的有机物分解，从而达到净化污水的目的。

一、微生物水质净化机理

微生物通过新陈代谢净化水质，新陈代谢的类型分为需氧型和厌氧型两种。需氧净化即有氧气存在的条件下，好氧微生物通过分解代谢、合成代谢和物质矿物化，能把污水中的有机物氧化分解成二氧化碳和水等，同时从中获得碳源、氮源、磷源和能量等。因此污水的需氧净化处理，就是模拟这种生物净化原理，把微生物培养在一定的构筑物内并通气，从而达到高效净化污水的目的。

厌氧净化即微生物在严格无氧条件下，对有机物质发酵或消化，将大部分有机物分解成氢气、二氧化碳、硫化氢和甲烷等气体。污水的微生物厌氧净化处理，就是根据污水经厌氧发酵既得到净化，又获得生物能源——甲烷的原理。在密闭容器内让微生物在污水中发酵，从而达到有效净化污水的目的。厌氧发酵法常被应用在有机物含量高或含不溶性有机物较多的污水或废水的净化，如人们对造纸、抗菌素发酵的废水处理。

二、微生物在净化污水中的作用

微生物是一个具有多功能的化学反应的群体，能够完成各种各样的化学反应，对于污水中难降解的污染物具有联合降解的群体优势，所以，微生物对污水的净化具有巨大的潜力。

微生物分解有机物的能力是惊人的。可以说，凡自然界中存在的有机物，几乎都能被微生物所分解。有些微生物，如洋葱假单胞菌甚至能降解九十种以上的有机物。石油是由许多种烃类化合物及少量其他天然有机物组成的复杂混合物，因微生物能分解各种烃类化合物和天然有机物，所以，微生物已成为降解和转化海洋油污的主要工具。据试验，在海面上扩展成一薄层的石油，在 1~2 周内形成细菌菌落，2~3 个月内石油被分解、消失。每年几百万吨石油流入海洋，主要是由于微生物的降解作用而得以净化。自然界中能降解烃类的微生物有几百种，多数为细菌和酵母菌等真菌。降解作用由它们所产生的酶或酶系完成，最后将烃类氧化成二氧化碳和水。

氰是剧毒物质，人们发现有五十余种微生物对氰具有不同程度的降解能力。如诺卡氏菌等微生物对腈纶废水中的丙烯腈的降解速度快、效果好。再如，对生物毒性很大的甲基汞，能被抗汞微生物如 Pseudomonas K-62 菌株分解、转化为元素汞。有毒的酚类化合物也能被不少微生物作为营养物质利用、分解。

有些不易降解的农药，它们并不能支持微生物的生长，但它们有可能通过几种微生物的共代谢作用而得到部分的或全部的降解。如通过产气杆菌和氢单胞菌的共代谢作用，可将 DDT 转变成对氯苯乙酸，后者由其他微生物进一步分解。某些污染物对人体有致癌作用。如多环芳香烃、硝基化合物等。我国应用肠杆菌、克氏杆菌等细菌，处理制造三硝基甲苯（TNT）炸药过程中的污水，效果极佳。

自然界中的微生物对人工合成的有机物不易被降解，因为它们缺乏分解人工合成的有机化合物的酶系。但人们经过对自然微生物的驯化和诱变，培育出了一些能降解人工合成的化合物的微生物，如某些等化学农药可以用这样的微生物降解，从而消除农药污染。

为提高污水的生物净化效率，生物学家应用生物技术，对现有微生物进行基因改造，选育高效菌株，以提高对污水的净化能力。目前，人们已得到了黏乳产碱杆菌 S-2 和无色杆菌，它们对含腈废水有较强的分解能力，它们的腈去除率可达 90% 以上。此外还得到了可以降解三硝基甲苯的芽孢杆菌和产气杆菌，它们对 TNT 的转化率也达到 90% 以上。

在污水中常常有机物质含量很高，而缺少氮、磷等无机元素。为了解决这个问题，人们正在尝试培养能够在污水中生长的固氮菌株，以提高水中的氮元素的含量。此外，放线菌可以分解酚、吡啶、甘油醇、甾族、芳香族、石蜡等许多种复杂的有机物，因此也是一种很有前途的可用于污水处理的菌种。

现在，人们正在尝试把污水的净化与资源的再利用过程结合起来，达到一举两得的目的。例如，用酵母菌处理食品工业所排放的污水，同时生产酒精；用绿色木霉处理食品及林业部门产生的纤维素，同时生产出多糖等。

三、微生物水质净化优势

微生物具有来源广、易培养、繁殖快、对环境适应性强、易变异的特征，在生产上能较容易地采集菌种进行培养繁殖，并在特定条件下进行驯化，使之适应不同的水质条件，从而通过微生物的新陈代谢，有机物无机化。加之微生物的生存条件温和，新陈代谢时不需要高温高压，不需要投加催化剂。生物法废水处理量大，处理范围广，运行费用相对较低，所要投入的人力、物力比其他方法要少得多。在污水生物处理的人工生态系统中，物质的迁移转化效率之高是任何天然的或农业生态系统所不能比拟的。

第二节　污水处理中主要微生物种群及其应用

一、污水处理中主要微生物种群

1. 丝状细菌

丝状细菌能显著影响絮状活性污泥的沉降性（污泥膨胀）或引起生物量变化和泡沫形成（污泥发泡），从而严重影响活性污泥的处理效率。传统上，丝状细菌是通过光学显微镜学进行分析鉴定的，如革兰氏和奈瑟氏染色反应、典型的形态学特征等，但应用 full cycler RNA 技术发现，传统形态学鉴定方法不能发现污水厂活性污泥中的许多丝状细菌。

系统发生树部分提供了丝状菌的系统发生亲缘关系，现在利用 rRNA 目标寡聚核苷酸探针能迅速地鉴定大多数丝状菌，证明在活性污泥中有些丝状菌呈现多态性现象。神奈川等从活性污泥中分离出 15 种丝状菌，利用 16S rDNA 序列分析表明变形杆菌亚纲的发硫菌属丝状菌形成单系群。发硫菌属丝状菌在污水中通常表现出生理多能性，在异养、兼性营养和化能自养情况下，它们都能同标记的乙酸盐或碳酸氢盐结合。在厌氧状况下（无论有无硝酸盐），发硫菌属丝状菌都很活跃，它通过吸收硫代硫酸盐和乙酸盐来形成胞内硫粒。

利用丝状菌的 FISH 探针，Mircothrix paricella 被发现有特殊的脂消费，在厌氧情况下专门吸收长链脂肪酸（而不是短链脂肪酸和葡萄糖），随后当硝酸盐或氧可用作电子受体时，它们则使用贮存完成生长，不过，在厌氧情况下，M.paricella 不能吸收磷，不适合那些有除磷要求的生物反应器。利用 FISH 技术对丝状菌进行系统分类发现，大多数未描述的丝状菌属于绿色非硫细菌，也可能是污水生物处理系统中丰度最高的丝状菌。新近发展的一种定量 FISH，对实验室和污水厂反应器中的丝状菌进行了研究，以增加浮游球衣菌的方式来刺激污泥膨胀。

2. 除磷细菌

除磷可以在 EBPR 的微生物途径中完成，该过程通过循环活性污泥进行交替的厌氧，需氧为特征。基于微生物的纯培养技术，变形杆菌纲 γ 亚纲的不动杆菌属长期被认为是唯一的反硝化除磷菌（PAO），但实际上，虽然不动杆菌能积累多聚磷酸盐，却没有 PAO 的典型代谢方式。用 rRNA 目的探针测试后发现，主要的 PAO 应该为亚纲中的 Rhocloeyelus 群，其次为亚纲中的 Planctomycete 群及屈挠杆菌属（Flexibacter）、CFB 群等。利用荧光抗体染色、呼吸醌检测和属特异探针的 FISH 等非培养方法，证明在 EBPR 系统中，由于培养偏差显然高估了不动杆菌的相对丰度，表明其对 EBPR 系统实际上不是最重要的，而另外一些分离出的细菌才是 PAO 的候选者。不过，有 7 个 Acinembacter 新种从活性污泥中分离到，可望进一步阐释该属在脱磷中扮演的角色和意义。

积磷小月菌是一个高 G+C 含量的革兰氏阳性菌，被认为是专性好氧菌，可以通过 EMP 途径发酵葡萄糖为乙酸，而不能够在厌氧情况下生长，有明显吸收葡萄糖、分泌乙酸的功能，导致胞内乙酸积累；产生的乙酸在随后的好氧阶段消耗掉。Phosphovorus 表现出卓越的吸收和释放磷的能力。

3. 硝化细菌

氮循环是高度依赖微生物活性和转化的一个过程，这类微生物在污水处理、农业等领域具有极其重要的作用，因此成为近年来世界研究的热点，变形杆菌的 β 亚纲几乎已经成为微生物生态学的模式系统。金田一等对自养硝化生物膜进行了 FISH 分析表明，膜上有 50% 属于硝化细菌，其余 50% 为异养细菌，分别为变形杆菌 α 亚纲23%，γ 亚纲13%，绿色非硫细菌 9%，CFB 群 2%，未定类群 3%。该结果表明，硝化细菌通过可溶性产物的产生支持了异养菌，异养菌也从代谢多样性等方面确保了生物膜的生态稳定性。从培养角度来说，硝化细菌生长极慢，由于硝化细菌的分布对 pH、温度等敏感，所以污水厂的硝化作用常有崩溃的情况发生。

（1）氨氧化菌

基于 16S rDNA 序列分析，已经分离和描述过的氨氧化菌都分属于变形杆菌纲的 2 个单系群，Nitrosococcusoceanus 和 Nhalophilus 属于 Protcobacteria 的 β 亚纲，包括亚硝化单胞菌属、亚硝化螺菌属、亚硝化弧菌属和亚硝化叶菌属，后 3 个属关系密切；而 Nitrosococcus mobilis 则在 β 亚纲组成紧密相关的集合。

（2）亚硝酸氧化菌

基于超微特性，已培养出的亚硝酸氧化菌被分为 4 个已知属：硝化杆菌属、硝化刺菌属、硝化球菌属和硝化螺菌属。以 Nitrospira 序列发展的特定 16S rRNA 探针，对活性污泥进行 FISH 后表明，未培养的类硝化螺菌以显著性数目（总菌数的 9%）存在，其对亚硝酸盐氧化的重要性已由反应器富集研究所证实。

（3）反硝化细菌

反硝化细菌的大多数鉴定和计数都是依赖培养法。很多属的成员，如产碱杆菌属、假单胞菌属、甲基杆菌属、副球菌属和生丝微菌属等，都从污水厂中作为脱氮微生物群分离出来过，但这些细菌属在污水厂中是否具有原位脱氮的活性却很少被知道。

二、水污染物类型及微生物处理方式

1. 生活污水

生活污水是一大污染源。生活污水中含有大量的无机物、有机物。无机物如氯化物，硫酸盐，磷酸盐和钠、钾、钙、铁等碳酸盐，有机物有纤维素、淀粉、脂肪、蛋白质和尿素等。排放到环境中促使浮游植物生长和大量繁殖，形成赤潮和水华。生活污水的处理主要是其中有机物的分解，其主要方法有活性污泥法、生物膜法、AB法。

（1）活性污泥法。活性污泥法是以活性污泥为主体的废水生物处理的主要方法。活性污泥法是向废水中连续通入空气，经一定时间后因好氧性微生物繁殖而形成污泥状絮凝物。其上栖息着以菌胶团为主的微生物群，具有很强的吸附与氧化有机物的能力。

（2）生物膜法。生物膜法是利用附着生长于某些固体物表面的微生物（即生物膜）进行有机污水处理的方法。生物膜是由高度密集的好氧菌、厌氧菌、兼性菌、真菌、原生动物以及藻类等组成的生态系统，其附着的固体介质称为滤料或载体。生物膜自滤料向外可分为厌气层、好气层、附着水层、运动水层。生物膜法的原理是，生物膜首先吸附附着水层有机物，由好气层的好气菌将其分解，再进入厌气层进行厌气分解，运动水层则将老化的生物膜冲掉以生长新的生物膜，如此往复以达到净化污水的目的。生物膜法具有以下特点：1）对水量、水质、水温变动适应性强；2）处理效果好并具良好硝化功能；3）污泥量小（约为活性污泥法的3/4）且易于固液分离；4）动力费用省。

（3）AB法。AB法工艺由德国Bohuke教授首先开发。该工艺将曝气池分为高低负荷两段，各有独立的沉淀和污泥回流系统。高负荷段A段停留时间20~40分钟，以生物絮凝吸附作用为主，同时发生不完全氧化反应，生物主要为短世代的细菌群落，去除BOD达50%以上。B段与常规活性污泥相似，负荷较低，泥龄较长。

2. 工业废水

工业废水是水体污染的主要污染源。包括钢铁工业废水、食品工业废水、印刷废水、化工废水等。随着工业化的发展，含有重金属离子的废水产生量越来越多。重金属离子已成为最重要、最常见的污染物之一。由于重金属在生物体内的富集、吸收与转化，从而通过食物链危害人体健康，如致癌、致畸等。故而处理重金属污染刻不容缓。

微生物处理技术在生活污水处理中的应用已经非常成熟并且全面普及，但是在工业污水的处理中还存在着一定的技术问题。相对于生活污水来说，工业污水的成分要复杂得多，大多数工业污水的COD值都相当高，可生化性差，这就给微生物处理带来了相当大的难度。有些工业污水甚至还有很高的氨指标，增加了微生物处理的难度。但是微生物技术的许多优势注定了它将是工业污水治理的一个方面，而且目前已经有很多行业的工业污水开始采用微生物处理技术并且得到了稳定的运行数据。

这里主要介绍关于污水中重金属的处理。目前可用的微生物法有生物吸附法、硫酸盐还原菌净化法和利用微生物的转化作用去除重金属。

（1）生物吸附法

生物吸附是利用生物量（如发酵工业的剩余菌体）通过物理化学机制，将金属吸附或通过细胞吸收并浓缩环境中的重金属离子。由于重金属具有毒性，如果浓度太高，活的微生物细胞就会被杀死。所以，必须控制被处理水的重金属浓度。如用小球藻富集铬离子，小球藻富集铬离子的机制主要是表面吸附和主动运输。在生长期和稳定期小球藻富集的铬以有机铬存在，而在衰亡期，小球藻富集的铬以无机铬存在。利用工业发酵后剩余的芽孢杆菌菌体或酵母菌吸附重金属，具体做法是首先用碱处理菌体，以便增加其吸附重金属的能力。然后通过化学交联法固定这些细胞，固定化的芽孢杆菌对重金属的吸附没有选择性（微生物在结合无机污染物上表现出选择性，多于大多数合成的化学吸附剂，微生物对金属的吸附和累积主要取决于不同配位体结合部位对金属的选择性）。可以去除废水中的 Cd、Cr、Cu、Hg、Ni、Pb、Zn。去除率可达 99%。吸附在细胞上的重金属可以用硫酸洗脱，然后用化学方法回收重金属，经过碱处理后的固定化细胞还可以重新用于吸附重金属。

（2）硫酸盐还原菌净化法

脱硫弧菌属硫酸盐还原菌是厌氧化能细菌，它最大的特征就是在无自由氧的条件下，在有机质存在时通过还原硫酸根变成硫化氢，从中获得生长能量而大量繁殖；繁殖的结果是使溶解度很大的硫酸盐变成了极难溶解的硫化物或硫化氢。这类细菌分布广泛，海洋、湖泊、河流及陆地上都能存在。在没有自由氧而有硫酸盐及有机物存在的地方它都能生长繁殖，其生长温度为 25~35 摄氏度，pH 值为 6.2~7.5。该细菌的作用可将废水中的硫酸根变成硫化氢，使废水中浓度较高的重金属 Cu、Pb、Zn 等转变为硫化物而沉淀，从而使废水中的重金属离子得以去除。

（3）利用微生物的转化作用去除重金属

微生物可以通过氧化作用、还原作用、甲基化作用和去烷基化作用对重金属和重金属类化合物进行转化。

细菌胞外的硬膜或粘膜层可产生多种胞外聚合物，胞外聚合物能够吸附自然条件下或废水处理设施中的重金属。其主要成分是多糖、蛋白质和核酸。

真菌的细胞壁内含几丁质，这种 N-乙酰葡糖胺聚合物是一种有效的金属与放射性核素结合的生物吸附剂。经过氢氧化物处理的各类真菌暴露出来的几丁质、脱乙酰壳多糖和其他金属结合的配位体，形成菌丝层，可以有效去除废水中的重金属。

六价铬具有强烈的毒性，其毒性是三价铬的 100 倍，而且能在人体内沉淀。由于六价铬很容易通过细胞膜进入细胞，然后在细胞质、线粒体和细胞核中被还原为三价铬，三价铬在细胞内与蛋白质结合为稳定的物质并且和核酸相作用，而细胞外的三价铬是不能渗透细胞的，细菌利用细胞中的 NADH 作为还原剂，在厌氧或好氧的状态下，将六价铬还原为三价铬。如阴沟肠杆菌在厌氧的条件下能使六价铬还原为三价铬，三价铬可以通过沉淀反应与水分离而被去除。

3. 农业废水

农业废水面广而量大且分散。农田使用的农药主要是人工合成的生物外源性物质，很多农药本身对人类及其他生物是有毒的，而且很多类型是不易生物降解的顽固性化合物。

农药残留很难降解，人们在使用农药防止病虫草害的同时，也使粮食、蔬菜、瓜果等农药残留超标，污染严重，同时给非靶生物带来伤害，每年农药中毒事件及职业性中毒病例不断增加。同时，农药厂排出的污水和施入农田的农药等也对环境造成了严重的污染，破坏了生态平衡，影响了农业的可持续发展，威胁着人类的身心健康。农药不合理的大量使用给人类及生态环境造成了越来越严重的不良后果，农药的污染问题已成为全球关注的热点。因此，加强农药的生物降解研究、解决农药对环境及食物的污染问题，是人类当前迫切需要解决的课题之一。

（1）农业生产上主要使用的农药类型

当前农业上使用的主要是有机化合物农药。其中，有些已经禁止使用，如六六六、滴滴涕等有机氯农药，还有一些正在逐步停止使用，如有机磷类中的甲胺磷等。

自然生态系统中存在着大量的、代谢类型各异的、具有很强适应能力的和能利用各种人工合成有机农药，为碳源、氮源和能源生长的微生物。它们可以通过各种代谢途径把有机农药完全矿化或降解成无毒的其他成分，为人类去除农药污染和净化生态环境提供必要的条件。

（2）降解农药的微生物类群

土壤中的微生物，包括细菌、真菌、放线菌和藻类等，它们中有一些具有农药降解功能。细菌由于其生化上的多种适应能力和容易诱发突变菌株，在农药降解中占有主要地位。在土壤、污水及高温堆肥体系中，对农药分解起主要作用的是细菌类。这与农药类型、微生物降解农药的能力和环境条件等有关。如在高温堆肥体系当中，由于高温阶段体系内部温度较高（大于50℃），存活的主要是耐高温细菌，而此阶段也是农药降解最快的时期。通过微生物的作用，把环境中的有机污染物转化为 CO_2 和 H_2O 等无毒无害或毒性较小的其他物质。通过许多科研工作者的努力，已经分离得到了大量的可降解农药的微生物。不同的微生物类群降解农药的机理、途径和过程可能不同，下面简要介绍一下农药的微生物降解机理。

（3）微生物降解农药的机理

目前，对于微生物降解农药的研究主要集中于细菌上，因此对于细菌代谢农药的机理研究得比较清楚。

细菌降解农药的本质是酶促反应，即化合物通过一定的方式进入细菌体内，然后在各种酶的作用下，经过一系列的生理生化反应，最终将农药完全降解或分解成分子量较小的无毒或毒性较小的化合物的过程。如莠去津作为假单胞菌 ADP 菌株的唯一碳源，有 3 种酶参与了降解莠去津的前几步反应。第一种酶是 AtzA，催化莠去津水解脱氯的反应，得到无毒的羟基莠去津，此酶是莠去津生物降解的关键酶；第二种酶是 AtzB，催化羟基莠去津脱氯氨基反应，产生 N- 异丙基氰尿酰胺；第三种酶是 AtzC，催化 N- 异丙基氰尿酰胺生成氰尿酸和异丙胺。最终莠去津被降解为 CO_2 和 NH_3。微生物所产生的酶系，有的是组成酶系，如门多萨假单胞菌对单甲脒农药的降解代谢，产生的酶主要分布于细胞壁和细胞膜组分；有的是诱导酶系，如王永杰等得到的有机磷农药广谱活性降解菌所产生的降解酶等。由于降解酶往往比产生该类酶的微生物菌体更能忍受异常环境条件，酶的降解效率远高于微生物本身，特别是对低浓度的农药，人们想利用降解酶作为净化农药污染的有效手段。但是，降解酶在土壤中容易受非生物变性、土壤吸附等作用而失活，难以长时间保持降解活性，而且酶在土壤中的移动性差，这都限制了降解酶在实际中的应用。现在许多试验已经证明，编码合成这些酶系的基因多数在质粒上，如"2，4-D"的生物降解，即由质粒携带的基因所控制。通过质粒上的基因与染色体上的基因的共同作用，在微生物体内把农药降解。因此，利用分子生物学技术，可以人工构建"工程菌"来更好地实现人类利用微生物降解农药的愿望。

第三节　生物栅修复技术

一、生物栅修复技术简介

生物栅修复技术是指利用火山岩、沸石、人工水草或者其他多孔径生态填料作为载体，有利于微生物生长附着，于水体中构建生物栅。生物栅为参与污染物净化的微生物、原生动物、小型浮游动物等提供附着生长条件。技术原理为藻菌生物技术、薄层接触氧化法和直接接触氧化法等生物膜技术。它是在固定支架上设置绳状生物接触材料，使大量参与污染物净化的生物在此生长，由于其固着生长而不易被大型水生动物和鱼类吞食，使单位体积的水体中生物数量成几何级数增加，大大强化了水体的净化能力。

二、生物栅修复技术研究进展

生物栅修复技术是在生态浮床和人工湿地基础上发展起来的一种新型的水体原位修复技术，是一种新型的组合生态浮床。其修复技术结合了水生动植物和微生物的化学、生物和物理作用。与人工湿地技术修复景观水体相比，生物栅技术更适用于修复水动力条件波动大的景观水体，同时不会发生生物膜脱落阻塞装置或淤积现象。与生态浮床相比，生物栅系统因在浮床床体的下面添加了填料，增强了水体中污染物和微生物的传质，强化了处理效果，但在我国北方，生物栅对景观水中氮、磷、有机物的去除同生态浮床一样受温度影响较大。如果植物不及时收割，枯叶和腐烂的根会向水体再次释放污染物。所以生物栅在组建设计时应考虑到床体的持久稳定性、植物的景观协调性、填料的强度和密度、建设与运营维护费用等方面。

填料作为生物栅处理系统最重要的核心部分，作为支撑载体可以固定植物根系和为生物膜上的微生物生长提供附着基质，还可以作为污染物的传质介质。其性能直接关系到生物栅的运行与管理。通常情况下组合填料具有性价比高、机械强度高、稳定性好等优点。

植物作为生物栅系统的一个重要组成部分，可以提高生物栅对景观水体的去污效果和增强其景观、经济和社会价值，选择适合生物栅的植物尤为重要。选择原则主要有：第一，生长繁殖能力强、成活率高、根系发达且抗倒伏；第二，适应能力强，能适应需要净化水体的水质条件和当地气候环境，最好从本地物种中择优选择。

国内在生物栅技术用于处理城市景观水体方面也做了一些研究，王国芳等以空心菜、三角帆蚌人工介质构建组合生态浮床处理湖水，发现引入三角帆蚌后人工介质上微生物活性得到提高、硝化细菌的基质条件有所改善，提高了脱氮效果。李秀艳等研究表明，当生物栅装置运行 48 h 时对 NH_4^+-N、TP 的去除率分别为 50.7% 和 82.4%，高于对照组 30.9% 和 23.5%，泥鳅在植物根系和填料间上下运动、往复穿梭，使得生物栅装置的复氧速率大于对照组。李伟等利用水生动物——河蚬、水生植物——空心菜、富集微生物的填料搭建组合生态浮床改善太湖梅梁湾湖水，结果表明当水力停留时间（HRT）为 7 d 时，组合生态浮床对湖水中的总藻毒素、胞外藻毒素、叶绿素 a 的去除率较高，达到 70% 以上，而 TOC、TIN、TP 的平均去除率只有 50% 左右。利用 ERIC-PCR 技术分析生物栅系统内微生物群落结构，研究表明生物栅运行水体中污染物的去除率与功能细菌数量成明显的正相关性，随着运行时间的延长每个反应池中微生物种群都变得丰富、多样性指数和相似性指数不断增加。范改娜等运用 PCR 技术研究氨氧化古菌和厌氧氨氧化菌在河流湿地氮循环过程中的作用，在海河支流北运河湿地中发现这两种细菌的存在，并构建 165rRNA 克隆文库比较生物多样性，认为厌氧氨氧化菌的多样性较低，与已经探明的 Candidatus Brocadia fulgida 和 Candidatus Kuenenia sutgartiensis 的相似度高达 95%。谢冰等采用 PCR-DGGE 技术研究了芦苇人工湿地中底泥微生物的群落结构，结果显示优势微生物主要由 7 种芽孢杆菌构成，微生物多样性随季节变化明显，添加酶制剂和菌剂可以提高其多样性和污染物的降解效果。利用 PCR-DGGE 技术分别分析芦苇人工湿地和宽叶香蒲人工湿地，发现两个湿地植物根际均存在的菌属是 γ-变形杆菌，前者还存在梭杆菌门、拟杆菌门和放线菌门，后者还存在壁厚菌门和 α-变形杆菌，同时优势种属随着生存环境和位置的变化而变化。应用 PCR-DGGE 研究湿地内填料、植物根区、沉积物的硝化、反硝化细菌的活性和群落结构，发现芦苇根区的硝酸盐减少速率最快，根区的硝化作用强于沉积物的，填料和根区的反硝化细菌群落结构差异显著，但不管环境如何变化始终存在亚硝化单胞菌（Nitrosomonas ureae）和海洋亚硝化单胞菌（Nitrosomonas marina）。通过运用传统培养法和 PCR-DGGE 技术对比垂直潜流人工湿地的三个处理单元的根际微生物数量和多样性彼此的差异和随时间的变化，发现两种方法均显示从 1 级到 3 级微生物数量表现为"低—高—低"，而传统培养法和分子生物法分别显示秋季和夏季微生物数量最多，BLAST 对比发现了与代谢分解有机物、脱氮和解磷作用相关的微生物。

三、生物栅装置组建

1. 生物栅装置组建

装置上方有遮雨棚，在太阳光的照射下，植物自然生长，最大限度接近实际工程。每个小试装置的长为25 cm，宽为25 cm，高为60 cm，有效水深为55 cm，有效体积为34 L。每个小试装置内上放一块长为20 cm，宽为20 cm，厚8 cm的聚苯乙烯泡沫塑料板作为床体，在其上开4个长为3 cm，宽为3 cm的定植孔，孔与孔之间的间距为10 cm，每个孔中放入1~2株植物，并用棉花辅助固定，孔下面挂有4种组合填料，每种上有5个盘片，直径为8 cm，每个塑料盘片上有8个长5 cm的纤维填料，盘片间隔8 cm。动态试验时，进水采用重力流高位水箱，用橡胶软管和反应器底部进水口相连，进水方式为下进上出式。在装置的正面每隔10 cm开有取样口，共5个。为防止反应器内滋生藻类，在装置的表面覆盖一层黑色塑料袋。在装置组建前，植物和填料先用清水洗干净，然后浸泡于试验原水中。待生物栅组建完成后，用试验原水培养2周，植物长出新的根系，填料挂膜成功后，再进行各指标的测定。

2. 供水植物

挺水植物的根系对水中悬浮物有一定的吸附作用，对氮、磷等营养盐有较好的吸收作用，同时植物根系向水中传输氧气，提高水体溶氧量，是净化水质较好的选择。这里列举几种常用的、净化效果好、成活率高、操作性强和景观效果好的植物：美人蕉、水葱、香蒲、黄花鸢尾。

（1）美人蕉，又名"红艳蕉"，原产于非洲和美洲热带，多年生直立草本植物，根茎粗壮，叶互生宽大，多分枝，有明显的节。叶呈椭圆形，长10~30 cm，宽5~15 cm，花色有红、紫、黄等，花期北方6—10月，南方全年。喜欢生长在阳光充足和湿润的地方，不耐寒，忌干燥。露地栽培温度13~17℃，适宜温度22~25℃，5~10℃停止生长，对土壤要求不严，在疏松肥沃的沙土中生长更好。

（2）水葱，别名管子草，多年生宿根挺水草本植物，生长于我国北方各省的池畔、沟渠、沼泽地等。茎高大通直为1~2 m，杆单生，圆柱形，中空，有海绵状空隙组织。基部有3~4个叶鞘，管状，膜质，鞘长38 cm。叶片线形，长8 cm。苞片1枚，短于花序，假侧生，4~13个辐射枝。花期6—8月，果期7—9月。15~30℃下生长最佳，耐低温，常用于水景布置中的后景。

（3）香蒲，又名蒲草，多年生挺水草本植物。分布于热带和温带，我国东北和华北、北美、欧洲、大洋洲等地。地下生匍茎，须根多，地上茎粗壮，圆柱形，不分枝，高1~2 m。叶片狭长条形，向上渐细，二列式互生，下部鞘状，无柄。花期5—8月，果实为椭圆形小坚果，种子褐色，微弯。喜欢温暖湿润气候和潮湿气候，适应性强，喜光、耐寒，一般生长在浅水池塘、河滩、渠旁等水边。作为重要的水生经济植物之一，常用于点缀园林水池、构筑水景、湖畔。

（4）黄花鸢尾，又称黄菖蒲，原产于西亚、南欧、北非等地，片翠绿，多年生挺水草本植物，株高、根粗、基大，花茎比叶高，黄色花瓣，褐色种子，花期5—6月，花色艳丽，花姿秀美，观赏价值高，果期7—8月。对环境的适应性强，耐旱耐水湿，喜光耐半阴，对土壤要求不严，能在黏土和砂土上生长。温度低时地上部分逐渐枯萎，进入休眠期，根部能越冬，第二年春天萌芽，10℃左右抽新生叶。黄花鸢尾可点缀在水边的岩石，也可布置在园林的浅水区和河畔边。

3. 供试填料

填料是生物栅系统的核心部分，其材料、性能与结构直接影响和制约着生物栅系统对水体的处理效果。填料选择的原则：

（1）填料的粗糙程度较大，利于微生物的附着，形成较高活性的生物膜，填料的表面越粗糙，越容易截留污水中的悬浮物，微生物越易附着生长。

（2）填料的组成成分最好是亲水性的，便于微生物吸收污水中的有机物，微生物带负电，填料应该带正电，使微生物有效地附着在填料上。

（3）比表面积大，在生物栅系统内，生物量与填料的比表面积成正比，比表面积越大，生物量越大，生物活性越高，处理效果越好。

（4）质量要轻，组装运输方便且有一定的机械强度，与植物根系契合度高，水力阻力小，工作周期长，生物化学稳定性好。

生物栅系统内填料的作用主要有以下几点。

（1）提供了微生物栖息与生长繁殖的场所和生存空间。一般情况下，生物量与比表面积成正比，填料较高的比表面积保证了系统内较大的生物量。

（2）在生物栅系统内，填料是微生物和景观水中各种营养物质相互接触的主要场所，是微生物群落降解有机污染物的场所。填料与污水水流间的相互撞击，一方面使水流形成紊流，增强传质效果，提高了氧气的转移速率和利用率；另一方面，使填料表面的生物膜与污水中有机物的接触更充分，提高了微生物对污染物的利用率，增强了生物栅系统的处理率。

（3）填料可以拦截污水中的悬浮物，降低悬浮物浓度，不仅可以降低污水的浊度，还可以降低有机负荷。

经常用于水处理的填料有固定式、悬挂式和悬浮式。生物栅系统中常用的填料有软性与半软性填料、弹性填料、组合填料等。

（1）软性与半软性填料。相比软性填料的寿命，半软性填料的寿命较长，软性填料的中心绳易断裂，纤维束容易结块、缠结，结团部分易产生厌氧环境，达不到设计要求，缩短使用寿命。半软性填料兼具刚性和柔性，布水、布气和挂膜效果均好于软性填料，但比表面积小、造价高。

（2）弹性填料。它的丝条呈辐射立体状，与污水接触更充分，有一定的刚性和柔性，回弹性好，比表面积较大，挂膜快。填料表面由于光滑初期挂不上膜，后期生物膜不易脱落，容易导致填料区堵塞和板结。已有的研究表明利用弹性填料预处理微污染水源，对氨氮的去除率尤为突出，达到60%，对CODMn的去除率达到10%，但运行一段时间后，填料表面由于生物作用被悬浮物积泥遮盖，影响净化效果，需定期将池子放空，用高压水枪对填料进行冲洗。

（3）组合填料，又称自由摆动填料。结合了软性填料和半软性填料的优点，以醛化维纶为原材料，模拟天然水草形态加工而成，骨架采用单片式结构，双圈大塑料环将纤维压在环的圆圈上，挂膜成功后骨架自然下垂，老化的生物膜脱落后又恢复原状，循环往复，不会发生结球现象，延长了填料的使用寿命。填料盘不仅能挂膜，而且能有效切割气泡，具有适用范围广，比表面积大，阻力小，不堵塞，布水、布气性能好，造价低等优点。

悬浮填料和组合填料在为微生物提供栖息繁殖场所的同时能吸附拦截污染物质，实现了微生物对污染物质的同化吸收与降解，CODCr、氨氮、总氮的去除率分别高于无填料对照组的42.1%~52.2%、58.7%~71.4%、24.4%~47.8%，但组合填料比悬浮填料的总氮的去除率提高了18.2%，更易于污染物的拦截和兼氧环境的形成。

四、生物栅装置水质净化效果

1.CODCr 的去除效果

生物栅中有机物的去除是植物和微生物协同作用的结果，主要包括植物根系的吸收，填料上生物膜微生物的代谢作用，填料对水中不溶性有机物的沉淀、过滤、吸附等。重度富营养化水体中，填料对CODCr的去除率为31.4%，美人蕉对CODCr的去除率为18.6%，水葱对CODCr的去除率为11.4%，香蒲对CODCr的去除率为7.1%。中度富营养化水体中，填料对CODCr的去除率为40.0%，美人蕉对CODCr的去除率为12.9%，水葱对CODCr的去除率为7.2%，香蒲对CODCr的去除率为2.9%。生物栅系统对中度污染的富营养化景观水体中有机物的净化效果优于重度污染的富营养化景观水体，微生物是净化水体中有机物的主力军。

两种浓度水体处理过程中空白组与填料组、填料和植物组的去除率存在显著差异（$P < 0.05$），处理中度富营养化水体的填料组与填料和植物组之间差异不显著（$P > 0.05$）。HRT为24h，CODCr的去除速度较快，此时有机物浓度高，微生物代谢速度快，当HRT为72h和96h时，水中溶解氧和有机物浓度相对较低，微生物活性较低，有机物的降解速度变化不明显。当HRT为72 h时，生物栅系统对CODCr的去除率达到75.7%。不论是重度富营养化水体还是中度富营养化水体，美人蕉生物栅净化效果均好于其他试验组，这主要是由于美人蕉的根系发达，根系所形成的过滤致密层，增加了与水中污染物接触面积，也为微生物提供更多的栖息地。

2.TN 的去除效果

生物栅系统中总氮的去除通过植物的吸收，微生物的硝化、反硝化作用，氨的挥发，填料吸附等作用。通过计算重度和中度富营养化景观水体中 TN 浓度随时间的变化，可以计算出水体自净对 TN 的去除贡献率为 27.4%~27.9%，填料上微生物对 TN 的去除贡献率为 18.5%~22.3%，美人蕉对 TN 的去除贡献率为 10.2%~32.7%，水葱对 TN 的去除贡献率为 4.6%~27.3%，香蒲对 TN 的去除贡献率为 2.8%~21.9%。不同植物对氮的去除贡献率在 5%~78% 变化，但大部分小于 20%。研究表明，组合型生态浮床中人工介质单元、水生植物单元、水生动物单元对 TN 的去除贡献半分别为 48.5%、22.2%、29.3%。可见，植物是生物栅系统的重要组成部分，植物的存在有利于系统中 TN 的去除，其不仅吸收水中的营养盐，具有传输氧气的植物根系与纤维填料上的生物膜交替分布，形成好氧—缺氧—厌氧的环境，同时根系的分泌物，提高了根系微生物数量和促进了微生物的硝化—反硝化作用，间接提高了生物栅脱氮效率。

在处理两种水体的空白组与填料组填料和植物组对 TN 的去除贡献率之间存在显著差异（P < 0.05），填料组与填料和植物之间差异不显著（P > 0.05），这说明生物栅中 TN 的去除是填料所富集的微生物和植物共同作用的结果，微生物将 NH_4^+-N 氧化为 NO_3-N，更利于植物对水中氮素的吸收。研究表明，生物栅中有机物的氨化作用、硝化作用和反硝化作用可以同时在填料和植物根系上进行，根系上主要进行氨化作用和硝化作用，填料上主要进行反硝化作用。与对照组相比，填料组对 TN 的去除率提高了 18.5% 和 22.3%，美人蕉和填料组对总氮的去除率提高了 32.5% 和 51.2%，水葱和填料组对总氮的去除率提高了 26.9% 和 45.8%，香蒲和填料组对总氮的去除率提高了 25.0% 和 40.4%。由此可知，中度污染的富营养化景观水体中 C/N 较高，更利于微生物的生长与繁殖，生物栅系统对中度污染的富营养化水体 TN 的去除效果较好，植物对 TN 的去除贡献率为：美人蕉>水葱>香蒲。

3.NH_4^+-N 的去除效果

重度富营养化水体中，NH_4^+-N 浓度随时间的变化。当 HRT 是 96 h 时，空白组、填料组、美人蕉和填料组、水葱和填料组、香蒲和填料组对 NH_4^+-N 的去除率分别为：39.5%、55.0%、72.0%、66.2%、66.03%。填料组、3 个植物和填料组比空白组分别提高了 15.5%、32.5%、26.7%、26.5%，填料上微生物、美人蕉、水葱、香蒲对 NH_4^+-N 去除的贡献率分别为 15.5%、17.0%、11.2%、11.0%。中度富营养化水体中，NH_4^+-N 浓度随时间的变化，当 HRT 是 96h 时，空白组、填料组、美人蕉和填料组、水葱和填料组、香蒲和填料组对 NH_4^+-N 的去除率分别为：38.6%、63.9%、86.5%、80.2%、70.9%。填料组、3 个植物和填料组比空白组分别提高了 25.4%、47.9%、41.6%、32.4%，微生物、美人蕉、水葱、香蒲对 NH_4^+-N 去除的贡献率分别为：25.4%、22.5%、16.2%、7.0%。

方差分析表明，空白组与另外 4 组对水体中 NH_4^+-N 的去除效果存在明显差异

（P < 0.05），Kotatep 认为，当水体 pH 小于 8 时，氨挥发不显著，试验过程中，对照组水体 pH 大于 8，所以对照组 NH_4^+-N 的去除主要靠氨挥发。从微生物、美人蕉、水葱、香蒲对 NH_4^+-N 去除所占比重可知，植物吸收、水中微生物与纤维填料上微生物的硝化作用是水中 NH_4^+-N 去除的主要途径。水力停留的前 3d，氨氮的去除效果较好，这是由于各单元的 DO 浓度较高，在 2.8~6.5 mg/L，属于好氧环境，在好氧微生物的作用下，氨氮转化为硝酸盐和亚硝酸盐，氨氮得到较好的去除。生物栅集成系统对 NH_4^+-N 的去除率比空白池提高 30% 左右，系统中 NH_4^+-N 的去除率随硝化细菌的增加而增加。用组合生态浮床净化景观湖的富营养化水体表明，减去空白组对 NH_4^+-N 的去除率后，组合生态浮床对氨氮的去除率达到 42.4%，是传统浮床的 1.6 倍。生物栅中合理配置植物可有效地提高水中 NH_4^+-N 的去除率。

4.TP 的去除效果

生物栅系统对磷的去除途径有沉淀、植物吸收、纤维填料吸附、聚磷菌的摄磷作用等。不同植物对水中 TP 去除率一般在 5%~20%，试验中植物对 TP 的去除贡献为 3.0%~16.5%，占总去除率的 9.4%~36.4%。以组合生态浮床处理太湖梅梁湾富营养化水体，当水体交换时间为 3d、5d、7d 时，组合生态浮床对 TP 的平均去除率为：32.8%、46.8%、54.5%，随着 HRT 的增加，TP 的去除率增加，但幅度降低。

重度污染水体中空白组、填料、美人蕉、水葱、香蒲对 TP 的去除率分别为 14.4%、14.2%、16.5%、7.9%、3.0%；中度污染水体中空白组、填料、美人蕉、水葱、香蒲对 TP 的去除率分别为：20.3%、15.6%、16.4%、7.4%、4.6%，即各试验组对不同程度的富营养化水体中 TP 的去除率差别不大，各试验组单位浮床面积对 TP 的去除速率分别为：0.06 g/（$m^2 \cdot d$）、0.12g/（$m^2 \cdot d$）、0.19g/（$m^2 \cdot d$）、0.15 g/（$m^2 \cdot d$）、0.13g/（$m^2 \cdot d$），所以美人蕉和填料组对中度污染水体的 TP 吸收效果最好。这是因为生物栅中纤维填料与美人蕉发达的植物根系交织在一起形成一个巨大的"网状结构"，对水中不溶性磷起到拦截作用。

五、小结

试验过程中发现 3 种植物中美人蕉长势最佳、生物量大、抗倒伏，通过对比 3 种植物生物栅装置对不同浓度富营养化景观水体的处理效果，主要结论如下。

1. 生物栅系统对重度污染的高营养化景观水体和中度污染的富营养化景观水体中 CODCr、TN、TP、NH_4^+-N 均有较好的去除效果，在相同的水力停留时间（HRT）下，生物栅系统对中度污染景观水体处理效果好于重度污染的景观水体，且 CODCr、TN、NH_4^+-N 达到国家《地表水环境质量标准》（GB 3838-2002）Ⅳ类水质标准。

2. 各试验组对模拟景观水体的 CODCr、TN、TP、NH_4^+-N 的去除率随 HRT 的延长而增加，当 HRT 为 72 h 时，生物栅系统对中度污染的景观水体中 CODCr、TN、TP、NH4+-N 的去除率分别为：62.9%~75.7%、62.6%~74.9%、38.6%~48.9%、68.9%~85.4%。

3. 不同植物对污染物的去除效果顺序为美人蕉＞水葱＞香蒲。

4. 纤维填料上的生物膜对不同浓度的富营养化景观水体的 CODCr、TN、TP、NH_4^+-N 的去除率均高于 3 种植物，其去除率分别为：31.4%~40.0%、45.9%~50.2%、14.3%~15.6%、55.0%~64.0%，因此纤维填料上附着的微生物是污染水体的净化主体。

5. 对 3 种植物生物栅系统对重度和中度富营养化景观水体的净化效果进行比较，结果表明美人蕉生物栅系统对中度富营养化景观水体的 CODCr、TN、TP、NH_4^+-N 去除率分别达到：78.6%、78.6%、52.2%、86.5%，其中处理后 CODCr、TN、TP、NH_4^+-N 的浓度达到《地表水环境质量标准》（GB 3838—2002）中Ⅳ类水质标准，因此美人蕉是生物栅系统中的理想物种，不仅去污能力强，而且景观效果好，美人蕉生物栅系统更适合用于富营养化景观水体的水质修复。

第六章　水资源涵养与水生态修复其他措施

第一节　水资源涵养与水生态修复其他措施基本概念

近年来，人们在水资源涵养与水生态修复方面进行了大量探索性研究，除上述介绍的各种措施之外，还有其他一些措施，如外源污染控制、底泥覆盖、污泥焚烧、水动力调控、物理除藻、营养盐钝化、化学除藻、生物飘带技术等。

1. 外源污染控制

污染物质的输入，是造成水体污染的重要原因之一。因此，控制与削减外源性污染物的输入是水体生态系统修复及水质改善的关键手段之一，也是保证修复成功的前提。目前外源性污染控制的主要方法有：外源截污，即切断直接排放水体的排污口；减少水产养殖投饵对水环境的影响；控制集水区内面源污染，包括减少农业化肥的使用，调整产业结构等。

2. 底泥覆盖

为控制水体内源污染，可以用沙子、卵石和黏土等材料覆盖底泥，阻止底泥中营养盐的释放，从而达到控制内源污染的目的。这种措施虽然短时间内会有一定的效果，但无法从根本上解决问题，水体中的污染物仍会源源不断地沉积在覆盖材料表面。另外，覆盖材料的用量多少也很难确定，用量少了，覆盖效果差；用量多了，易造成这些材料在湖泊、池塘内的堆积，减少容积，加速水体的沼泽化和消亡过程。

3. 污泥焚烧

污泥焚烧是污泥处理的一种工艺，它利用焚烧炉将脱水污泥加温干燥，再用高温氧化污泥中的有机物，使污泥成为少量灰烬。该方法是一种减量化、稳定化、无害化污泥处理方法。这种方法可将污泥中水分和有机质完全去除，并杀灭病原体。污泥焚烧方法有完全燃烧法和不完全燃烧法两种。

完全燃烧法能将污泥中的水分和有机质全部去除，杀灭一切病原体，并能最大限度地降低污泥体积。焚烧污泥的装置有多种型号，如竖式多级焚烧炉、转筒式焚烧炉、流化床焚烧炉、喷雾焚烧炉。目前使用较多的是竖式多级焚烧炉，炉内沿垂直方向分4~12级，每级都装水平圆板作为多层炉床，炉床上方有能转动的搅拌叶片，每分钟转动 0.5~4 周，污泥从炉上方投入。在上层床面上，经搅拌叶片搅动依次落到下一级床面上。通常上层炉温 300~550℃，污泥得到进一步的脱水干燥，然后到炉的中间部分，在炉内 750~1000℃温度下焚烧。在炉的底层炉温 220~330℃，用空气冷却。燃烧产生的气体进入气体净化器净化，以防止污染大气。这种焚烧炉多安装在大城市的污水处理厂。

不完全燃烧法是利用水中有机杂质在高压、高温下可被氧化的性质，在装置内的适宜条件下，去除污泥中有机物，通常又称湿式氧化、湿法燃烧。这种方法除适用于处理含大量有机物的污泥外，也适用于处理高浓度的有机废水。未经干化的污泥含有大量水分，在常压下温度只能升到 100℃，加压则可获得氧化所需要的温度，加压又能降低有机物的氧化温度。例如在压力 100 kN/cm² 左右，温度 250~300℃烧一小时的条件下，处理污水所产生的污泥，化学需氧量（COD）去除率为 70%~80%，不溶性挥发固体去除率为 80%~90%。这种方法的优点是可以不经污泥脱水等过程就能有效地处理湿污泥或高浓度有机废水，耗热量小；处理后污泥残渣的脱水性能好，一般不加混凝剂即可进行真空过滤，而滤渣含水率仅为 50% 左右；又因处理是在密闭的容器中进行的，基本上不产生臭味、粉尘和煤烟；处理后的残余物中的病原体已经杀灭；分离水易于生物处理。焚烧后余灰可作为资源重复利用。如果仍含有重金属离子等有毒物质，还须做最终处理，固化深埋。

污泥焚烧法所需投资大，管理要求高，但是不失为解决污泥的一种可行性方案。近年来发展了高温分解法，污泥在缺氧条件下，加热到 370~870℃，有机物质遇热分解为气态物质、油状液态物质和残渣。气态物质有甲烷、一氧化碳、二氧化碳和氢气等，液态物质有乙酸化合物和甲醇类等，残渣最后成为含碳 2%~15% 的灰分，分解时间约 25 min。

4. 水动力调控

水体滞留时间过长、缺乏外来水源、水量补给不足等水动力学因素是许多水生态系统恶化的重要原因。针对这种状况，除采用"生态调水"稀释和冲刷受污染水体，促进水体混合，提高水体自净外，还可以采用机械调控改善水动力学循环的方式，改善深水水体水质。深层水抽取技术是主要手段，一般采用虹吸方式，通过抽水管将其输送到表层，使深层水和表层水运动起来，进行交换，减少了水体分层，使得深层水停留时间缩短，以减少其转为厌氧状态的机会。水体循环可以通过泵、射流或曝气实现，该方法可以防止水体分层或破坏已形成的分层，改善好氧生物的生存环境，提高水中溶氧量，调控水体生物数量，减少水华程度和内源污染，从而达到改善水质的目的。

5. 物理除藻

水体中大量藻类的繁殖将恶化水质，产生异味，将水域中的藻类去除，从而减少水体中的营养物质，可起到改善水质的目的。物理除藻主要通过打捞和黏土絮凝法去除藻类。打捞法主要使用的工具是机动船、非机动船和手操网等，通过对水体中藻类的打捞和利用，可以达到削减水体中总氮和总磷的目的；黏土絮凝法利用黏土对藻类细胞的凝聚作用，吸附水面的蓝藻沉入水底，由于蓝藻是依靠光合作用进行繁殖的浮游生物，沉入水底将无法生存，从而减少水体中藻类，提高水体透明度，改善水环境。由于黏土的主要成分是硅酸盐，不会对水环境造成污染，近几年出现的改良型黏土用量少，絮凝效果较好，成本低。

6. 营养盐钝化

含 Fe^{3+}、Ca^{2+}、Al^{3+} 等阳离子的盐，可与水体中的无机磷或含磷颗粒物结合，因此通过投加药剂可以控制水体中营养盐的迁移。常用的药剂包括氯化铁、石灰和铝盐等。氯化铁可以和硫化氢反应，形成氢氧化铁并与磷紧密结合；铝盐的投放可以在水体中形成磷酸铝或胶体氢氧化铝，进而形成磷酸铝沉底。投放石灰可以提高水体的 pH 值，使其维持在适宜微生物脱氮的水平。这种措施一般仅用于应急，在短时间内可以降低水中的污染指标，但是容易造成二次污染，并且成本较高。

7. 化学除藻

用化学药品（用硫酸铜和其他除藻剂）控制藻类可能是最原始的方法，化学药品可快速杀死藻类，适用于小范围水体，可在藻类尚未大量滋生的时候施入，常用的有硫酸铜和漂白粉，投药量随藻种和数量及其他因素而定，需经试验确定。一般硫酸铜投药量为 0.1~0.5 mg/L，几天内即能杀死大多数藻体，但往往不能消除死藻放出的气味，须要用其他试剂消除这种气味，如漂白粉等。由于这种方法无法去除死亡藻类所产生的二次污染及化学药品的生物富集和生物放大作用，对整个生态系统的负面影响较大，而且长期使用低浓度的化学药物会使藻类产生抗药性等缺点，因此，采用该方法要慎重，一般仅用于小范围内应急使用。

8. 生物飘带技术

生物飘带污水处理技术是利用生物飘带这种新型填料，采用淹没式接触氧化法工艺治理河道污水的一项新技术。利用生物飘带技术在河道内建设分散污水处理设施，达到了消除水体黑臭的目的。污水中的微生物一般带负电荷，而飘带表面交联了一层正电性材料，使飘带表面呈正极性，微生物更容易附着生长。另外，在飘带上可以吸附或者附着很多微生物，这些微生物可以以水中的有机物为养料生长，从而达到消耗有害物质、净化水质的目的。

第二节　水资源涵养与水生态修复新技术

近年来，随着国家对水资源涵养与水生态修复技术的重视，水资源涵养与水生态修复方面的新技术也不断得到发展和应用。这里举例介绍一些新的技术，虽然有的技术还不是十分成熟，应用也不是很广泛，但是随着技术的发展和成熟，水资源涵养与水生态修复方面的新技术为人们更好地治理水污染、保护水环境提供了更多的选择。

1. 水处理系统受污染滤料原位再生技术

通过计算机操纵，根据过滤器中受污滤料的实际情况，智能地确定并定量地添加复合型再生介质，自动而有序地控制超声波、压缩空气、高压水射流加入的时机和强度，全程即时反馈受污滤料再生及再生滤料的成床恢复情况。机器人可智能地执行各单元操作，其可伸缩机械臂（对称）长 0.5~3 m，能 360° 空间动作，额定功率 3000 w；处理后的滤料（以钢铁行业为例）的强度、破损率、孔隙率和洁净度可达新滤料的 95% 以上，再生后过滤器出水水质悬浮物 < 10 mg/L。

2. 塔式蚯蚓生态滤池农村生活污水处理技术

该处理工艺由水解酸化池、塔式蚯蚓生态滤池以及后续的人工湿地三个单元组成。塔式蚯蚓生态滤池由多个塔层组成，每个塔层内有 30 cm 左右的以土壤为主的滤料层，是蚯蚓活动区域也是主要的处理生活污水的区域。土壤层下是不同粒级、不同种类的填料。每个塔层下面布有均匀的出水孔，塔层与塔层之间有 40 cm 左右的空间，在污水滴落的过程中，可以充分地补充有机质分解时所需的溶解氧。腐殖化填料与微生物系统有机结合，结构优化使水力负荷及水力停留时间增大；蚯蚓、土壤生态处理系统，组合了多级厌氧好氧和兼氧单元，有效脱氮。出水水质可达到《城镇污水处理厂污染物排放标准》（GB 18918—2002）一级 A 标准。运行费用：小于 0.2 元 / 吨。

3. 农村雨污分流面源污水土地生态处理集成技术

利用农户住宅附近的零散土地，构建"改良化粪池——花坛式复合基质滤床"污水处理系统，收集处理农户生活污水及当地面源污水，在削减污染负荷的同时美化农户住宅区景观。采用的关键技术有：农户污水零散土地处理技术、沟基复合床渗滤处理技术、复合人工湿地处理技术。单位土地占有量和单位运行费低，可以节约土地资源和节省能耗，同时净化了新农村污水；采用生态技术化，增加了新农村绿化面积，美化和保护了新农村生态环境，同时节省了传统绿化带的灌溉费用。

4. 高浓度泥浆法处理金属废水技术

采用石灰中和稀疏底泥，通过沉淀污泥的粗颗粒化、晶体化来改进沉淀物形态和沉淀污泥量。往复多次循环使浆料里所有残留的中和潜力（碱残留量）得到充分使用，产生含固率高于 20% 的沉降污泥，可有效地减少碱和沉淀物对设备管道的附着力。絮凝剂投加量（PAM）5.0~6.0 g/m³，沉淀表面负荷 1~1.5 m³/m³h，沉降时间 30 min，底泥浓度（含固率）15%~30%。可有效减缓处理设施结垢现象。简单水质矿山酸性废水运行费用 1~1.5 元 / 吨；复杂水质矿山酸性废水运行费用 2.5~3.5 元 / 吨；冶炼厂高污染高酸度污酸废水运行费用 4~6 元 / 吨。

5. 迷宫螺旋泵纳米微气泡水体环境修复技术

水气两相在迷宫螺旋内进行高速切割、混合，形成的纳米级微气泡释放到水体中，可迅速改善水体的厌氧状况。通过超微细气泡的作用实现污染水体的增氧效果，从而实现污染物的净化，控制水体中藻类爆发，改善水体生态环境状态，降低水体富营养化水平。

6. 粉末活性炭应急吸附技术

利用专用水射器混合输送装置将粉末活性炭物料直接加入水射器入口，利用水射器的高速水流带料并将物料均匀混合后输送至加药点，实现随动添加与远距离输送；其中采用随动添加技术保证投加比率的准确。该技术采集源水流量信号，粉末活性炭给料量随源水流量变化而即时变化，以确保精确定量投加。设备投资较低，投加准确，可根据不同规模水厂进行设计与加工。

7. 一体式膜生物反应器污水处理技术

该技术将膜分离组件浸没在生物反应器内，污水进入生物反应器后，污染物被生物分解，活性污泥混合液经膜组件进一步过滤分离后得到处理出水。膜组件下部设置曝气装置，一方面提供微生物分解有机物所需氧气，另一方面在膜组件表面造成扰动，避免污泥在膜表面沉积。通过 PLC 自动控制与 GPRS 远程监控，实现无人值守。运行能耗较同类膜生物反应器设备节能 20%，处理规模在 2 万 ~20 万 m^3/d，运行费用为 0.5~0.8 元 $/m^3$。

8. 粪便减量化无害化资源化处理技术

采用密闭对接的方式卸载粪便；通过固液分离设备将分拣、分离、除砂、脱水等功能集成在一个密封箱体内，完成对丝织物、漂浮物的分离，并提升、压榨脱水，然后排出装置；去除粪便杂物后，将过滤的粪水经过沉砂池处理。脱水处理后产生的废渣进入堆肥车间制肥，或进行封闭包装后被送往垃圾填埋场填埋；固液分离后的液体进入粪便调节池，再进入絮凝脱水系统，可直接排入市政管网；经过固液分离和絮凝脱水后的滤清液可生化性较好，采用厌氧＋好氧＋膜处理的方法处理，部分出水可做工艺设备冲洗水，其余可以直接排放。粪便处理厂配置有除臭系统，生产过程中对所有臭源采取密闭或半密闭措施，并对臭气产生点进行吸风收集，然后将臭气引入处理设备净化后经烟囱排放到大气中。

第七章　水资源涵养与水生态修复管理

第一节　水资源保护宣传教育

水是地球生物赖以存在的物质基础，水资源是维系地球生态环境可持续发展的首要条件。我国就是一个严重缺水的国家。海河、辽河、淮河、黄河、松花江、长江和珠江7大江河水系，均受到不同程度的污染。

保护水资源，首先要全社会动员起来，改变传统的用水观念。要使大家认识到水是宝贵的，每冲一次马桶所用的水，相当于有的发展中国家人均日用水量；夏天冲个凉水澡，使用的水相当于缺水国家几十个人的日用水量。这绝不是耸人听闻，而是联合国有关机构多年调查得出的结果。因此，要在全社会呼吁节约用水，一水多用，充分循环利用水。要树立惜水意识，开展水资源宣传教育。国家启动"引黄入晋工程""南水北调"等水资源利用课题，目的是解决部分地区水资源短缺问题，但更应引起我们深思：黄河水枯竭时到哪里"引黄"？南方水污染了如何"北调"？所以说，人们一定要建立起水资源危机意识，把节约水资源作为我们自觉的行为准则，采取多种形式进行水资源警示教育。

一、加强水源地保护标示建设管理

水源地宣传管理碑牌工程是利用碑牌制作更好地维护和管理项目，促进水资源保护项目有效实施和运行的一种措施。

1. 宣传碑

采用石材加工，并在上面书刻管理责任单位及项目名称、项目实施时间等。具体尺寸和外观轮廓按照项目设计要求制订。所选石材应坚硬、耐风化，并能抵抗水的侵蚀，以花岗岩为佳。

2. 宣传牌

（1）管理宣传牌

为了加强管理维护及推广项目作用，同时加大警示作用，可制作一些宣传牌立于项目周围。其具体的制作要求按照设计即可，宣传牌制作完成后要能够体现本项目的工程目的，展现项目实施主体的管理责任人，并明确地指出该项目的具体地位和运行要求，同时利用文字或图片宣传，让人民群众加大对水环境的认识，增强他们惜水、护水的责任心，并警示他们不得破坏项目的实施成果。

（2）植物知识宣传牌

通过制作一些简易适用的宣传牌，并在牌上注明和标识出项目中所采用的植物名称、类别及作用等，既能让人们了解为何选择该植物作为实施物种，同时又能普及人们的植物知识，提高大家的知识水平。其具体的制作要求可按照设计要求。

二、常见的水资源保护宣传标语

1. 节约用水是实施可持续发展战略的重要措施。

2. 努力创建节水型城市，实现可持续发展。

3. 大力普及节水型生活用水器具。

4. 节约用水、保护水资源，是全社会共同的责任。

5. 开源与节流并重，节流优先、治污为本、科学开源、综合利用。

6. 国家实行计划用水，厉行节约用水。

7. 惜水、爱水、节水，从我做起。

8. 坚持把节约用水放在首位，努力建设节水型城市。

9. 节约用水、造福人类，利在当代，功在千秋。

10. 依法管水，科学用水，自觉节水。

11. 强化城市节约用水管理，节约和保护城市水资源。

12. 努力建立节水型经济和节水型社会。

13. 保护水资源，促进西部大开发；节约每滴水，共同创建节水城。

14. 节约用水是每个公民应尽的责任和义务。

15. 水是生命的源泉、工业的血液、城市的命脉。

16. 珍惜水就是珍惜您的生命。

17. 请珍惜每一滴水。

18. 世界缺水、中国缺水、城市缺水，请节约用水。

19. 浪费用水可耻，节约用水光荣。

20. 水是不可替代的宝贵资源。

21. 节约用水，重在合理用水、科学用水。

22. 树立人人珍惜、人人节约水的良好风尚。

23. 水是生命的源泉、农业的命脉、工业的血液！

24. 为了人类和您自身的生命，请珍惜每一滴水！

25. 树立人人珍惜水，人人节约水的良好风尚！

26. 认真贯彻"开源节流并重，以节流为主"的方针！

27. 深入开展创建节水型农业、工业、城市的活动，努力建设节水型社会。

28. 如果人类不从现在开始节约水源、保护环境，人类看到的最后一滴水将是自己的眼泪。

29. 保护水资源，生命真永远。

30. 人体的 70% 是水，你污染的水早晚也会污染你，把纯净的水留给下一代吧！

31. 节约用水，从点滴开始。

32. 为何血浓于水？因有爱在其中。

33. 要像爱护眼睛一样珍惜水资源。

34. 生命之源，浪费水就是扼杀自己的生命。

35. 别让孩子知道的鱼类只有泥鳅。

36. 现在，人类渴了有水喝；将来，地球渴了会怎样？

37. 保护水资源，是全社会共同责任。

38. 实行取水许可制度是水资源管理的基本内容。

39. 依法治水、兴利除害、振兴水利、造福人民。

40. 水资源紧缺是 21 世纪人类面临的最大危机。

41. 未经批准擅自取水的，依照水法规进行处罚。

42. 落实科学发展观，节约保护水资源。

43. 工业企业必须建立用水管理制度和统计台账。

44. 以水资源的可持续利用支持经济社会的可持续发展。

45. 加强农村水利工作，建设社会主义新农村。

46. 完善农业节水社会化服务系统，全面提高农业用水效率。

47. 水是大自然不息的血液，破坏水源等于污染自己的鲜血。

48. 含一滴水，还一份真情。

49. 依法治水，加强水资源统一管理。

50. 保护植被，涵养水源，防治水土流失和水体污染。

51. 在水工程保护范围内，禁止进行爆破、打井、采石、取土等活动。

52. 直接从江河、湖泊和地下取用水资源，都应当依法申请取水许可证。

53. 直接从江河、湖泊和地下取用水资源，都应当依法缴纳水资源费。

54. 推行节水灌溉方式和节水技术，提高农业用水效率。

55. 用水实行计量收费。

56. 全面规划，统筹兼顾，综合利用水资源。

第二节　加强水资源保护行政执法

一、水行政执法概述

所谓水行政执法，是指各级水行政主管机关，按照有关水法律法规的规定，在水事管理领域里，依法对水行政管理的相对人采取的直接影响其权利义务，或者对相对人的权利义务的行使和履行情况直接进行监督检查的具体行政行为。按水行政执法的概念，水行政执法的依据是我国现行有效的所有水法的渊源，即以宪法中有关规范为根本，以民事、刑事等基本法律的有关规范为依据，以水法为中心，以相关法律、法规、规章和众多规范性文件的有关内容做补充的水法规体系。

水行政执法的具体行为方式主要有以下四种：

1. 水行政检查、监督。即水行政主管机关在职责权限范围内，对被管理对象贯彻落实法规情况进行检查、监督，督促他们自觉遵守水法规，正当行使权利和履行义务。如河道管理监督和取水工程的现场监督、检查。

2. 水行政许可和水行政审批。即水行政主管机关赋予相对人某种权利（如对从地下或者江河、湖泊取水单位和个人发放取水许可证，对在河道开采砂石的颁发采砂许可证等），准予从事某方面水事活动（如在河道管理范围内修建建筑物）的行政行为。

3. 水行政处罚。指水行政主管机关依法对违反法规应受惩罚的个人和单位给予的行政制裁。水行政处罚按其性质分为：吊销许可证、责令停止取水等行为罚；罚款、没收非法所得等财产罚；警告、通报批评等申诫罚。

4. 水行政强制执行。指水行政主管机关在作出行政处理和行政处罚决定，对相对人科以义务后，行政相对人逾期不起诉又不履行义务时，水行政主管机关依法采取强制措施迫使其履行义务或达到履行义务相对的状态。如《河道管理条例》规定：对河道管理范围内的阻水障碍物，按照"谁设障、谁消障"的原则，由河道主管机关提出清障计划和实施方案，由防汛指挥部责令设障者在规定的期限内消除。逾期不清除的，由防汛指挥部组织强行清除，并由设障者负担全部清障费用。

二、水行政执法的现状

自 1988 年《中华人民共和国水法》颁布实施以来，水政执法队伍从无到有，逐步发展壮大，水政执法工作不断加强和规范，切实打击了一大批破坏水利工程设施的违法者，有效地维护了正常的水事秩序，切实做到为"三农"服务，为社会主义经济建设保驾护航。

但是由于《水法》等法律法规颁布实施时间不长,群众法制意识淡薄,还存在着与和谐社会发展不相当的现象,水资源浪费严重、河道范围内乱采乱挖乱弃乱建、水利工程遭受破坏。

首先,由于水行政执法不具备强制性,经常出现调查取证难、行政处罚难的现象,加之 2004 年以后水行政执法的标志、服装被取消,无形中降低了执法的威慑性,对水行政执法工作的顺利开展造成一定的负面影响,增加了执法的难度。可以说,目前基层水行政执法基本上是处于一种被动、从属、软弱的状态,缺乏生机与活力,水事案件主要依靠群众举报和基层管理人员巡查时发现。

其次,执法人员本身素质水平参差不齐,大多是从别的岗位调来的,法律和水政水资源管理等专业人才很少甚至有些县区根本没有。此外还有部分地方领导对执法工作重视不够,重建轻管思想仍然存在,水利工作的重点仍是立项要钱、搞建设,不少领导的观念没有转变到依法行政、依法管理上来,对水政执法的重要性缺乏认识,认为执法工作可有可无。

再者,水政机构、人员、编制没有根本解决,而水政执法的工作性质要求其机构、人员、编制都应是行政系列。而基层水政执法机构还有相当一部分是自收自支事业单位,人员不足,且工资、待遇、职称问题都不能很好地解决,影响了机构的稳定性,也影响了执法人员的积极性。

三、水行政执法工作中存在的主要问题

1. 执法主体内部的问题

(1)新《水法》《防洪法》《水土保持法》的执法主体已明确为水行政主管部门,而法律赋予水行政主管部门的水行政管理项目不止一项(如水资源管理,水保监督,河道管理,渔政执法等)。在具体实践中,如果水行政主管部门没有专门的综合执法机构,在执法工作中常会出现以下几种情况:一是一个管理相对人有可能要分别接受水行政主管部门内部几个管理单位的监督检查、规费征收等行业管理执法工作(如砖厂的水土流失两费是水保站征收,自备井水资源费由水资源办征收),缺乏集中统一协调,既增加了行政管理执法成本,也影响了行业监管的形象,于人于己均不利;二是当辖区内发生水事案件时,经常会出现多头执法局面(如入河排污口设置牵扯到水行政主管部门内部的水资源和河道等多个执法单位),而且,依据“一事不再罚”原则,只要有一家单位进行了处罚,其他单位不得再进行处罚,如果内部各单位相互协调不好,很容易出现矛盾;三是部门内部各执法单位人员数量、车辆装备,财政状况各异,执法人员待遇发展不平衡,人为造成部门内部执法人员心理不平衡。多头执法不仅使得执法力量削弱、执法威慑力降低、执法成本加大、执法效率不高、缺少统一协调和标准,难以有效维护良好有序的水事管理秩序,而且使得一些单位人浮于事,当遇到棘手的水事案件时互相推诿、等、靠、需,致使一些水事违法案件不能及时得到查处,甚至部门内部单位之间相互不支持配合,造成行业执法混乱和执法不到位等现象,从而使国家各项水法律法规得不到很好的贯彻实施。

（2）水行政执法队伍的整体素质还不高，适应新形势的能力有待进一步加强。水行政执法队伍是站在水行政管理的第一线，是水行政主管部门的专职执法人员，其人员素质高低直接影响水行政执法的效果，关系政府的形象，更是能保障水利工作健康有序运行的关键。就目前基层水行政执法队伍的整体素质而言，在许多方面还不能完全适应新时期依法治水的需要。水政执法人员大多数既不是法律专业，也不是水利专业的，法律法规知识和专业知识掌握得较少，加之95%以上执法人员为事业编制，而且并非参照公务员管理，工资仅仅与技术职称挂钩，而对于水利行业的技术岗位设置只有水利专业，法律或者工作需要的其他专业人员均不得晋升职称，这也从某种程度上抑制了执法人员学习法律知识的积极性。因此，在查处水事违法案件过程中，部分执法人员不能灵活运用法律法规，难以界定案件性质、处罚的手段和力度，影响行政执法效率和效果。个别水政监察员甚至不能严格按照法律程序进行，如该回避不回避，该出示证件时不出示证件，在作出的行政处罚中未向被处罚人交待诉权，有的在作出行政处罚前搜集的证据不足，所认定的事实不清，使问题复杂化，增加了执法难度。

（3）行政执法依据存在缺陷，某些水法规操作性不强。新《水法》虽然规定了依法治水的基本原则以及水资源开发利用和保护的基本原则，但是其针对性和操作性却不是很强，致使《水法》的有些规定在实际操作中难以执行。如新《水法》第六十五条规定：在河道管理范围内建设妨碍行洪的建筑物、构筑物，或者从事影响河势稳定，危害河岸堤防和其他妨碍行洪的活动的，由县级以上人民政府水行政主管部门或者流域管理机构依据职权，责令停止违法行为，限期拆除违法建筑物、构筑物，恢复原状；逾期不拆除、不恢复原状的，强行拆除，所需费用由违法单位或个人负担，并处以一万元以上十万元以下的罚款。但是，需要在河流的城区段内进行项目建设的，首先要符合城市建设整体规划，并报经城建、计划经济等部门审批同意，水行政执法往往是事后介入，这就给强制拆除河道管理范围内的违法建筑物、构筑物带来重重阻力。《水法》的立法精神较难实现。除此以外，有个别的法规在实际操作中尚存在盲区，地方规范性文件的制定又没跟上，在执法中仍存在无法可依的现象。如《取水许可监督管理办法》规定年审，但对拒绝年审者没有处罚规定，削弱了水政执法力度。

（4）水法规的宣传方式和方法需要改变。近年来，水法规相继出台，水法制体系逐步完善，水法规的宣传力度也不断加大，但仅仅局限于"世界水日""中国水周"等活动期间集中宣传，所采用的方式仍是宣传车、标语等一些老套的方法，内容也只是千篇一律的口号，因而群众只知道"法"，根本没掌握某项法规的真正内容，更不知其精髓。大多数人不了解哪些行为是水法规所禁止的，哪些行为是违反水法规的，少数群众受"法不责众"观念的影响，群体性水事违法案件近年来逐渐增多，由此给水行政主管部门执法造成被动，无形中增加了执法的难度，同时也给违法行为当事人造成重大经济损失。所以，宣传了多年水法规，功夫没少下，力气没少费，实际达到的效果甚微。

2.执法主体外部的问题

（1）一是群众的观念问题，即对于水资源可持续利用的认识问题。由于这些误区的存在，相当一部分公民的法律意识不强，不能很好配合水行政主管部门的执法，导致水行政执法困难，以至受阻。人们的传统观念和习惯行为使水事违法活动屡见不鲜。实践过程中，不少当事人认为水行政主管部门对其依法实施监督管理是跟他们过不去，认为一些水事活动不可能影响防汛抗洪，是水行政执法人员用"大帽子"压人、威吓他们，在心理上产生了对立情绪，在行为上往往对依法履行巡查职责表现出不配合，甚至竭力阻挠。部分单位以自己是"招商引资"单位为借口，不配合水行政执法人员的工作，"进门难""取证难"的现象更是时有发生。

（2）水行政执法由于没有直接的强制手段，加之管理相对人成分复杂、素质偏低，水法律意识淡薄，面对执法人员采取避而不见或不予理睬的态度拒不配合，更有甚者，态度蛮横，谩骂打击、围攻水政执法人员，一些旁证害怕被报复，不敢做证，给水政执法人员调查取证带来相当大的困难，从而影响水事案件的查处；另外，在水事违法案件中，执法人员既要调查取证，又要履行执法程序，还要申请法院强制执行，由此造成时间过长，执法难度加大。

（3）行政干预，是现在执法中遇到的普遍问题，在水行政执法过程中也不同程度存在。水涉及千家万户、各行各业，水的有限性、特殊性和不可替代性决定了水行政执法的重要性。我们的执法对象与其他执法部门相比，较为分散、遍布城乡，且管理相对人的人员结构、文化素质、历史背景也比较复杂。除普通公民外，还包括许多法人和集体组织，而且涉及国计民生，极易引起地方保护和行政干预，少数领导干部法律意识淡薄，受短期效益和本位利益驱动，特别是近几年的"招商引资""重点工程"等项目，更助长了地方保护思想，不按法律法规办事，随意指使他人从事水工程或水事活动。违反法律、法规规定的权限和程序，擅自主张，进行行政干预，以权代法、以言代法、致使水行政执法人员在执行公务中事难做，案难办，大大增加了执法工作的难度。这些都导致了有法"难"依、执法"难"严、违法"难"究现象的出现，影响了法律的权威性、严肃性、公正性，阻碍了社会主义法治建设的步伐。

四、小结

水是生命之源、生产之要、生态之基。兴水利除水害，事关人类生存、经济发展、社会进步，历来是治国安邦的大事。促进经济长期平稳较快发展和社会和谐稳定，夺取全面建设小康社会新胜利，必须下决心加快水利发展，切实增强水利支撑保障能力，实现水资源可持续利用。因此，要全面推进依法行政、依法治水，为我国水利又好又快发展提供有力法制保障，走出一条具有中国特色的依法治水、依法管水之路。经济社会发生的新变化，对水行政执法工作也提出了新要求，因此，要加强新形势下水行政执法工作，必须着重抓好以下几方面。

1. 加强水行政执法的组织领导。水利是国民经济和社会发展的重要组成部分，水行政执法是保障水利事业健康、有序发展的重要武器和有力手段，所以必须加强对水利执法的组织领导。

2. 进一步提高对水行政执法工作的认识。水行政主管部门职能的转变，更多地体现在注重行政管理效能、注重依法行政方面。强化水行政执法工作，是坚持以人为本，坚持科学发展观的必然要求。水安全、水资源、水环境"三水统筹"的治水理念要靠依法行政加以落实，水行政执法工作是依法行政的重要保证。必须通过讲座、培训、检查、考核等形式，强化水行政执法人员思想、业务素质，强化依法行政、执法为民意识，为水利事业发展提供可靠的思想和技术保证。

3. 创新水法规的宣传形式，深入开展水法规宣传。针对当前群众水法规意识淡薄这一普遍存在的现象，要搞好水法规宣传，创造良好的法治氛围。好的宣传方式，可获得事半功倍的宣传效果。一方面，要建立长效宣传机制，做到集中宣传和日常宣传相结合、城市宣传与农村宣传相结合，特别是要加强对农村、灌区等基层的水法规宣传，搞好法律咨询服务。另一方面，要不断创新宣传方式，注重宣传实效。采取报纸、网络、电视台等多种形式，广泛开展水法规宣传活动。

4. 建立健全水行政执法规章制度，推行水行政执法责任制。根据水法律法规的有关规定，本着简洁、有效、适用的原则，建立完善的水政监察、责任追究等办法，规范和约束执法人员的行为，让执法人员心中时刻树立起"有权必有责，用权受监督"的思想意识。在执法办案过程中，要积极推行行政执法责任制，以制度严格规范执法人员的执法行为。严格执行《水法》《行政处罚法》等有关法律法规规定的职责和权限，亮证执法，适用法律正确，执法程序合法，取证及时准确。办案过程中，做到事实清楚、证据确凿充分和案件处理公正。结案后，积极开展执法评议考核。

5. 建立一支高素质的执法队伍。要适应水利执法的需要、维护水利行业的权益、促进水利事业的发展，就必须建立一支集执法、管理、收费于一体的高效快捷的水行政执法队伍，解决目前水行政执法队伍薄弱的问题。一是要严格选聘程序和条件，严把选聘关，优先选聘学历层次高、熟悉法律法规、工作经验丰富、年富力强的同志作为水行政执法人员，统一着装、配备必要的执法工具。这样，形成较为完善的水行政执法体系，按照法律法规规定的职责和权限，依法行使执法、管理、宣传等职能。二是要加强政治教育，更新执法人员的思想观念，树立起公正、严明、廉洁、服务的执法形象，解决执法人员素质差的问题。三是要加强业务学习。既要学习本行业的法律法规，又要学习公共法律知识。不但熟悉本行业的法律条文，而且要吃透法规的尺度，提高办案质量。四是要建立读书学法会、定期召开案例分析会，让水行政执法人员充分交流、探讨水行政执法中的经验做法，并有效地解惑答疑，切实提高水行政执法人员的办案水平。

6. 进一步优化水行政执法内外部环境。在推进综合执法的同时，与国土、环保、规划等部门建立起协商会机制，把水事违法行为事前预防落到实处；与公安、海事等部门建立起联合执法机制，减少水事违法行为处罚难度。在推进阳光行政的同时，疏理执法依据，优化执法程序，定人、定岗、定责任，提高执法效率，提高服务水平。同时应加快管养分离工作的推进力度，运用经济杠杆发挥养护公司作用，实现由管"物"到管"人"的转变，力促行政管理效能的最大化。

第三节　水资源优化配置管理

一、水资源优化配置的定义

水资源优化配置是在流域或特定的区域范围内，遵循有效性、公平性和可持续性的原则，利用各种工程与非工程措施，按照市场经济的规律和资源配置准则，通过合理抑制需求、保障有效供给、维护和改善生态环境质量等手段和措施，对多种可利用水源在区域间和各用水部门间进行的配置。由于社会的资源供应有限，而人类的欲望通常又无限，同时水资源具有多种不同可供选择的用途，所以为了实现水资源的优化配置，需从两方面做起：一是提高水资源的分配效率，一是提高水的利用效率。在水资源分配过程中，充分考虑人类社会、经济、生态、环境等因素，合理利用水资源系统的时空变异特征，优化水资源在地区之间，部门之间以及上下游、左右岸，经济与生态与环境等之间的分配，实现水资源利用的效率与公平。

水资源优化配置的主要内容有：在空间上，通过跨地区、跨流域调水来调剂水资源的余缺；在时间上，通过水库等调节工程来解决年内和年际水资源分布不均匀的问题；在不同的国民经济用水部门间，按照协调发展的投入产出关系实行计划供水；在近期目标和长远目标之间，既注重满足当前需要，也要积极进行水资源的保护与治理以形成水资源开发的良性循环；在开源与节流的关系上，坚持在节约的基础上扩大供水能力，控制需水的过度增长；在水资源的开发利用模式上，不仅重视原水的开发，更要注重污废水的再生处理及回用；在除害与兴利的关系上，要注重化害为利，将洪水转化为可用的水资源。

人们对水资源优化配置的认识是分阶段的：

第一阶段："以需定供"和"以供定需"两种思想片面的水资源合理配置模式。最初人们对水资源的认识是认为水资源"取之不尽，用之不竭"，只注重发展经济效益，完全抛弃节约的意识，只是以需求量为最终的目标，通过各种措施从大自然中无节制地索取水资源，不只导致河道断流、土地荒漠化甚至沙漠化、地面沉降、海水倒灌、土地盐碱化等等，而且没有体现出水资源的价值，与协调发展的想法相违背。而部分人士了解到水资源的相对短缺后，以水资源的供给可能性进行生产力布局，强调资源的合理开发利用，以资源背景布置产业结构，在可供水量分析时与地区经济发展相分离，依旧不能实现资源开发与经济发展的动态协调，"以供定需"既不能使水资源得到充分的使用，同时有可能阻碍经济的发展，同样不适合当今社会的发展。

第二阶段：基于宏观经济的区域水资源优化配置理论。结合"以需定供"与"以供定需"两种理论的不足，为了达到经济发展水平与供需动态平衡，基于宏观经济的水资源优化配置理论应运而生。

基于宏观经济的水资源优化配置，认为水资源系统是区域自然—社会—经济协同系统的一个有机组成部分，通过投入产出分析，从区域经济结构和发展规模分析入手，将水资源优化配置纳入宏观经济系统，以实现区域经济和资源利用的协调发展，而不是仅仅局限于水资源系统。然而区域宏观经济系统的长期发展，既受内部因素的制约如投入与产出结构，又受外部自然资源和环境生态条件的制约。经济规模的增长会促进用水需求的增长，但是供给的紧缺也会限制经济的增长并促使经济结构做适应性的必要调整。所以说，水资源系统和宏观经济系统之间具有内在的、相互依存和相互制约的关系。

这种基于宏观经济的水资源优化配置与环境产业的内涵及可持续发展观念不相吻合。它忽视资源自身价值和生态环境的保护，并未将其作为一种产业考虑到投入产出的流通平衡中，水环境的改善和治理投资也未进入投入产出表中进行分析，必然会造成环境污染或生态遭受潜在的破坏。1993 年我国因水污染造成的损失为 302 亿元，水资源破坏引起的损失为 124 亿元，两者合计约占当年国民生产总值的 1.23%。对江苏省自然资源（以水、大气资源为例）核算的结果表明，以 GDP 为主要衡量指标的传统国民经济核算体系过高地估计了江苏省经济的增长水平，江苏省经济增长存在较为严重的环境负债，仅水和大气的环境价值损失，1994—1997 年都在 410 亿~470 亿元，平均约占当年 CDP 的 7.6%，若再加上其他环境资源和物质资源价值损耗，这一数目还会增大。因此，传统的宏观经济理论体系有待革新。

第三阶段：可持续发展的水资源合理配置。水资源优化配置的主要目标就是协调资源、经济和生态环境的动态关系，追求可持续发展的水资源配置。可持续发展的水资源优化配置是基于宏观经济的水资源配置的进一步升华，以人口、资源、环境和经济协调发展的战略原则为根本，在促进经济增长和社会繁荣的同时，注重保护生态环境（包括水环境）。对于水资源可持续利用，主要侧重于"时间序列"（如当代与后代、人类未来等）上的认识，对于"空间分布"上的认识（如区域资源的随机分布、环境格局的不平衡、发达地区和落后地区社会经济状况的差异等）基本上没有涉及，这也是目前对于可持续发展理解的一个误区，理想的可持续发展模型应是"时间和空间有机耦合"。因此，可持续发展理论作为水资源优化配置只是一种理想模式，与现实是有一定的差距的，但它必然是水资源优化配置研究的发展方向。

第四阶段：以宏观配置方案为总控的水资源实时调度。人口的不断增长，用水量的不断增加，造成许许多多不利于社会、经济、生态、环境可持续发展的生态环境问题，究其根本，是由于国民经济用水和生态环境用水两大系统之间，以及系统内部各用水部门之间水资源调配不当，解决这一问题的根本在于建立与流域水资源条件相适应的合理生态保护格局和高效经济结构体系，统一合理调配流域水资源，实现流域可持续发展。但是由于受到各地区水资源管理体制的限制，我国在水资源统一调配方面的实践未能实质性地全面展开，现实问题依然严峻，所以流域水资源统一调配与管理迫在眉睫。

第五阶段：经济生态系统广义水资源合理配置。水资源合理配置是解决区域水资源供需平衡的基础，以往的水资源配置不仅不能与社会、经济、人工生态和天然生态统相协调发展，并且在配置水源上也是不全面，许多可利用的水资源也未被考虑其中，如对土壤水的配置涉及较少，甚至没有，不能正确反映区域各部门、各行业之间的需水要求，不尽合理。遵从全新的广义水资源合理配置理论及其研究方法，从广义水资源合理配置的内涵出发，在配置目标上，满足经济社会用水和生态环境用水的需要，维系了区域社会—经济—生态系统的可持续发展。在配置基础上，以区域经济社会可持续发展以及区域人工—天然复合水循环的转化过程为基础，揭示了水资源配置过程中的水资源转化规律，以及配置后经济社会和生态系统的响应状况，为区域水资源的可持续利用提供依据。在配置内容上，不仅对可控的地表水和地下水进行配置，还对半可控的土壤水以及不可控的天然降水进行配置，配置的内容更加丰富；在配置对象上，在考虑传统的对生产、生活和人工生态的基础上，增加了对天然生态配置水项，配置对象更加全面，同时在对水资源量进行调控的同时，还对水环境即水质情况也进行调控，实现水量水质统一配置。在配置指标上，将配置指标分为三层：第一层为传统的供需平衡指标，反映人工供水量与需水量之间的缺口，用缺水量或缺水率表示；第二层为理想的需要消耗的地表地下水量与实际消耗的地表地下水量之间的差值；第三层是广义水资源（包括降水转化的土壤水在内）的供需平衡指标，即经济和生态系统实际蒸腾蒸发消耗的水量与理想状态下所需水量的差值，反映的是所有供水水源与实际耗水量之间的缺口。

所建立的经济生态系统广义水资源合理配置模型由多重模型动态耦合而成，以水资源合理配置模拟模型为核心，嵌套了区域水资源承载力模型、水循环模拟模型、宏观经济发展预测模型、水资源多目标优化模型、水资源合理配置模拟模型、工程经济效益分析模型和绿洲生态稳定性预测模型等。

二、水资源优化配置的原则

资源有限而需求持续增加会导致供需失衡的现象，所以在水资源有限的情况下，对用户用水量的分配也就存在着先后顺序。水有着流动性、随机性、易污染性、利害两重性等不同于其他自然资源的特有属性；而且对于不同的用户，时间、地点、用量不同导致对于水资源的分配就会更加困难。现阶段，水资源在配置时的一般原则为：时间上的优先顺序为现状用水户、潜在用水户（将来增加的需水量）；在空间上的优先顺序为先上游后下游，先本流域后外流域；用水性质的优先顺序为生活用水、生产用水生态环境用水。按照上述原则分配水资源有其局限性，表现为：外流域现状用水户对本流域潜在用水户的用水影响；上游潜在用水户对下游现状用水户的用水影响；生态环境用水不足造成的生活和生产上有水无用的影响。

三、水资源优化配置的全局性

水资源优化配置是一个全局性问题，对于缺水地区，合理规划，保证供需平衡；对于水资源丰富的地区提高水资源的利用率。目前在我国水资源严重短缺的地区，水资源的优化配置受到高度重视，我国水资源优化配置取得的成果也多集中在水资源短缺的北方地区和西北地区，水资源充足的南方地区，研究成果则相对较少；在水量充沛的地区，往往存在因水资源的不合理利用而造成的水环境污染破坏和水资源的严重浪费，需要给予高度重视。例如，处于我国经济发展前沿的广州市，地处河网区域，其水量充沛，但不合理的开发利用使水环境遭受破坏，出现了有水不能用的尴尬局面，不但不利于广州市的经济持续发展，也必然影响全国水资源的优化配置。

对于解决水资源时空分布不均的有效措施，便是跨流域调水工程。我国南水北调工程尤为重要，此项目的实施，必须经过周密的研究，综合调入区、输水沿线和调出区的经济发展和生态环境的保护，加强对水资源调出区经济、社会、资源和环境等方面的研究，才有可能实现。同时要注意各地区对水资源的利用率，注意节省，响应国家的号召，为做节水型城市做贡献。

四、小结

合理开发利用水资源，实现水资源的优化配置，是我国实施可持续发展战略的根本保障。水资源优化配置必须全方位地考虑问题，多手段地解决问题。一改以往经济与环境相分离的想法，注重保护环境的同时，发展经济，保证尽最大的努力使水资源得到充分的利用，对待不同的地区要采取不同的手段，使经济发展与生态环境达到协调发展的目的，所以水资源优化配置研究，特别是新理论和新方法的研究尤为重要，协调好资源、社会、经济和生态环境的动态关系，确保实现社会、经济、环境和资源的可持续发展。

第八章　水体生态系统健康监测与预警

第一节　流域水生态系统健康与生态文明建设

生态系统健康通常是指系统稳定、可持续、具有活力、能维持其组织且保持自我运作能力、对外界压力有一定的弹性。健康的水体生态系统是指水体稳定并且可持续、具有活力、对外界干扰具有一定的弹性。由于目前许多水体生态系统遭受严重的人为干扰，生态系统稳定性降低，为了保护水体生态系统，需要对水体生态系进行检测、评价其健康状况，并设置一定的指标，对不健康的水体生态系统进行预警。随着社会经济以及城市化的发展，人类活动对环境的影响日益广泛，如全球变暖、水资源短缺、生物多样性锐减、土地荒漠化等现象日益加剧，自然环境被严重破坏，自然生态系统的服务功能减弱，影响人地关系的和谐发展，损坏了生态系统健康，并威胁人类自身的生存。如果任由生态系统继续遭受破坏，将严重影响生态安全，不利于可持续发展战略的实施。为更好地促使社会经济的可持续发展，必须对生态系统健康状况进行科学、客观的评估，对当地的生态健康状况有一个清晰的认识，分析该地生态系统健康状况发生动态变化的动因，并指出发展变化的规律；可以在预测当地生态系统发展变化，以及如何制定改善和保护生态系统的一系列措施和法律法规方面进行指导，使得其措施科学有效。

生态环境健康与否与人类生活的关系十分密切，之所以进行生态系统健康评价，就在于通过对生态系统健康状况的研究，分析和评价出与之相关、对生态系统产生影响的因子，制定出相应的科学对策，使生态系统能够逐渐进入良性循环的状态之中，使其朝着可持续的方向进行发展。在对生态系统健康进行评价时要考虑的因素很多，但是始终要坚持可持续发展的思想和角度，基于对环境问题进行充分分析，在提高和改善生态系统健康方面，寻找科学、合理、健康的途径和方法，为在生态系统保护方面进行管理和决策的相关人士提供相关的依据和参考，并能确保其科学合理性。

流域是以水为纽带，由水、土地、生物等自然要素与社会、经济等人文要素组成的复合生态系统，不仅是实现国民经济和区域经济可持续发展的空间载体，也是生态系统进行物质和能量循环、维持生态系统平衡的基本单元。流域水生态系统健康是指流域水生态系统组成（物理组成、化学组成、生物组成）的完整性和生态学进程（生态系统功能）的完整性，主要体现在以下方面：

1. 生态系统健康，即在常规条件下维持最优化运作的能力；

2. 抵抗力及恢复力健康，即在不断变化的条件下抵抗人类胁迫和维持最优化运作的能力；

3. 组织能力健康，即具备继续进化和发展的能力。

健康的水生态系统不仅可保持其结构的完整性和功能的稳定性，而且具有抵抗干扰、恢复自身结构和功能的能力，并能够为流域提供合乎自然和人类需求的生态服务。然而，缺乏强有力的流域综合开发与保护方面的约束与调控机制，导致流域内的各经济体片面地追求局部利益最大化，造成我国流域水生态系统健康问题突出，这些结果同时反作用于流域经济发展，严重地影响了流域发展的协调性和可持续性。2007 年，我国提出建设"生态文明"的新理念，其核心是以人与自然协调发展作为行为准则，建立健康有序的生态机制，其内涵和本质是要建设以资源环境承载力为基础，以自然规律为准则，以可持续发展为目标的资源节约型、环境友好型社会。生态文明理念的提出为流域治理和可持续发展提供了理论指导。目前，生态文明理念已被广泛应用到生态旅游、生态补偿、生态规划等众多研究领域之中，但主要集中在省、市、县、工业园区等层面，仅有少数研究立足于流域层面，提出通过"污染源系统控制——清水产流机制修复——水体生境修复——流域系统管理与生态文明建设"的思路开展流域治理工作。因此，亟须进一步加强流域层面上生态文明建设的理论和方法探索，把流域内包括环境、资源、社会、经济在内的诸要素看成一个整体来研究，以期为解决流域水生态健康问题、推动流域人与自然和谐发展提供新的思路。

一、我国流域生态系统健康现状

自 20 世纪 80 年代以来，我国经济持续快速发展，城市数量迅速增长，城市规模快速扩大，工业化速度加快，由此引起了资源消耗总量和污染物排放量加大；此外，城市扩张占用了大量生态用水和耕地。虽然经过多年努力，我国主要流域水污染得到了一定程度的控制，但是流域污染负荷持续增加，水污染形势依然严峻，呈现出复合性、多元性、结构性的特点。2011 年全国地表水总体为轻度污染，十大水系监测的 469 个国控断面中，Ⅰ—Ⅲ类、Ⅳ—Ⅴ类和劣Ⅴ类水质断面所占比例分别为 61.0%、25.3% 和 13.7%。监测的 26 个国控重点湖泊中，Ⅰ—Ⅲ类、Ⅳ—Ⅴ类和劣Ⅴ类水质断面所占比例分别为 42.3%、50.0% 和 7.7%。另外，侵占湿地、围垦、网箱养殖以及不合理工程建设等开发活动，致使我国许多河流湖泊生态系统遭到不同程度破坏，流域生态系统结构和功能受损。

未来一段时期，我国人口将继续增加，经济总量将再翻两番，城市化进程将继续加快，资源能源消耗将持续增长，流域水生态系统将面临更大压力。而我国目前的流域管理采取的是一种分散化、以行政辖区为基础的管理模式，不同的资源类型隶属于不同的管理部门，因此造成了管理职能脱节，并割裂了流域水文、生态系统原有的完整性特征。经验表明，统筹流域资源管理、保护和利用，可以有效治理水污染，保障水生态系统健康，是实现流域科学和可持续发展的重要途径。如辽宁省设立了辽河保护区，在全国率先实现流域统筹管理，按国家 21 项水质指标考核，2012 年底辽河流域彻底摘掉背负了 16 年的重度污染的帽子，辽河保护区生态环境已进入初级正向演替阶段，水生态系统健康得到逐步恢复。

二、流域生态文明的概念与内涵

流域生态文明是指人类在长期发展过程中，从流域水生态—经济社会复合生态系统的全局出发，以流域生态系统健康为目标，以水生态承载力为约束，统筹安排、综合管理，将现代社会经济发展建立在流域生态系统动态平衡的基础上，不断优化自然、经济、社会、人类的关系，有效解决人类经济社会活动同流域自然环境之间的矛盾，由单纯追求经济目标向流域生态系统管理模式转变，最终实现人与自然的全面、协调、可持续发展的文明。

流域生态文明是对人类社会与流域生态环境关系的总结和升华，是流域内经济发展、社会进步和生态平衡的高度统一，它表达了人类社会经济与生态环境可持续发展的一致性，揭示了流域经济增长方式转变和产业调整的方向，符合人类社会的根本利益，从发展趋势上看，流域生态文明将逐渐成为流域区域经济社会发展的主要形态。流域生态文明的内涵包括三个方面：一是以水为纽带的流域自然生态系统的完整性；二是流域经济社会系统发展的可持续性；三是人居环境的生态性。流域生态文明的内涵要求必须从系统和整体出发，协调流域上下游之间、经济社会系统发展与自然生态系统保护之间的关系。

三、流域生态文明建设的基本框架与主要任务

1. 流域生态文明建设的基本框架

构建流域生态文明建设的基本框架，必须将流域作为一个水生态—经济社会复合生态系统，在时间和空间上以人类活动需求为动力，以实现流域生态文明内涵为目标，通过投入产出链渠道，将科学技术手段有机组合在一起，构成一个开放的系统。通过子系统相互作用，形成流域有序而复杂的结构，完成物质循环能量流动、信息传递、资金增值等功能。保持流域生态系统结构和功能的完整性是支撑实现流域生态文明建设另外两大内涵的基础。具体途径是根据流域内不同的地理环境、生态系统和生物区系等自然特征划分水生态功能区，针对不同的水生态功能区的保护目标和要求，实行差异化管理，如保护目标的差异造成环境质量基准、环境容量的不同，从而采取相对应的环境质量标准、总量控制标准等措施来控制污染物排放，调节人类活动压力，从而保护和恢复自然生态系统的完整性，使其能够持续提供流域经济社会发展所需的服务功能，从而保障支撑流域生态文明三大内涵的实现。

2. 流域生态文明建设的主要任务

目前我国流域的水环境管理主要是以行政区为单元的水质目标管理模式，人为地割裂了污染物从源到汇的传输过程，增加了上下游行政区的环境管理难度，未能从流域层面对河流进行统筹管理；此外，水质管理的目标仍是单一的水体污染物，尚未重视对水生态系统的保护。从 20 世纪 80 年代开始，基于水生态系统安全的环境管理日益成为国际水环境管理的主流，强调从生态系统健康角度进行管理。在该理念下，国际的水环境管理已经从污染控制向生态管理的方向发展，追求生态系统的完整性。生态系统完整性是反映生态系统在外来干扰下维持自然状态、稳定性和自组织能力的程度，流域生态系统完整性的保护首先应对流域生态系统的完整性进行评价，并根据水生态系统的差异性进行分区管理。因此，需要开展以水生态系统健康为目标的流域水生态功能分区，以此为基础制定水生态保护目标、划定生态保护红线，从而科学控制流域国土空间开发强度，调整空间结构，促进生产空间集约高效、生活空间宜居适度与生态空间山清水秀。

我国现行的水环境质量标准是参照发达国家的水环境质量基准和标准限值建立的，在过去几十年的环境管理中发挥了重要的作用，但随着水环境管理水平的不断提升，其弊端逐渐显现出来。首先，一些水质指标具有显著的区域差异性，同时因为生物种群、生活方式的不同，其毒理效应也表现不同，因此只有制定本国的水环境质量基准才能够为水环境质量标准制定奠定基础。其次，我国的水环境质量标准主要包括化学和物理指标，缺乏水生生物、营养物、生态学等类型的指标，不能对水环境质量进行客观全面的评价，也不能反映各类水生态功能对不同水质指标的具体要求，难以满足流域生态文明建设的需求。再次，我国没有分区执行水环境质量标准，不同类型的生态功能区对应不同的生态保护目标，必须通过生态功能类型确定生态保护目标，从而明确维持某种生态功能所要达到的环境质量标准。因此，亟须在流域水生态功能分区的基础上，构建一套完整的水环境质量基准和标准方法体系，为流域水生态系统保护管理提供科学依据。

生态承载力强调生态系统对人类、社会经济的可持续承载，强调人类和生态健康的条件，强调生态系统的自我维持、自我调节和自我发展的能力。流域生态承载力是协调流域尺度环境保护与社会经济协调关系的主要手段，它从生态承载力的角度对经济发展提出基础性要求，以生态承载力为约束，以现有产业布局为基础，实施流域污染物容量总量控制为基础的流域环境管理策略，逐步突破行政区划限制，统筹考虑整个流域内产业布局与生态环境风险的关系，提高流域产业生态适宜性，建立产业空间布局的优化方法，提出流域产业空间布局战略。综合考虑流域的资源、环境、人口、经济基础等多种因素，研究基于流域生态承载力的产业结构优化调整系列措施，提出流域生态产业培育战略，提升整个流域产业结构的生态化和稳定性。同时，在流域生态承载力的约束下，大力推行清洁生产，通过对重点行业清洁生产技术的发展趋势分析，从企业层面、管理层面、消费层面全方位提出重点行业清洁生产技术发展战略；研究建立流域循环经济、低碳经济发展模式，推动经济增长方式从高消耗、高排放的粗放型向资源节约、生态环保型转变。

　　流域是以水为纽带的复合生态系统，维持系统的正常运转首先要保证水资源的生态利用。水资源的生态利用必须满足生态用水的需求，生态用水是为了维护生态系统的稳定和保持生态环境质量的最小水资源需求量，即环境流量。在一般生态环境质量较好的地区，未来水资源开发的原则应是维持现状，生态用水应以现状生态系统状况的用水为依据；在生态环境已经遭到破坏，需要得到恢复的流域，应该按照要达到某一生态系统目标状况时的目标生态用水进行计算；在生态环境很好且目前开发程度较低的地区，未来的水资源利用可以动用一部分生态用水，即未来的生态用水量小于现状生态用水量，可以按照这一目标生态用水进行计算。在保障流域环境流量的基础上，对流域水资源进行合理配置，包括流域内部上下游与干支流配置，流域之间跨流域调水，水库调度，水质配置和生态用水配置。建立流域的水权制度，从法制体制、机制等方面对流域水权进行规范和保障，具体包括水资源所有权制度、水资源使用权制度和水资源流转制度。

　　人居环境是一个多层次的空间系统，由各种形式的聚落所组成，包括简单的遮蔽物、村庄、城市。人居环境也是人类与物理环境、代谢环境（物质流、能量流）、生物环境、社会环境、经济环境和文化环境的生态关系。由于能源供应、水源保护、污水排放与处理系统、自然保护区、动物迁徙通道、生态敏感区等的保护与建设，以及城镇体系规划、产业布局等流域性的统筹规划，都与可持续的人居环境有着直接的关系，并且流域中的大、中、小城镇应组成有机的体系结构，从大城市到小城镇，不同等级的城镇承担不同的职能，提供不同等级的社会服务，因此，人居环境生态建设需要进行流域的（整体的）设计。以水系和道路网为骨架，以各类自然要素为基质，维护自然生态系统格局、结构与功能的完整性，抑制城乡无序蔓延，将生态人居建设的思想深入渗透到总体规划、详细规划、专项规划等各个层次的规划中。加强城市绿地、雨洪调蓄池等生态基础设施建设，构建自然积存、自然渗透、自然净化的"海绵城市"。合理规划城乡规模，构筑城乡体系相协调的人居环境空间，实行城乡之间的自然融合和动态平衡。

　　流域生态制度建设是实现流域生态文明的保障，其根本宗旨是让人们了解并遵守各种保护自然、保护环境的制度、法规和条例，从而更加自觉地遵守自然法则。流域自然资源资产价值评估是流域生态文明生态制度构建的基础，通过建立流域自然资源资产价值负债表，确定自然资源产权，建立统计核算体系、建立综合考核办法。其次，要重点完善流域环境污染赔偿机制和流域经济补偿制度，二者必须作为相辅相成的两个方面同时建立，通过一定的政策手段让流域生态保护成果的"受益者"支付相应的费用，通过制度创新实现对流域生态投资者的合理回报。例如，如果上游排污给下游造成污染和损害，上游的政府和企业必须做出相应赔偿；与此相适应，如果上游水质好转，带来下游入水口水质提升，下游必须从用水企业和个人的排污费中拿出一定比例，作为对上游关停污染企业带来的经济损失的补偿。

四、小结

流域生态文明建设的核心是保持流域以水为纽带的自然生态系统结构和功能的完整性，以流域水生态功能区为基本单元，针对不同水生态功能区的保护目标和要求，采取有差异的管理措施，调控经济社会活动压力，将流域社会经济发展建立在流域水生态—经济社会复合生态系统动态平衡的基础上。

"国家水体污染控制与治理科技重大专项"正在着力构建的流域水质目标管理技术体系，以水生态功能分区为基础，构建区域水生态功能保护目标，制定相应的水环境质量基准，实行有差别的水污染物容量总量控制、水环境风险预警和最佳可行技术等措施，形成以环境质量倒逼污染物控制的新机制；已在我国辽河、太湖等重点流域进行了大规模示范应用，有效改善了流域的水环境质量，带动了流域经济发展方式和产业结构转型。流域生态文明建设需要在流域水质目标管理技术的基础上，进一步明确流域生态系统对社会经济压力的响应机制，进一步坚持保护优先和以系统工程思路推进流域综合管理的理念，通过保护和提升水生态系统健康倒逼形成可持续的流域生态经济模式人居环境体系和生态环境保护制度体系，从而实现流域生态文明建设的内涵。

第二节　基于BP人工神经网络的河流生态健康预警

近几十年来，随着国家的大力投入与建设，滦河流域已经形成较完整的水利工程体系，并在流域防洪、供水等方面发挥了重要作用。但随着社会经济的迅猛发展，人类活动的日益加剧和自然气候的变化，滦河生态健康状况日趋恶化，其中1998年滦河干流大黑汀水库至河口（岩山渠道以下）段曾出现连续322d的断流情况，入海水量大幅度减少，水资源供需矛盾尖锐，加之河道污染严重，优良鱼种消失，湿地严重退化等，已经严重威胁着滦河的河流健康和流域的供水安全、粮食安全和生态安全。

随着国内外许多河流生态状况的恶化，河流生态健康逐渐成为研究的热点。王光谦等曾依据评价河流健康的指标体系，将影响河流生态健康的因素分为：水体形态因素、水动力因素、水环境因素、水生态因素、社会经济因素；胡春宏等从河道健康、河流生态系统健康和河流的社会经济价值来研究河流健康。目前普遍认为河流健康的内涵基本上是从河流的自然生态环境功能和社会服务功能两方面出发，即认为河流生态健康具备如下条件：

1.河流自身结构完整，功能完备；

2.具有满足自身维持与更新的能力，能发挥其正常的生态环境效益；

3.满足人类社会发展的合理要求。

本节从河流健康的这一基本内涵出发，在已有河流健康评价研究的基础上选取滦河为案例，进行河流生态健康预警研究。

一、河流生态健康预警基本理论

预警的思想最早实践于 20 世纪 50 年代的军事领域，后又广泛应用于经济领域和气象领域。生态健康预警是在工业化发展过程中由于环境污染促使社会对环境问题重视而发展起来的，其主要理论可以分为区域学派、系统动力学派、资源学派、未来学派、协同学派等。

河流生态健康预警是以警报为导向、以矫正为手段、以免疫为目的的一种科学管理模式。警报是通过河流生态健康状况的不同阈值水平，对相关指标进行监测，从而识别河流所面临的健康危机，并发出警报；矫正是指针对曾经出现或者将来可能出现的河流生态健康问题，提出调整措施并及时纠正过去不完善或者是错误的制度和行为，以促成河流在非均衡状态下实现自我均衡，从而使河流朝着正常健康的轨道发展。按照对河流生态健康内涵的理解，河流生态健康预警是包括河流自然生态环境子系统和社会经济服务子系统等诸多组成部分的决策全过程。其预警过程包括以下几个方面。

1. 确定警情

明确警情是河流生态健康预警的起点。警情可以从两方面来考察，其一是警素，其二是警度。警素是指构成警情的指标，在河流生态健康预警过程中，警情可以表现在某个考核指标上，也可以表现在某个子系统出现的状况；警度是警情所处的状态，即其严重程度，一般可以划分为无警警度、轻警警度、中警警度、重警警度和剧警警度，用不同颜色的指示灯表示。

2. 寻找警源

警源就是发生警情的根源，在河流生态健康预警过程中就是河流生态健康发生病变的"病因"。寻找警源既是分析警兆的基础，也是排除警患的前提。由于系统之间存在替代共生、此消彼长等复杂关系，警源往往比较复杂。不同警素的警源指标各不相同，即使同一警素，在不同的时空范围其警源指标也可能不相同。因此，针对具体的警素，必须具体分析，直至找到问题的症结所在。

3. 识别警兆

警兆即警素发生变化后引发警情变化的前兆。一般情况下，警素不同则警兆也不同；警素相同，但时空条件不同也可能表现出不同的警兆。警兆与警素之间可以直接关联，也可以间接关联。河流生态系统面临的不确定性因素很多，其警兆是在一特定区域内由不确定性因素引发的可能发生的安全问题及后果。气候变化因素引发的警兆主要表现为由于气候状况发生变化的不确定性导致的各种健康突变，如厄尔尼诺现象导致全球变暖；人类活动变化因素包括水利工程、水土保持、城镇化、地下水开采、工矿开采等，如引滦工程的运行使用水量增加必然会使河道水量减少，河道的适宜生态流量可能就无法保证，从而使河流生态健康状况变差。

4. 预报警度

警源和警兆确定后就要分析警兆和警素之间的数量关系，找出与 5 种警情相对应的警兆范围，然后依次进行精度判断。预报警度是以一个或多个警素相关的警兆来预报警情的严重程度，这是预警的直接目的。河流生态健康预警可以根据事先设定好的预警标准确定警度。

二、河流生态健康预警模型构建

BP 人工神经网络是在对人脑神经网络基本认识的基础上，用数理统计方法从信息处理的角度对人脑神经网络进行抽象，并建立某种简化模型。基于 BP 人工神经网络的河流生态健康预警模型构建是将已有的河流生态健康指标体系近似作为警源指标体系，利用 BP 人工神经网络寻找已有规划值的指标与没有规划值的指标的潜在联系，预测没有规划值的各指标值，即确定各警源指标值的变化，再根据模糊物元可拓评价模型，预测河流的未来健康状态，确定相应的警度，并发出预警信号。发出预警信号后，还可从警源、警兆角度提出河流生态的修复治理措施，从而排除警患，解除警情。

警源指标体系即河流生态健康指标体系，构建时主要借鉴了国内外已有的河流健康评价指标体系。所构建的指标体系分为自然生态功能和社会服务功能两部分，包括河流形态特征、水量特征、水质特征、水生生物特征、景观特征、生境特征以及防洪安全、供水水平 8 个准则层，并细化为 13 个指标。

河流生态健康具有相对性，不同区域、不同类型的河流在不同时期面对不同的社会期望，其评价标准也不尽相同。一般来说其评价标准确定的依据有：1. 国家、行业和地方规定的标准和规范，如《全国水生态文明城市评价标准（试行）》；2. 国家和地方发展规划目标和要求；3. 参考国内外已有的研究成果；4. 公众参与等。按此依据将滦河的健康评价指标标准分为健康、亚健康、轻度疾病、疾病、重病 5 个等级。

由于建立的河流生态健康指标体系具有层次性，各层次性具有向下一级的拓展性，下一层与上一层的递阶属性，在数学上表现出其可拓性，不同层次的递阶评价过程可采用可拓学的物元评价方法，而同一层次的评价适合选择模糊优选评价。因此在用 BP 神经网络获得各指标的预测值后，可采用模糊物元可拓评价模型计算河流生态健康综合指数，即可确定河流健康状态，并确定其相应的预警警度。

三、滦河河流健康预警及其结果分析

滦河已有规划值指标中，选用 4 个指标 1980—2011 年间共 32a 的指标值（已经归一化处理）作为 BP 神经网络模型的输入层，以其他 9 个指标 1980—2011 年 32a 的数据作为输出层，采用 24a 的数据进行训练，5a 的数据进行校核，3a 的数据进行检验。训练完成后即可根据规划指标值预测 2015 年、2020 年和 2030 年各健康指标的指标值。将各指标代入模糊物元可拓评价模型即可得出滦河河流生态健康预警结果。

由预警结果可知，未来 20 a 滦河河流生态系统健康状况预期较为乐观，其中在近期水平年 2015 年为轻度疾病状态，警情为中警状态；中期水平年 2020 年与远期水平年 2030 年均为亚健康状态，警情为轻警状态。

根据警情结果寻找警源，不难发现滦河的纵向连续性指数、适宜生态流量保证率、河口径流指标等指标仍然存在一定的问题。因此要解除警情，滦河近期应着重加强以下几个方面的河道生态治理措施。

1. 全面节水，建设节水型社会，量水而行。流域要在经济规模、城镇布局和人口发展等各项社会发展规划中充分考虑当地的水资源条件，适时调整经济布局和产业结构。实行总量控制、定额管理，促进水资源的节约和保护。

2. 在水利工程方面要优化水源调度工程，增加生态流量。未来通过南水北调对天津市、北京市供水，做好潘家口、大黑汀、桃林口等水库的调度，对中下游河道进行合理补水，满足河道生态流量要求和河口流量要求。

3. 控制污染，达标排放，总量控制。滦河流域有承德市、唐山市等大中型城市，采矿、造纸等工业排污以及城市发展和人口增长带来的污水排放量逐年增加，直接影响滦河河流生态系统。在近期，流域仍应新建一些污水处理厂，做好相关管网配套工作，加强河流排污的治理能力。要加强对工业污水排放的监督和管理，从源头控制污染，实行总量控制。

另外，流域近期仍应加强潘家口水库以上地区的水土保持工作和滦河源、滦河口的湿地修复工作。

四、小结

河流生态健康预警是包括河流自然生态环境子系统和社会经济服务子系统等诸多组成部分的决策全过程。本节构建了基于 BP 人工神经网络的河流生态健康预警模型，并对滦河未来的河流生态健康状况进行预警，结果表明未来滦河仍有一定程度的警情存在；此外还从警源、警兆角度提出滦河河流生态的修复治理措施。

第三节　丹江口水库生态系统健康评价

目前，我国大多数湖泊都出现不同程度的退化，对湖泊生态系统进行健康评价已成为重要课题。生态系统健康（Ecosystem health）是指一个生态系统所具有的稳定性以及维持其系统结构、自身调节和对压力的自我恢复能力。生态系统健康的提出虽然只有几十年的历史，却受到国内外学者广泛的关注，曾多次举办相关的国际会议，成立专门的研讨组织，并且出现了专门以生态系统健康命名的国际杂志，对水生态系统——海岸、海洋、湖泊、河流和湿地，以及部分陆地生态系统——草原、森林等进行了相关研究。目前，国内对湖泊生态系统健康评价的研究较多，如云南滇池、三峡库区、杭州西湖等，由于南水北调中线工程的建设，一些专家学者开始关注丹江口水库的生态环境，使其成为研究热点区域。本研究基于生态学和环境科学原理，运用压力—状态—响应（PSR）概念模型，从区域的压力特征、物理化学特征、生物特征、生态景观特征、生态功能特征及响应特征等方面，筛选能确切反映丹江口水库生态系统健康状况的评价指标，建立丹江口水库生态系统健康评价体系，以期为南水北调中线总干渠特别是丹江口水库的生态环境及生物多样性保护以及湖泊生态环境建设和恢复提供参考依据。

丹江口水库坐落于河南省与湖北省交界处。北邻淅川县马蹬镇，南邻湖北省丹江口市和老河口市，东至淅川县厚坡镇和九重镇，西邻淅川县仓房镇。地理坐标为32°54'—33°23'N，110°58'—111°53'E。地处亚热带向暖温带过渡地区，年平均气温15.8℃，极端最高温度42.6℃，极端最低温度-13.2℃，≥0℃的积温达5 600℃以上，≥10℃的年积温平均为5123.2℃，无霜期228 d；年平均降水量为804.3 mm。境内河流有丹江和灌河，湖泊有丹阳湖，为人工淡水湖。由于其独特的自然地理条件和区位优势，野生动植物资源丰富，可以称得上是该地区的"生态宝库"，具有较高的生产力和丰富的生物多样性。

一、研究方法

1. 指标体系法

湖泊生态系统健康评价需要结合生物学、湖泊学、环境科学、水文学和化学的研究方法和手段，主要包括以下几个方面：

（1）选择不同生态系统的物种类型；

（2）考虑不同尺度下的湖泊生态特征；

（3）湖泊生态系统内应考虑到不同物种间的相互作用以及物种在不同尺度下的监测特征。因此，湖泊生态系统健康评价必须建立一套指标体系，对大量复杂的指标信息进行筛选，在对应的指标体系中进行系统的评价。采用指标评价体系对湖泊生态系统健康状况进行评价，可以通过湖泊生态系统的不同属性指标反映湖泊生态系统的变化特征；从湖泊生态系统的物理化学指标、生物指标、景观指标及功能指标等方面，来衡量生态系统健康状况，使自然生态系统与人类社会相互协调和谐共生，为湖泊生态系统环境建设和恢复提供依据。

2. 压力—状态—响应评价模型（PSR）

PSR（Pressure-State-Response）为压力—状态—响应评价模型。PSR模型是生态系统健康评价中常用的评价模型，该模型是最初由加拿大统计学家 DavidJ .Rapport 和 Tony Friend 于 1979 年提出，之后由经济合作与发展组织（OECD）和联合国环境规划署（UNEP）于 20 世纪八九十年代发展起来的用于研究环境问题的评价体系。其中，压力指标表示人类的社会经济活动对自然生态环境的影响，如人类对自然资源的掠取、人类活动所排放的污染物对环境的影响；状态指标表示某个生态环境和自然环境在某一时间段的环境变化情况；响应指标是指社会和个人采取措施来预防、减轻及恢复人类活动对自然生态环境的破坏。该研究运用 PSR 评价模型来构建丹江口水库生态系统健康评价指标体系。

二、生态系统健康评价指标体系的构建

1. 评价指标体系框架

结合研究区评价指标的选取原则，建立指标体系框架，可分为 3 个层次。第 1 层是目标层，即生态系统健康综合评价；第 2 层是评价准则层，即评价目标具体由哪些方面决定，由压力指标、状态指标、响应指标构成；第 3 层是要素层，即每一个评价方面都由哪些因素或指标构成。

2. 评价指标选取原则

指标体系的构建是生态系统健康评价的关键。丹江口水库生态系统是一个比较复杂的系统，土地类型多样，涉及丹江湿地国家级自然保护区、饮用水水源保护区。丹江口水库生态系统健康评价研究所用的指标较多，但在实际工作中，采用的评价指标过多会给湖泊生态系统健康评价增加不必要的负担。因此，需要在较多的评价指标中进一步梳理出具有代表性能确切反映丹江口水库生态系统健康状况的评价指标。在筛选指标时主要考虑目的性、科学性、生态功能兼顾性等原则。

（1）目的性原则。湖泊生态系统健康是保证湖泊生态系统维持其自身生态功能及服务功能的前提，从湖泊的结构、功能、水质特征、环境管理等不同方面进行评价，引导区域社会进行合理的开发利用活动，为湖泊生态系统的健康提供前提和基础，使湖泊生态健康水平不断提高。

（2）科学性原则。保持自然生态系统的生态环境功能，满足区域可持续发展对生态环境的要求，是湖泊生态健康评价的主要目的和根本任务。因此，湖泊生态系统健康评价应遵循湖泊生态学和生态环境保护的基本原理，从自然与社会和谐发展角度出发，使选取的评价指标具有湖泊生态学依据，遵循生态系统基本规律，按照湖泊生态环境的客观实际、湖泊生态系统特征进行相应的评价研究和保护工作。

（3）生态功能兼顾性原则。湖泊生态系统有净化水质、调节水文、物质生产、美化景观等多种功能，评价时应兼顾各种功能之间的共性和各自特殊性。湖泊生态系统健康评价需要统筹考虑湖泊生态系统的复杂化、生态系统功能的多样化、社会对湖泊生态系统直接或间接的影响等多方面因素。

（4）定量与定性相结合原则。确定湖泊生态系统健康评价的部分指标很难做到完全定量评价，而部分指标采用定性评价则更具有其合理性。因此，要充分考虑湖泊生态系统相关资料的掌握情况，采用定量与定性评价相结合的原则更为适合。

（5）系统整体性原则。湖泊生态系统健康评价选择的指标需要构成一个完整的评价指标体系，该体系应包含反映湖泊生态系统健康的主要指标，避免评价体系中的指标过于复杂。

（6）可操作性原则。选择湖泊生态系统健康评价的指标必须实用、便于操作，既方便科学研究人员操作使用，又便于林业部门、水利部门及环境管理部门的工作人员实施和管理。

3. 评价体系的建立

影响丹江口水库生态系统健康状态的因素包括自然和人为因素两部分，每一部分都包含多个影响因素，故建立指标体系时需要选择最具代表性、对湖泊生态环境敏感的因子，使评价指标既客观、科学，又体现其生态地域特征。该研究以上述原则为指导，搜集了研究区相关的多方面资料，充分考虑研究区的地域特征及实际调查情况，从区域的压力特征物理化学特征、生物特征，生态景观特征、生态功能特征及响应特征等方面，筛选出31个指标，构成了丹江口水库生态系统健康评价指标体系，该指标体系分为3个层次，分别为目标层、准则层、要素层。

4. 评价指标的意义

（1）压力特征指标。人口自然增长率C1：反映丹江口水库周围的人口压力指标，通过研究区域所维持的人口数量变化，反映丹江口水库区域所受的外部环境压力。土地利用强度C2：反映研究区的人类活动压力指标，通过人类活动对丹江口水库的干扰程度来表示，反映研究区所受的外部压力。人类干扰指数＝（旱地面积＋建设用地面积＋人工湿地面积）/研究区域总面积。旅游影响强度C3：以丹江口水库的游客增长率来反映旅游影响强度的变化特征，旅游影响强度＝（年游客流量增长人次/上一年游客流量）×100%。农药化肥施用强度C4：反映研究区遭受人类污染的程度，是丹江口水库生态系统健康的一项外部环境压力反映指标，以丹江口水库区域每年每公顷的农药化肥使用量来表示。自然灾害C5：反映丹江口水库生态系统受到外部自然灾害影响状况。

（2）物理化学指标。水质等级C6：反映研究区水质状况，从丹江口水库水质、饮用水水质两方面来衡量丹江口水库的水质特征。丹江口水库作为南水北调中线总干渠的渠首水源地，负责供应河南、河北、天津、北京的饮用水，参照《地表水环境质量标准》（GB 3838—2002）Ⅱ类标准对丹江口水库水质进行评价。湖泊富营养化程度C7：以丹江口水库中氮磷的含量反映其富营养化程度。湖泊淤积度C8：反映丹江口水库的稳定状况及泥沙的淤积程度。丹江口水库作为南水北调中线水源所在地，泥沙淤积既会影响水源地水质，又会影响下游汉江、长江的泄洪能力。土壤性状C9：反映丹江口水库非生物组分的特征，其土壤养分、有机质含量可以影响丹江口水库生态系统植被的生长状况。

（3）生物指标。生物多样性 C10：用丹江口水库水生态系统的动物、植物、微生物种类占整个生物地理区生物种类的百分比来衡量。初级生产力水平 C11：反映丹江口水库生态系统的活力，采用研究区域林地、灌丛、草地和水域湿地生态系统的生物量来衡量。物种濒危状况 C12：以丹江口水库物种的珍稀程度、状况来确定。丹江湿地自然保护区有黑鹳、丹顶鹤等国家一级保护野生动物 3 种，大鲵等国家二级保护动物 36 种，连香树等国家二级保护野生植物 12 种。湖边植被覆盖率 C13：反映丹江口水库的生态健康状况，是丹江口水库生物多样性、水土保持、调节气候等多项生态功能的综合体现。湖泊受威胁状况 C14：反映丹江口水库区域人类的各种扰动影响，主要包括过度农业抽水灌溉、过度捕捞、植被破坏、过度开垦等人类影响。湿地生态保证率 C15：反映丹江口水库的水文条件，以丹江湿地生态补给可利用水量占水库需水量的比例来衡量丹江湿地生态的保证水平，反映丹江口水库生态系统健康水平。

（4）生态景观指标。斑块个数 C16：衡量丹江口水库生态景观状态最基本的指标。平均斑块面积 C17：代表生态景观类型的一种平均状况，该指标能反馈较丰富的湖泊景观的生态信息，是反映丹江口水库生态景观异质性的关键指标。景观多样性指数 C18：指景观要素或自然生态系统在功能、结构以及随时空变化的多样性，该指标反映丹江口水库生态景观类型的复杂度和丰富度。景观破碎度指数 C19：决定了丹江口水库生态景观分析和研究的最大程度，在丹江湿地自然保护区和湖泊景观生态建设中，对于维护丹江口水库物种的数量，维持区域自然稀有物种、濒危物种以及自然生态系统的稳定具有重要的作用。景观均匀度指数 C20：反映湖泊生态景观中各斑块在区域面积上分布的不均匀程度，其值越大，表明丹江口水库生态景观各组成成分越均匀。

（5）生态功能指标。文化教育功能 C21：反映丹江口水库的科研价值和教育意义。丹江口水库生态类型多样，物种丰富，作为南水北调中线总干渠水源保护地，有非常大的文化教育意义和巨大的科研价值。物质生产功能 C22：丹江口水库最为主要的一项物质生产功能是水产品生产，用水库年捕捞收获量来表示。调控水文功能 C23：丹江口水库筑堤、建设滞洪区等，为人类提供饮用水，为工业、农业提供用水，以供水变化率来表示。观光旅游功能 C24：以丹江口水库景观美学价值的高低、旅游活动以及生态旅游日的增减情况来表示。水土流失控制 C25：以区域水土流失面积来衡量，主要是防止丹江口水库周围土壤被水侵蚀，以维持湖泊生态系统的健康。

（6）响应指标。政策法规贯彻力度 C26：考虑到丹江口水库对南水北调中线沿线区域的重要性，以接受国家地方政策法规的人口占总区域人口的比例表示。水源保护意识 C27：主要反映丹江口水库周围居民对水源地保护的意识，在日常生活、工作中禁止污染水源地的不文明行为。环保投资指数 C28：是研究区域生态系统社会经济恢复力的一项重要指标，通过丹江口水库的环境保护治理效果，反映丹江口水库生态环境保护和改善情况，以水利建设、环保投入占 GDP 的比重来表示。污水处理指数 C29：也是反映生态系统社会经济恢复力的一项指标，以丹江口水库区域工业、生活用水的污水处理率来表示。湖泊管理水平 C30：反映人类的生态保护意识及管理政策的科学性，采用定性方法，以丹江口水库管理人员的整体水平来衡量。周边人口素质 C31：以丹江口水库周围文盲人数占区域人口的百分比来表征。

三、小结

根据丹江口水库的区域和生态特点，从湖泊和陆地两方面考虑整个区域的生态环境健康，从区域的压力特征、物理化学特征、生物特征、生态景观特征、生态功能特征及响应特征等方面筛选评价指标，建立丹江口水库生态系统健康评价指标体系，为湖泊生态环境建设和恢复提供依据。目前，地方相关管理人员和群众对丹江口水库的生态环境管理和丹江湿地国家级自然保护区的生态保护做了大量工作，较好地维持了丹江口水库的自然环境和生态功能。提高丹江口水库生态系统的健康水平取决于管理人员对威胁丹江口水库的压力影响因素的控制，及对丹江口水库实施更好的保护及管理。

结　语

　　水资源是自然环境的重要组成部分，又是环境生命的血液。它不仅是人类与其他一切生物生存的必要条件，也是国民经济发展不可缺少和无法替代的资源。随着人口与经济的增长，水资源的需求量不断增加，水环境又不断恶化，水资源短缺已经成为全球性问题。水资源的保护与管理，是维持水资源可持续利用、实现水资源良性循环的重要保证。管理是为了达到某种目标而实施的一系列计划、组织、协调、激励、调节、指挥、监督、执行和控制活动。保护是防止事物被破坏而实施的方法和控制措施。水资源管理与保护是我国现今涉水事务中最重要的并受到较多关注的两个方面。水资源管理包括对水资源从数量、质量、经济、权属、规划、投资、法律、行政、工程、数字化、安全等方面进行统筹和管理，水资源保护则用各种技术及政策对水资源的防污及治污进行控制和治理。

　　随着人口增长、经济社会发展，对水资源的需求量不断增加，水资源短缺和水环境污染问题日益突出，严重地困扰着人类的生存和发展。水问题已不再局限于某一地区或某一时段，而成为全球性、长期的关注焦点。如何应对水问题，不仅要靠科学技术和经济基础来保障，更要靠水行政主管部门的合理规划与科学利用。

参考文献

[1] 王晓红，张建永，史晓新 . 新时期水资源保护规划框架体系研究 [J]. 水利规划与设计，2021（06）：1-3+61.

[2] 张金海 . 基于河流生态系统健康的生态修复技术应用 [J]. 科技经济导刊，2021，29（17）：118-119.

[3] 朱振亚，潘婷婷，杨梦斐等 . 水生态文明建设背景下长江经济带水足迹变化研究 [J]. 长江科学院院报，2021，38（06）：160-166.

[4] 林君 . 持续巩固提升全省良好水生态环境 不断满足人民群众对美好生活的需要 [J]. 当代江西，2021（06）：2.

[5] 朱培伟，金酿，沈洋 . 新型城镇化与水生态文明：互动机理与耦合协调 J. 云南农业大学学报（社会科学版），2021，15（5）：130-137.

[6] 左其亭，张志卓，马军霞等 . 人与自然和谐共生的水利现代化建设探析 [J]. 中国水利，2021（10）：4-6+3.

[7] 阿曼江·阿布都外力 . 浅析水资源的合理利用与保护 [J]. 能源与节能，2021（05）：91-92.

[8] 李英，涂安国，张华明等 . 低影响开发措施在水生态文明村镇建设中的应用模拟研究 [J]. 水土保持应用技术，2021（03）：1-4.

[9] 苏聪文，邓宗兵，李莉萍等 . 中国水生态文明发展水平的空间格局及收敛性 [J]. 自然资源学报，2021，36（05）：1282-1301.

[10] 李霞 . 思想政治教育在水生态文明建设过程中的重要影响研究——评《水生态文明建设规划理论与实践》[J]. 水资源保护，2021，37（03）：160-161.

[11] 江进 . 我国地下水开发利用现状与保护对策初探 [J]. 科技风，2021（14）：111-112.

[12] 张华兴 . 水科学发展论坛聚焦区域水资源高效利用与矿区生态环境保护——第十五届水科学发展论坛在太原理工大学举办 [J]. 人民黄河，2021，43（05）：171.

[13] 刘凤茹，雒翠，张扬等 . 沉水植物水生态修复作用及应用边界条件 [J]. 安徽农业科学，2021，49（09）：66-69+94.

[14] 赵铭.流域水环境保护管理存在的问题及对策探析 [J].清洗世界,2021,37(04):123-124.

[15] 李雪菲.气候变化对水文水资源影响问题的探讨 [J].农业科技与信息,2021(08):14-15+18.

[16] 姜芊孜,王广兴,李金煜.基于生态系统服务供需评价的城市河流景观提升策略 [J].中国城市林业,2021,19(02):73-79.

[17] 郭瑛.浅析生态文明视野下的水资源保护及利用 [J].资源节约与环保,2021(04):16-17.

[18] 王金明,张禄春.初探城市污水处理在环境保护工程中的重要性 [J].资源节约与环保,2021(04):22-23.

[19] 张蕾.城市污水环境治理措施与治理方法研究 [J].资源节约与环保,2021(04):87-88.

[20] 阿曼江·阿布都外力.地下水资源保护与地下水环境影响评价研究 [J].能源与节能,2021(04):92-93+194.

[21] 董君杰.水文水资源防洪管理及环境保护分析 [J].黑龙江科学,2021,12(08):132-133.

[22] 张芸.水库型饮用水源地生态保护与修复初探——以岗南水库为例 [J].海河水利,2021(02):21-23.

[23] 马小娟,马松株.林业资源保护和森林防火管理对策 [J].农家参谋,2021(07):167-168.

[24] 郭婧.论生态文明视野下的水资源保护及利用 [J].皮革制作与环保科技,2021,2(07):33-34.

[25] 张秀玲.生态文明视域下我国水资源管理实践思路探索 [J].山西农经,2021(07):117-118.

[26] 银晓丹,杜芳舟.我国水环境生态保护制度研究 [J].辽宁公安司法管理干部学院学报,2021(02):99-104.

[27] 崔志涛.生态环境建设与水资源的保护与利用 [J].清洗世界,2021,37(03):76-77.

[28] 迟冉.水体生态修复实践与探索 [J].清洗世界,2021,37(03):56-57.

[29] 王智.生态环境建设中水资源的保护与利用研究 [J].水利科学与寒区工程,2021,4(02):162-164.

[30] 蒋跃.景观水体生态修复中鱼类生物操纵方法 [J].绿色科技,2021,23(06):159-161.

[31] 郭爱芳.生态环境建设与水资源的保护和利用分析 [J].皮革制作与环保科技,2021,2(06):28-29.

[32] 孔维芳. 水环境保护与生态修复措施研究 [J]. 皮革制作与环保科技, 2021, 2（06）: 73-74.

[33] 黄磊. 我国湖泊富营养化成因及其生态修复对策的探讨 [J]. 皮革制作与环保科技, 2021, 2（06）: 81-82.

[34] 吕彩霞. 水利部部署 2021 年水资源管理工作 [J]. 中国水利, 2021（06）: 6.

[35] 杨贤群. 水生态系统构建在朱家店河等三条河的应用 [J]. 广东化工, 2021, 48（06）: 97-98.

[36] 庄艳芳. 生态环境建设与水资源保护的研究 [J]. 皮革制作与环保科技, 2021, 2（05）: 24-25.

[37] 刘晓龙, 宋金. 河湖长制在宁夏河湖水环境治理及水生态修复中的应用研究 [J]. 环境科学与管理, 2021, 46（01）: 27-31.

[38] 金晓静, 陈璟. 水环境评价要点及环境保护修复措施 [J]. 皮革制作与环保科技, 2021, 2（01）: 37-39.